Deborah Wearing

Gefangen im Augenblick

Deborah Wearing

Gefangen im Augenblick

Die Geschichte einer Amnesie –
und einer unbesiegbaren Liebe

Deutsch von Benjamin Schwarz

Goldmann Verlag

Die englische Originalausgabe erschien 2005 unter dem Titel
»Forever Today« bei Doubleday, London.

FSC
Mix
Produktgruppe aus vorbildlich
bewirtschafteten Wäldern und
anderen kontrollierten Herkünften

Zert.-Nr. SGS-COC-1940
www.fsc.org
© 1996 Forest Stewardship Council

Verlagsgruppe Random House FSC-DEU-0100
Das für dieses Buch verwendete FSC-zertifizierte Papier *EOS*
liefert Salzer, St. Pölten.

1. Auflage

Satz: Uhl + Massopust, Aalen
Druck und Einband: GGP Media GmbH, Pößneck
Printed in Germany
ISBN 10: 3-442-31088-1
ISBN 13: 978-3-442-31088-3

www.goldmann-verlag.de

Für meinen Clive

Prolog

Clive hatte keine Ahnung, dass Dienstag, der 26. März 1985, der letzte Tag sein sollte, den er bei klarem Bewusstsein verbrachte. Wir waren nicht darauf gefasst. Merkte er, wie ihn sein Gehirn in dieser Nacht im Stich ließ? Warum weckte er mich nicht? Am nächsten Morgen konnte er nicht einmal mehr eine einfache Frage beantworten, geschweige denn sich an meinen Namen erinnern. Der Arzt hielt eine Grippe und Schlafmangel für die Ursache seiner geistigen Verwirrung. Er packte ihn mit 40° Fieber ins Bett und verschrieb ein Röhrchen Schlaftabletten.

»Sie müssen nicht zu Hause bleiben«, sagte er zu mir. »Die hauen ihn für acht Stunden um. Gehen Sie ruhig zur Arbeit.«

Ich fuhr ins Büro. Als ich am Abend nach Hause kam, war das Bett leer. Clives Schlafanzug lag zusammengeknüllt mitten auf dem leeren Laken. Ich rief laut nach ihm. Schon als ich durch die Wohnung lief, wusste ich, dass etwas passiert war. Mein vor Angst stockendes Herz spürte es, ehe es mir im Kopf klar wurde.

»Ich bin nie krank«, hatte Clive immer von sich behauptet. Und das stimmte. Doch dann war er mit einem Mal schwerkrank. Aber im Gegensatz zu den gängigen Leiden, die Ärzte in der Regel schnell erkennen, hatte ihn eine seltene, heimtückische Krankheit getroffen. Niemand wusste, was ihm fehlte. Im Krankenhaus hielt man ihn für einen Todeskandidaten. Nur drückte man es nicht so aus. Die Ärzte sagten mir, was er ihrer Meinung nach haben könnte und dass die Sterblichkeitsrate in diesem Fall hoch sei. Ich wusste nicht, ob das hieß, er werde am Leben bleiben oder wahrscheinlich sterben, und ich mochte nicht nachfragen. Schließlich erfuhr ich, dass man ihm nur noch wenige Tage gab, und das aufgrund einer Röntgenaufnahme seines Gehirns, die man mir an dem Abend nicht zeigen wollte. Die Ärzte sagten nur zu mir: »Fahren Sie nach Hause.« Ich stand mit den Schwestern in der Tür zu der Station und sah hinter ihnen die Umrisse meines Mannes unter einem weißen Laken. Er und ich waren seit unserer ersten Begegnung unzertrennlich gewesen, und jetzt, in dieser Nacht, in der er vielleicht sterben würde, sagte man mir, fahren Sie nach Hause, und kommen Sie morgen Nachmittag um drei wieder – zur Besuchszeit. Was dachten sie sich bloß dabei?

Unerwartet hatte ein Virus Löcher in Clives Gehirn gefressen, sein Gedächtnis ausgelöscht. Aber seinen Gefühlen konnte es nichts anhaben. Er hatte keinerlei Erinnerungen mehr an sein früheres Leben, doch er wusste noch, wer ich war und dass er mich liebte.

TEIL EINS

Der Mann, der aus der Zeit fiel

1

Wie die Krankheit begann

Es ist schwierig, den genauen Zeitpunkt zu bestimmen, wann die ersten Anzeichen der Krankheit auftraten, wann es mehr als nur körperliche Erschöpfung war. Wenn ich an die Wochen und Monate davor denke, bin ich etwas ratlos. Vielleicht war es ja unser letzter gemeinsamer Einkauf im Supermarkt, eines Freitagabends im März. Er wirkte so niedergeschlagen, als er sich in seinem Mantel schwerfällig über den Einkaufswagen lehnte. Es war, als wollten ihn seine Füße nicht recht tragen. Tief in unserem Inneren gibt es wohl immer etwas, was uns verletzt und an uns nagt. Aber in diesem Moment schien Clive in einer Düsterkeit zu stecken, wie ich sie noch nie an ihm erlebt hatte. Wir standen vor einer Tiefkühlvitrine. Ich hatte eine Packung Nierchen in der Hand.

»Ist alles in Ordnung?«, fragte ich.

»Ja«, sagte er, aber er sah mich nicht an.

»Was ist los, Schatz? Sag mir, was los ist.«

»Nichts«, antwortete er und lehnte sich so schwer auf den Einkaufswagen, dass der mit durchdrehenden Rädern losrollte.

Wir gingen den Gang entlang, auf die Konservendosen zu. Ich hatte irgendwie ein ungutes Gefühl, aber nichts, was ich hätte benennen können. Etwas in mir sagte mir, dass ich mich mit Nahrungsmitteln eindecken sollte.

Am Sonntag darauf, dem 10. März 1985, schlug ich vor, an die frische Luft zu gehen, einen Spaziergang nach dem Mittagessen zu machen. Clive hatte keine Lust dazu.

»Du würdest dich besser fühlen«, sagte ich.

»Das bezweifle ich«, sagte er.

Aber ich durfte nicht zulassen, dass sich der Sturm noch schwärzer zusammenzog. Wir mussten unbedingt nach draußen, uns bewegen, durchatmen.

»Hör zu«, sagte ich, »lass uns doch nach Hampstead Heath fahren. Wenn's dir keinen Spaß macht, kehren wir sofort wieder um.«

Es ging ihm so schlecht, dass er nicht einmal Einwände dagegen machte.

Wir parkten auf einem rotsandigen Parkplatz voller Schlaglöcher.

»Gleich fängt's an zu regnen«, sagte Clive.

»Jetzt noch nicht«, erwiderte ich.

Mein Optimismus stand im Widerspruch zu der immer düsterer werdenden Wolkendecke über uns.

»Na komm, Schatz«, sagte ich, »lass uns einfach einen Spaziergang zu Jack Straw's Castle machen und uns ein wenig die Beine vertreten.«

Hier an ihrem Nordrand bildet die Heide so etwas wie einen flachen Hügel. Ich dachte, wir könnten in dem Gasthaus Unterschlupf finden, falls es wirklich regnen sollte. Wir hielten uns wie immer bei den Händen, aber das holperige Gelände brachte uns irgendwie aus dem Tritt. Stampfend schleuderte Clive kleine Grasbüschel in die Luft. Er sprach wenig. Es war, als müsse er sich gegen unsichtbare Kräfte anstemmen, um überhaupt voranzukommen.

Wir hatten gerade die Mitte dieser stoppeligen Grünfläche erreicht, als ein leises Rumpeln den Himmel füllte. Wir blieben stehen. Ein zweifacher Donnerschlag zerriss die Luft über uns, und kalter Regen fiel auf uns herab. Mit gesenkten Köpfen machten wir kehrt. Donner rollten über den Himmel. Der Lärm war allgegenwärtig wie ein zu lange aufgestauter Zorn, der sich entlud. Der Himmel bombardierte uns mit Eisgeschossen, die uns ins

Gesicht peitschten. Die Arme schützend über unsere Köpfe erhoben rannten wir zu dem schlammigen Parkplatz zurück. Die Schlaglöcher hatten sich inzwischen in Pfützen verwandelt, in denen das Wasser hochspritzte, wenn die Hagelkörner einschlugen. Ich fummelte ungeschickt mit den Schlüsseln herum, dann stiegen wir in unseren Wagen und schlugen die Türen zu. Es war ein Schutz, aber man fühlte sich nicht sicher. Ein weißer Regenvorhang umgab uns, und Wetterleuchten erhellte die Heide. Wir saßen schwer atmend da, so dass die Fenster beschlugen. Der Hagel trommelte so laut auf das Wagendach, dass ich befürchtete, es könnte Dellen geben. Die Körner prallten von der Motorhaube und dem Boden ab. Es dauerte gut fünf Minuten, ehe wir genug sehen konnten, um heimzufahren. Über die Straßen ergossen sich reißende Bäche. Wassermassen stauten sich um verstopfte Gullys, und unsere Räder pflügten eine Flutwelle nach links und rechts. Es regnete so heftig, als wollte es nie wieder aufhören.

Der Regen hatte die Fenster unserer Wohnung sauber gewaschen. Ich holte mir die Bügelwäsche. Sie ragte mir beim Gehen weit über den Kopf, und ich muss ausgesehen haben wie ein Stapel Wäsche auf Beinen. Clive seufzte.

»So viel?«, sagte er. »Das darf nicht so bleiben.«

»Wir sind ja nicht hier gewesen«, sagte ich. »Etwas dagegen, wenn ich den Fernseher einschalte?«

»Ist das Gewitter vorbei?«

Ich blickte einen Moment zum Fenster. Draußen war es dunkel wie in der Abenddämmerung, obwohl es erst drei war.

»Äh … ich glaube, ja.«

»Einem Film oder irgendwas mit Handlung bin ich nicht gewachsen«, sagte er. »Ich habe Kopfschmerzen.«

Ich holte Aspirin für ihn und stellte die Sportsendung leise. Irgendwann ging Clive aus dem Zimmer und kam dann wieder.

Das Bügeleisen zischte und blubberte, der heiße Wasserdampf versengte mir fast den Handrücken. Ich hörte noch ein anderes blubberndes Geräusch. Ich blickte hinter mich. Clive lag auf dem Wäschehaufen, mit offenem Mund, die Augen geschlossen, den Kopf seltsam zurückgelegt. Seine Füße berührten kaum den Boden. Seine Arme und Beine waren so seltsam verdreht, als sei er aus großer Höhe in die Tiefe gestürzt.

»Liebling!«, rief ich.

Er machte die Augen auf und blickte zu mir herüber.

»Was tust du da?«, fragte ich.

»Ich weiß nicht«, antwortete er. »Ich muss eingeschlafen sein.«

»Leg dich doch ins Bett«, sagte ich.

Ich nahm ihn bei der Hand und führte ihn ins Schlafzimmer. Er wirkte gedankenverloren und schläfrig, und ich machte ihm die Knöpfe auf und brachte ihm seinen Schlafanzug. Er zitterte.

»Ich mache dir eine Wärmflasche«, sagte ich.

In der Küche ließ ich den Wasserhahn laufen, um den Kessel zu füllen, aber ich hörte ein Geräusch aus dem Schlafzimmer. Ich drehte den Hahn zu. Ein schreckliches Stöhnen. Ich ließ den Kessel in die Spüle fallen und rannte zu ihm. Herzinfarkt, dachte ich.

»Was ist los?«, rief ich vom Flur aus. Meine Stimme war dem Schreien nahe. »Was gibt's? Was hast du?«

Clives Zähne schlugen aufeinander. Er sah mich nicht an, sondern lag mit halb geschlossenen Augen unter der bebenden Bettdecke.

»Alles in Ordnung«, sagte er. »Ich glaube, ich habe mich erkältet.«

»Warum stöhnst du denn so?«, fragte ich.

»Es ist nur m-m-mein Zähneklappern«, sagte er unter einem erneuten Schüttelfrost. »Bb bw mir mb ist k-k-kalt.« Er sog den Atem durch seine zitternden Lippen ein.

Clives blasses Gesicht zuckte auf dem dunkelbraunen Bettzeug hin und her … Ich holte ein Thermometer. Er hatte Fieber. »Ich rufe den Arzt.«

»Nicht nötig«, sagte er. »Wahrscheinlich wehrt sich mein Körper nur gegen etwas.«

Er war der Mann im Haus. Ich war gewohnt, nicht an seinen Worten zu zweifeln.

Ich glaube, dieser Schüttelfrost war eine Reaktion auf den ersten Angriff auf Clives Gehirn.

Lawrence, ein Verwandter von uns, verspürte eines Nachts auf einer Schiffsreise nach Amerika nur einen leichten Stoß. Er ging an Deck und sprach mit Leuten, die Karten spielten. Auch sie hatten den Stoß gespürt, spielten aber weiter. Unser Verwandter sah sie nie wieder. Sie befanden sich auf der *Titanic*. Lawrence überlebte in einem nur halb vollen Rettungsboot, da sich viele Frauen geweigert hatten, ihre Männer zurückzulassen. Sie wollten lieber ertrinken als allein weiterleben. »Hier und da«, erzählte unser Verwandter, »wurden sie mit Gewalt von ihren Männern getrennt und in die Boote verfrachtet, aber in vielen Fällen hatte man nichts dagegen, dass sie zusammenblieben, weil niemand auf ihrer Rettung bestand.«

An dem Montag ging Clive nicht zur Arbeit. »Ich fühle mich noch nicht ganz auf dem Posten«, sagte er. Er traf sich mit seinem Freund John in einem türkischen Restaurant zum Mittagessen, hatte aber keinen Appetit. Sie packten ihm seinen Kebab in eine Schachtel. Eine Woche später fand ich sie im Kühlschrank. Johns Mutter war vor kurzem gestorben, und er trauerte noch sehr um sie. Er hatte bei ihr gewohnt, obwohl er über vierzig war.

»Wenn sich zwei Menschen sehr nahe sind«, hatte Clive zu ihm gesagt, »wie du und deine Ma, ist man immer zusammen, auch wenn man getrennt ist. Mit mir und Deborah ist es genauso.«

Das Letzte, was Clive über die Mutter seines Freundes gesagt hatte, als sie sich an diesem Nachmittag trennten, war: »Ich werde sie nie vergessen.«

Am Abend des Sonntags, des 17. März, hatte Clive Kopfweh und schlief in der Nacht schlecht. Er nahm sich am Montag und

Dienstag wegen der Kopfschmerzen frei. Am Montag hatte er Fieber und fühlte sich abgeschlagen, aber am nächsten Tag war seine Temperatur wieder normal. Den Rest der Woche nahm Clive an einer Tagung in St. Albans teil. Jeden Abend kam er vor Aufregung übersprudelnd nach Hause. Er war unter Freunden, angesehenen Historikern, und tat etwas, was ihm Spaß machte. Sie beschäftigten sich mit der Musik, Geschichte und den liturgischen Texten der Abtei St. Albans. Die Europa Singers, Clives Laienchor, den wir zusammen leiteten, hatten mit den Proben zur *Missa Santa Albanis* von Fayrfax begonnen. Ich war in der Küche, als Clive an dem Freitagnachmittag frühzeitig mit rotem Gesicht, müde und mit Kopfschmerzen von der Tagung nach Hause kam. Er rief seine Sekretärin bei der BBC an, wo er als Produzent für Alte Musik bei Radio 3 arbeitete, und sagte ihr, er käme an dem Tag nicht mehr ins Büro.

Am nächsten Morgen, Samstag, dem 23. März, musste ich ins Büro. Ich arbeitete in der PR-Abteilung des Warenhauses John Lewis und war mit dem Pressespiegel dran. Anschließend hatte ich vor, meine Geige zu versetzen. Wir waren knapp bei Kasse, und uns drohte ein Steuerbescheid. Der Laden wollte mir nicht viel für die Geige geben, und so legte ich sie in den Kasten zurück, sie war fürs Erste gerettet. Ich hatte sie den größten Teil meines Lebens unter dem Arm mit mir herumgetragen und oft in der Bahn vergessen. Wenn der Schaffner am Ende der Strecke meinen Geigenkasten im Gepäcknetz fand, gab er sie dem nächsten Zug nach Teddington mit. Jeder wusste, dass die Geige mir gehörte, so oft vergaß ich sie. Ich habe zwar nie wahnsinnig gut gespielt, aber ich war immer glücklich, wenn das Instrument wieder bei mir war, und jetzt war ich wieder einmal froh, dass ich es an diesem Tag nicht hatte verkaufen müssen. Als ich die Treppe heraufkam, die Geige in der einen und die Aktentasche in der anderen Hand, hielt mir Clives Sohn Anthony die Tür auf. Clive hockte auf Knien in der Diele, über unzählige Stapel von Büchern gebeugt.

»Du liebe Güte!«, sagte ich und raffte die Taschen an mich. Ich bahnte mir um die Bücher herum einen Weg zur Schlafzimmertür, wo ich alles ablegen konnte. »Was macht ihr denn?«

»Wir ordnen sie alphabetisch«, sagte Anthony.

»Hallo, Schatz.« Ich beugte mich zu Clive hinunter und gab ihm einen Kuss auf die Wange.

»Mm, hallo. Wo bist du gewesen?«

»Hast du meine Nachricht nicht erhalten?« Ich zog meinen Mantel aus und warf ihn auf das Bett.

»Als wir zurückkamen, war auf dem Anrufbeantworter nur die Meldung ›Error‹. Es war keine Nachricht drauf.«

»Ich fand, er machte ein komisches Geräusch. Ich habe versucht, meine Geige zu verkaufen. Ich bin bei Guivier's gewesen.«

Ich drehte mich um, um meinen Stiefsohn zu begrüßen. Mit seinen zweiundzwanzig Jahren war er nur fünf Jahre jünger als ich, und ich musste mich auf die Zehenspitzen stellen, um ihm einen Kuss zu geben.

»Wir wollen uns das Fußballspiel ansehen«, sagte er. »Dad, gleich ist Anstoß.«

Schnell stellte ich meinen Notenständer im Schlafzimmer auf, kolophonierte den Bogen und stimmte die Geige. Im Nebenzimmer rief die Menge: »CI-TY, CI-TY, CI-TY«, und meine Jungs redeten aufgeregt miteinander. Sie sahen sich bei weitem nicht oft genug. Die Violine hatte einen guten, satten Klang. Ich begann, bäuerliche Melodien auf den tiefen Saiten zu spielen. Ich drehte mich im Kreis, mich in den Knien wiegend, und spielte, als redete und lachte die Geige an meiner Stelle. Ich wünschte mir, ich würde besser spielen, um die Musik, die ich liebte, so zu spielen, wie sie meiner Meinung nach klingen musste – Bartók stark und fröhlich auf den leeren Saiten. Oder Strawinskys *Geschichte vom Soldaten. »Zwischen Chur und Wallenstadt – daa, di di di di dee – heimwärts wandert ein Soldat – diddle diddle diddle diddle diddle … di!«* Ich stolperte über den Doppelgriff, riet die Noten, drückte die Finger auf die Stellen, wo ich meinte, dort wären die

Klänge. Der Soldat bricht auf mit dem kecken Schritt eines jungen Mannes und trägt eine Geige bei sich. Unterwegs begegnet ihm der Teufel und verspricht ihm alles, wenn er ihm seine Geige verkauft, das Symbol seiner Seele. Er verkauft sie ihm und kommt in die Hölle. Er dachte, er könnte der Versuchung widerstehen, wieder auf die Straße zurückkehren, aber er ist verloren. Dieselbe triumphierende Melodie wiederholt sich immer und immer wieder in dem Stück, während der Soldat blind seinem Schicksal entgegenwandert, und setzt ein letztes Mal nach dem Tod des Soldaten ein, während der Teufel an der gleichen Straße geduldig darauf wartet, sich den nächsten Dummkopf zu fangen.

Ich hörte Clive über die Musik hinweg nach mir rufen und ging mit der Geige in der Hand ins vordere Zimmer.

»Entschuldige, Liebling«, sagte er. »Macht es dir was aus, mit dem Spielen aufzuhören? Es ist mein Kopf, es ist wieder schlimm.«

»Mein armer Schatz!«, sagte ich. »Schon wieder Kopfschmerzen?« Ich beugte mich über die Rückenlehne des Sofas und küsste ihn zart auf die Schläfe.

»Oder immer noch dieselben …«

»Was kann ich dir holen? Hast du schon Aspirin genommen?«

Er sah auf seine Uhr. »Um Viertel vor fünf sind's vier Stunden.«

»Warum gehst du nicht ins Bett? Los, sag's ihm, Anthony!«

»Sie hat Recht, Dad. Leg dich ein bisschen hin.«

»Nein.« Er lehnte sich zurück und sah seinem Sohn ins Gesicht. »Ich genieße es doch so sehr, dass du hier bist!« Fußballgebrüll drang aus dem Fernseher, und beide drehten gebannt den Kopf zum Bildschirm hin. »Halt ihn … Halt ihn … Jetzt abgeben! *Los! OHHH!«* Meine Jungs stöhnten, und die Menge stöhnte mit ihnen.

»Tss! Sie haben ihn vollkommen hängen lassen! Was für eine *Kraftverschwendung*!«, sagte Clive. »Zwecklos, wie ein Verrückter zu rennen, wenn keiner mitläuft, keine Unterstützung!«

»Du bist ganz rot im Gesicht, Schatz.« Ich legte Clive die Hand auf die Stirn. »Soll ich mal Fieber messen?«

»Mir geht's gut«, sagte er, den Blick auf die Zeitlupenwiederholung gerichtet, einen Arm zu dem heroischen Läufer ausgestreckt, dessen Zeitlupensturz er bedauerte. »Ich bleibe noch ein bisschen am Leben!«

Clive hatte im vergangenen Jahr wegen Überarbeitung und Erschöpfung so oft Kopfschmerzen gehabt, dass das Aspirinfläschchen statt im Apothekenschränkchen im Badezimmer auf dem Nachttisch stand. An seinen Kopfschmerzen war nichts Ungewöhnliches, allerdings schien er möglicherweise wirklich nicht auf dem Posten zu sein, als brüte er noch immer irgendetwas aus.

Der nächste Morgen war Sonntag, der 24. März 1985. Wir wachten spät auf. Anthony schlief im hinteren Zimmer. Wir erwarteten seine Schwester Alison zum Mittagessen, außerdem einige Freunde. Wir lagen im letzten Schlummer, dicht aneinander geschmiegt in die Bettdecken gehüllt. Clive war der Erste, der sich regte, während ich faul und warm dalag und ihm durch halb geschlossene Augen zusah, wie er aus dem Bett stieg. Er taumelte ein paar Schritte vorwärts, während ihm der Kopf in die Hände sank.

»*Aaach!*«, stieß er keuchend hervor.

Ich sprang auf, war in einem Satz neben ihm und legte ihm den Arm um die Schultern.

»Mein *Kopf*!«, sagte er. »Es ist, als hätte mir jemand einen Schlag mit einem Hammer versetzt.«

»Wo?«, fragte ich. »Wo tut's weh?«

»Überall… schrecklich…« Er stand nach vorn gebeugt da, nackt, die Haut bläulich weiß.

»Komm wieder ins Bett«, sagte ich.

Er ließ sich von mir langsam zurückführen und ins Bett helfen. Ich zog die Daunendecke fest um ihn.

»Warum ist es so schlimm?«, fragte ich.

»Ich weiß nicht«, sagte er.

»Soll ich den Arzt rufen?«

»Nein, es wird schon vorübergehen.«

»Na schön, aber ich rufe Peter und Christina an und sage ihnen ab.«

»Nein, nicht doch«, protestierte er.

»Aber in diesem Zustand hältst du ihren Besuch nicht aus.«

Es trat eine Pause ein, in der ihm die Wahrheit klar wurde.

»... wahrscheinlich nicht«, antwortete er.

Ich steckte ihm ein Thermometer unter die Zunge und rief unsere Gäste an. Seine Temperatur betrug 38,3°.

Später kam Alison und setzte sich mit ihrem Bruder ins vordere Zimmer. Am Nachmittag musste Clive sich fiebernd übergeben. Wir wollten einen Arzt rufen, aber Clive lehnte es ab.

»Der wird lediglich sagen, es ist ein Virus«, sagte er. »Da kann er sowieso nichts machen.«

Als ich am nächsten Morgen wach wurde, stellte ich fest, dass die Kopfschmerzen Clive die ganze Nacht wach gehalten hatten. Das Bett war schweißnass und sein Pyjama auch. Ich drehte die Matratze um. Die graue Linie im Thermometer kroch an 38,3° vorbei auf 38,9° zu. Er schwitzte und erbrach sich noch immer. Er ließ mich den ärztlichen Notdienst rufen. Ich bat um einen Hausbesuch. Zur Mittagszeit stahl ich mich rasch in einem schwarzen Taxi von der Arbeit nach Hause. Die Ärztin war noch nicht da gewesen, hatte aber angerufen und Clive gesagt, ihrer Meinung nach sei es eine echte Grippe.

»Wie geht's deinem Kopf?«, fragte ich.

»Grauenhaft«, antwortete er.

»Was für ein Schmerz ist es denn?«

»Wie ein Band ringsherum. Letzte Nacht war es mehr seitlich, jetzt ist es hinter die Augen gewandert, nach oben, hier ...« Er legte die Hände um seine Schläfen und auf den Hinterkopf.

»Pocht es?«

»Eigentlich nicht, es ist konstant, schrecklich.«

Ich rief noch einmal den ärztlichen Notdienst an und wiederholte meine Bitte um einen Hausbesuch, bevor ich wieder zur Arbeit fuhr. Die Heftigkeit der Kopfschmerzen war es, was mir Sorgen machte. Am Nachmittag kam ein Arzt und verschrieb etwas gegen das Erbrechen und ein Schmerzmittel gegen das Kopfweh. Clive schwitzte immer noch stark. Er aß den ganzen Tag nichts und nahm kaum Flüssigkeit zu sich.

Als ich am Dienstagmorgen, dem 26. März, aufwachte, stellte sich heraus, dass die Kopfschmerzen Clive eine zweite Nacht nicht hatten schlafen lassen. Die Tabletten wirkten offensichtlich nicht. Er hatte 38,9° Fieber. Ich musste ihm zureden, ab und zu einen kleinen Schluck Wasser zu trinken. Er erbrach sich noch immer, aber das Schwitzen hatte aufgehört.

»Du musst dringend etwas trinken«, sagte ich zu ihm. »Soll ich noch mal den Arzt anrufen?«

»Nein, lass den Tabletten Zeit zu wirken.«

Zu Mittag raste ich nach Hause. Clives Zustand hatte sich nicht verändert. Ich informierte den ärztlichen Notdienst. Am späten Nachmittag rief ich vom Büro aus an. Clive sagte, der Arzt habe sich bei ihm gemeldet. »Eine richtige Grippe kann ziemlich schlimm sein; da können sie nichts machen.«

»Gib Bescheid, falls du mich brauchst«, sagte ich.

»In Ordnung«, antwortete er mit hohler Stimme. »Ich … ich …« Er schien mühsam einen Gedanken fassen zu wollen, der sich ihm entzog. »Ich weiß deine Telefonnummer nicht mehr.«

Wie merkwürdig, dachte ich. »Kein Problem, Schatz. Schreib sie dir auf. Hast du einen Kugelschreiber?« Ich hörte ihn nach dem Notizblock kramen.

»Ah ja«, sagte er, als ich sie ihm nannte. »Ich hatte sie einen Moment lang vergessen.«

Mir war überhaupt nicht wohl dabei. »Ich komme jetzt sofort nach Hause«, sagte ich.

»Okay«, erwiderte er.

Ich sagte meinem Chef, dass ich wegmüsse, rannte nach unten, sprang die letzten zwei Stufen hinunter und lief auf die Straße. In der Wimpole Street nahm ich mir ein Taxi.

Clive wirkte erschöpft, als ich zu Hause ankam. Ich verstand nicht, warum er nicht schwitzte, obwohl er 38,3° Fieber hatte. Die Tabletten hatten das Erbrechen gelindert, aber ihm war trotzdem noch übel.

Er saß an diesem Abend in seinem weißen Frotteemorgenmantel auf dem Sofa und sah ein bisschen fern. Das war ein gutes Zeichen. Er bat mich, die Rollos zu richten, die nicht gleichmäßig heruntergezogen waren. Clive mochte es nicht, wenn sie schief hingen.

Wir sprachen über die Chorprobe am Donnerstag und kamen überein, dass jemand anderer sie leiten sollte.

»Am besten telefonierst du mit äh … äh …« Clives Gesicht verdüsterte sich. »Mir fällt ihr Name nicht ein.«

»Janet«, sagte ich.

»Janet, ja, natürlich … Wie sonderbar«, sagte er.

»Möchtest du wieder ins Bett, Schatz? Du bist jetzt schon zwei Nächte ohne Schlaf. Kein Wunder, dass du nicht auf der Höhe bist. Meinst du, du könntest jetzt schlafen?«

»Ich weiß nicht. Vielleicht.«

Ich half ihm zurück ins Bett und erblickte den Notizblock, auf dem sich Clive meine Telefonnummer im Büro aufgeschrieben hatte. Neben die Nummer hatte er meinen vollen Namen geschrieben, Deborah Wearing, dazu die Worte »im Büro«. Das gelbe Deckblatt trug den Aufdruck *Devon and Cornwall – Reporters' Notebook*.

»Wenn es dir besser geht«, sagte ich, »fahren wir nach Cornwall.« In Cornwall war er als Kind mit seiner Familie jeden Sommer gewesen. Wir hatten uns immer vorgenommen, mal hinzufahren, es aber nie geschafft. In sechs Jahren hatten wir nur einmal richtig Urlaub gemacht, in Spanien. Irgendwann waren wir nochmals fünf Tage in Frankreich gewesen und hatten uns ein paar lange Wochenenden gegönnt. Doch abgesehen davon war Clive sieben Tage die Woche bei der Arbeit.

»Du musst ein bisschen kürzer treten, Urlaub machen«, sagte ich.

»Ja«, sagte er nur darauf.

»Du und ich in Cornwall.«

»Ja«, antwortete er. Seine Augen waren geschlossen. Ich küsste ihn auf die heiße Stirn und ging leise hinaus.

Am Mittwochmorgen wachte ich kurz vor halb sieben auf und drehte mich herum, um zu sehen, wie es Clive ging.

»Liebling?«

»Ja…«, sagte er geistesabwesend mit halb geschlossenen Augen.

»Hast du geschlafen?«

Er lag da und atmete nur still vor sich hin.

»Liebling?«

»Ja?«

»Wie geht es dir? Hast du geschlafen?«

»Nein«, sagte er.

»Hast du gar nicht geschlafen, Schatz?«

Er atmete ruhig weiter, und plötzlich bekam ich Angst.

»Nein, überhaupt nicht«, antwortete er.

Der Schmerz in seinem Kopf hatte ihn inzwischen drei Tage und Nächte wach gehalten.

»Wie geht's deinem Kopf?«, fragte ich.

»Schrecklich«, sagte er. »Schlaf…«, sagte er. »Ich brauche Schlaf… Ich muss mal…«

»Aufs Klo?«, fragte ich.

»Ja«, antwortete er.

Ich half ihm in seinen Morgenmantel und führte ihn ins Bad.

»Ist es das?«, fragte er.

Was meinte er?

»Musst du mal, Schatz?«

Er pinkelte kurz, nicht der Rede wert, und grinste im Spiegel sein Spiegelbild an.

Ich griff nach dem Thermometer am Bett.

»Äh, äh,…«

»Ja, mein Schatz?«

Er machte ein bestürztes Gesicht.

»Mir… mir fällt dein Name nicht ein«, sagte er, wirklich beunruhigt.

»Deborah.«

»Deborah… ach ja.« Er seufzte.

»Mach dir keine Sorgen, Schatz. So, ich messe jetzt dein Fieber, und dann rufe ich den Arzt an.«

Ich schob ihm das Thermometer unter die Zunge und legte ihm einen Moment meine Hand auf die Wange. Er schloss die Augen und schmiegte sich an meine Hand.

Ich wählte die Nummer für Besuche außerhalb der Sprechzeiten und sagte dem Mann, der abnahm, Clive wirke verwirrt, vielleicht fantasiere er im Fieber. Ich nahm das Thermometer heraus und las es ab. Das Fieber war gestiegen.

»Er hat 39,4°«, sagte ich. »Wir brauchen sofort einen Arzt.«

Wir warteten eine Stunde, zwei. Um halb neun erschien ein freundlicher Arzt. Ich wiederholte die Geschichte von den ersten Symptomen an, der Schüttelfrost nach unserem Spaziergang, seine Übelkeit, die Kopfschmerzen, das Fieber, das Erbrechen und jetzt anscheinend das Delirium – Clive schien von Stunde zu Stunde immer weniger zu begreifen.

Der Arzt maß selbst die Temperatur: Sie war bereits auf 39,9° gestiegen. Er ließ Clive sich aufsetzen, zog seine Schlafanzugjacke hoch und setzte ihm ein Stethoskop auf den Rücken. Vor dem Fenster war es grün und sonnig. Vom Tennisplatz unter uns drang der unregelmäßige Rhythmus der aufprallenden Bälle zu uns herauf. Die beruhigende Stimme des Arztes verkündete nichts Spektakuläres. Es sah aus wie ein schöner Morgen in unserer hübsch eingerichteten Wohnung mit den frischen, weichen Laken und den alphabetisch geordneten Büchern. Aber Clive und ich, wir erlebten einen ganz anderen Morgen. Ich meinte das Zimmer durch einen Nebel zu sehen.

»Sagen Sie ›neunundneunzig‹«, sagte der Arzt.

Schweigen. Clive zeigte eine Art verlegenes Halblächeln, als begreife er, dass er zu etwas aufgefordert worden war, aber nicht reagieren konnte.

»Sagen Sie ›neunundneunzig‹«, wiederholte der Arzt.

»... Ja ...«, sagte Clive.

Über Nacht hatte sich mein Mann in so etwas wie ein Kind verwandelt, aber den Arzt schien das nicht zu beunruhigen.

»Husten! Würden Sie bitte husten, Mr. Wearing?«

Clive machte ein verdutztes Gesicht, dann räusperte er sich verhalten.

Ich fühlte einen unbezähmbaren Drang zu lachen oder zu schreien. Ich saß auf meinen Händen und presste meine Finger gegen einen losen Nagel am Rand des Sitzes, um einen Halt zu finden. Ohne dass ich es bemerkt hatte, war irgendwo in den letzten Stunden die Welt surreal geworden. Clive war immer für alles verantwortlich gewesen. Er wusste über alles Bescheid. Und nun saß er hier und antwortete nicht, reagierte nicht. Der Arzt blieb freundlich, neutral, als gebe es nichts, worüber man sich Sorgen machen müsse.

»Was sind Sie von Beruf, Mr. Wearing?«, fragte der Arzt.

Ich wusste bereits, dass Clive zu keiner Antwort imstande sein würde. Er starrte geistesabwesend vor sich hin, während der Arzt hinter ihm noch immer in sein Stethoskop horchte.

»Musikproduzent bei der BBC«, sagte ich. »Und Dirigent.«

»Das ist doch vermutlich ein, ähm, ein ziemlich verantwortungsvoller Job?« Er versuchte herauszufinden, ob Clive geistig in der Lage war, ›neunundneunzig‹ zu sagen und zu husten, wenn er von einem Arzt dazu aufgefordert wurde.

»Ja, sehr«, sagte ich.

Er setzte das Stethoskop auf verschiedene Stellen von Clives Rücken. Warum horchte er nicht auf das Dröhnen in seinem Kopf?

»Er braucht sicherlich jede Menge Sachkenntnisse?« Der Arzt suchte, vermutete ich, nach einer Bestätigung, dass dies hier nicht Clives normales Verhalten war.

»Er ist Cambridge-Absolvent«, sagte ich in der Annahme, das würde die Frage klären, »äußerst redegewandt.«

»Ich verstehe.« Er drehte sich zu Clive herum und sagte mit lauter, langsamer Stimme: »Mr. Wearing, haben Sie im Augenblick Kopfschmerzen?«

»Ich … weiß nicht«, sagte Clive.

»Er sagte, heute Morgen seien sie sehr schlimm gewesen. Das sagt er schon seit Sonntagmorgen. Es sind die Kopfschmerzen, die ihn seit drei Tagen und Nächten nicht schlafen lassen.«

»Ach«, sagte der Arzt, »oftmals meint man, die ganze Nacht wach gelegen zu haben, obwohl man in Wirklichkeit immer wieder eingenickt ist.«

»Nein, ich glaube wirklich, er hat nicht geschlafen. Jedes Mal, wenn ich aufwachte, war er wach und hatte Schmerzen. Aber seit heute Morgen ist er völlig durcheinander.«

»Schlaf! Ich brauche Schlaf!«, stieß Clive, alle Kräfte zusammennehmend, hervor. Er wusste wohl, dass er irgendetwas sagen musste. Sein Gesicht war angsterfüllt, verstört.

»Das geht in Ordnung, Mr. Wearing«, sagte der Arzt. »Wir sorgen dafür, dass Sie bald fest schlafen.« Er ging zu seiner Tasche, kramte darin herum und zog ein Röhrchen heraus.

»Es ist der Schlafmangel«, sagte der Arzt zu mir, »der bei Ihrem Mann die geistige Verwirrung ausgelöst hat.« Dann, an Clive gewandt: »Bitte, Mr. Wearing. Nehmen Sie jetzt zwei von denen hier, und es wird Ihnen viel besser gehen, wenn Sie aufwachen.«

Ich ging in die Küche, um etwas Wasser zu holen. Clive schluckte die Tabletten und legte sich zurück auf sein Kissen, mager, weiß, mit tiefen dunklen Ringen um die Augen. Ich warf einen Blick auf das Röhrchen: Temazepam 10.

»Er wird im Nu schlafen«, sagte der Arzt.

»Soll ich bei ihm bleiben?«

»Vielleicht nur, bis er eingeschlafen ist. Aber die hier hauen ihn für acht Stunden um – ja, fahren Sie ruhig zur Arbeit.«

Der Arzt nahm wieder das Röhrchen in die Hand.

»Mr. Wearing!«, sagte er wieder mit lauter, bedächtiger Stimme.

Clive öffnete die Augen. »Wenn Sie aufwachen, nehmen Sie am besten noch mal zwei von denen hier.« Er hielt Clive das Röhrchen vor die Nase. »Damit können Sie besser schlafen. Okay?«

»Ja«, sagte Clive. Ich fand es seltsam, Clive Tabletten anzuvertrauen, wo er doch so weggetreten war, verließ mich aber auf den Fachverstand des Arztes. Ich dankte ihm, dass er zu uns nach Hause gekommen war, und führte ihn hinaus.

»Du wirst dich besser fühlen, wenn du etwas geschlafen hast«, sagte ich zu Clive. »Ich bleibe bei dir, bis du eingeschlafen bist. Dann fahre ich zur Arbeit, aber ich komme mittags wieder. In Ordnung, Schatz?«

Ich schrieb den Namen des Arztes und seine Telefonnummer groß auf den Notizblock am Bett und sagte zu Clive, er solle mich oder den Doktor anrufen, wenn er sich schlecht fühle.

»Okay«, sagte er. Gegen zehn fuhr ich zur Arbeit.

Um zwei kam ich zurück. Clive wachte auf. Er sagte, er habe gerade noch mal zwei Tabletten genommen. Ich zählte die Tabletten, die noch im Röhrchen waren, um mich zu vergewissern, und sah, dass er Recht hatte. Ich ließ ihn etwas Wasser trinken. Essen konnte er nichts.

»Ein Löffelchen Hühnerbrühe?« Ich hatte am Abend zuvor ein halbes Dutzend Konserven gekauft.

»Ich kann nicht …«, sagte er.

»Hast du noch Kopfschmerzen?«, fragte ich.

Er zögerte. »Ich … weiß nicht«, sagte er und legte sich zurück, um weiterzuschlafen.

Ich musste vor einem Saal voller Wirtschaftswissenschaftsstudenten einen Vortrag halten, deshalb verließ ich ihn nach einer halben Stunde wieder.

Während ich dastand und über die Vorzüge innerbetrieblicher Demokratie redete, verloren die vertrauten Worte ihren Sinn. Meine eigene kleine Welt erschien mir plötzlich substanzlos, sie war wie eine hauchdünne Schicht, die jeden Moment zerreißen konnte. Ständig sah ich Clive vor mir, wie er mit seinen dunkel umrandeten Augen im Bett gesessen hatte. Wie der Arzt ihn aufgefordert hatte: »Sagen Sie ›neunundneunzig‹«, und Clive erst gar nichts und schließlich ein »Ja« herausgebracht hatte.

Als ich wieder an meinem Schreibtisch saß, riefen die üblichen Presseleute mit den in der Wochenmitte üblichen Fragen und Wünschen an. Ich überprüfte die Verkaufszahlen. Meine Kollegen fragten, wie es Clive ginge. Ich erzählte ihnen von dem Fieber, den Schlaftabletten, von dem Arzt, der gesagt hatte, er solle erst mal richtig ausschlafen, dann werde es ihm schon besser gehen. Ich erzählte ihnen, dass ihm am Morgen mein Name nicht eingefallen war. Ich hörte mich erzählen und fragte mich, warum ich nicht zu Hause sei. Aber der Arzt hatte gesagt, ich solle ruhig zur Arbeit fahren.

Als ich später in die Wohnung zurückkam, rief ich Clives Namen. Es kam keine Antwort. Vielleicht schlief er. Ich schlich leise ins Schlafzimmer.

Was ich dort sah, jagte mir einen Riesenschrecken ein. Clives Pyjama lag zusammengeknüllt auf dem leeren Bett. Ich rannte in die Küche und rief laut seinen Namen. »CLIVE! CLIVE!« Es war ein Ruf, der tief aus meinem Innern kam, wo mir vieles bereits klarer war, als ich dachte. »WO – BIST – DU?« *Oh mein Gott oh mein Gott oh mein Gott.* Er war weder in der Küche noch im hinteren Zimmer oder im Bad. Er war nicht im Wohnzimmer. Ich schaute überall nach, auch hinter dem Sofa, dann lief ich wieder ins Schlafzimmer und sah auf dem Fußboden auf der anderen Seite des Bettes nach. Er war nirgendwo.

Ich lief hinaus auf den Treppenabsatz und klopfte an die Tür nebenan. Unsere alte Nachbarin, Miss Harris, hatte meine Rufe gehört. Sie hatte nichts bemerkt. Miss Harris wollte für mich nach unten gehen und nachsehen, ob der Wagen noch da sei, während ich schaute, ob eins seiner Kleidungsstücke fehlte. Miss Harris hängte sich die Schnur mit ihren Schlüsseln um den Hals, zog ihre Wohnungstür zu und eilte die Treppe hinunter. Clives Brieftasche und sein Nadelstreifenanzug waren nicht da.

Ich rief den Arzt an und fragte, ob er ihn ins Krankenhaus geschafft habe.

»Nein«, sagte er verdutzt, freundlich.

»Hat er Sie angerufen?« Ich begriff es einfach nicht.

»Nein – äh … Moment mal.« Ich hörte gedämpftes Reden, er hatte wohl die Hand über den Hörer gelegt. »Nein, er hat hier nicht angerufen.«

Der Arzt schien über meinen Anruf leicht erstaunt zu sein. Ich wollte als Nächstes die Polizei benachrichtigen und bat ihn zu kommen, wenn man Clive gefunden hätte. Das sagte er zu. Ich sank inmitten der Telefonbücher auf den Dielenboden.

Die Polizei war schwer von Begriff.

»Hatten Sie Streit?«, fragte eine Frau mit Callcenterstimme, bevor sie mich zu jemand anderem durchstellte. Jede neue Person, mit der ich verbunden wurde, stellte dieselbe Frage.

»Er ist sehr krank, verwirrt.«

»Hatten Sie Streit?«

»Nein! Er hat 40° Fieber, er fantasiert.«

»Sie hatten also keinen Streit?«

»Streit? Er konnte heute Morgen kaum reden! Seit Sonntag ist er krank und hat Fieber. Er könnte zusammenklappen, auf U-Bahngleise fallen, in den Verkehr hineinlaufen. Er kann sich kaum auf den Beinen halten.«

»Ich verstehe. Wann haben Sie ihn zuletzt gesehen?«

»Nach Mittag, halb drei …«

»Na, das ist noch nicht lange her. Warten Sie ab, ob er bis heute Abend zurückkommt. Falls er morgen früh immer noch nicht da ist …«

»Nein! Bitte! Hören Sie!« Ich hatte das Gefühl, ich befände mich in einem dieser Träume, in denen man spricht, ohne dass ein Wort aus dem Mund dringt. »Der Arzt hat ihm Schlaftabletten gegeben …« Das Wort »Arzt« schien Eindruck auf sie zu machen. Man fragte mich nach dem Namen des Arztes und nach der Adresse des ärztlichen Notdienstes, und erst dann nahm man mich ernst.

»An Ihrer Stelle würde ich alle Krankenhäuser anrufen«, schlug die Stimme vor. »Versuchen Sie rauszukriegen, ob er eingeliefert worden ist, und wenn Sie ihn dort nicht finden, kommen Sie einfach wieder zu uns.«

Endlich konnte ich etwas Konkretes tun. Als Erstes rief ich bei der BBC an. Es hätte ja sein können, dass Clive versucht hatte, zur Arbeit zu gehen. Vielleicht war er ganz automatisch ins Büro gegangen.

»Er ist eins dreiundsiebzig groß«, sagte ich zu dem Sicherheitsdienst, »dichtes, dunkles Haar, dunkler Mantel ...« Wie sollten sie ihn nach dieser Beschreibung überhaupt erkennen? Clives Kollegen erzählten mir hinterher, dass die Wachmänner auf Clives Korridor hin und her gelaufen seien und jedes Zimmer überprüft hätten.

Ich schlug die Krankenhäuser in den Gelben Seiten auf und rief jedes einzelne an. Sie stellten mich zu den Aufnahmestationen durch. Bei keiner gab es jemanden mit diesem Namen. Wusste er überhaupt seinen eigenen Namen?, fragte ich mich. Würde er ihn nennen können?

Ich rief wieder bei der Polizei an, und eine andere Stimme als zuvor war am Apparat. Das Spiel ging von vorn los.

»Hatten Sie Streit?«, fragte die Stimme. Mir riss die Geduld.

Ein Mann und eine Frau in Uniform klingelten an unserer Wohnungstür. Sie kamen langsam herein, nahmen langsam ihre Mützen ab und machten es sich auf unserer neuen weißen Garnitur in unserem neuen weißen Wohnzimmer bequem. Sie stellten umständliche Fragen, die mit der Situation anscheinend nichts zu tun hatten, und schrieben die Antworten in schwarze Notizblöcke. Sie schienen die Sache immer wieder von vorn durchsprechen zu wollen, während Clive sich ständig weiter entfernen konnte. Sie baten um ein Foto. Ich hatte eines herausgesucht, bevor sie gekommen waren. Abgesehen von seinen beruflichen

Porträtfotos, die veraltet waren, Schnappschüssen, auf denen er winzig klein vor Gebäuden zu erkennen war, und Hochzeitsfotos, die fest in ein Album eingeklebt waren, fand ich lediglich eines, das im Urlaub in Paris gemacht worden war, das einzige annehmbare Foto, das zur Hand war. Wir saßen in einem Café im Jardin du Luxembourg und alberten herum. Er machte sein »französisches« Gesicht, um wie ein Existentialist auszusehen. Ich setzte zu Erklärungen über das Gesicht an und verhedderte mich.

»Das ist er jedenfalls«, sagte ich. »Es sieht ihm sehr ähnlich.« Unterdessen liefen in meiner Fantasie alle möglichen Szenarien ab. Ich sah Clive auf Autostraßen, am Bahnsteigrand in der U-Bahnstation Maida Vale. Er konnte an der nächsten Ecke stehen, und ich wusste es nicht. Warum sollte ich in der Wohnung bleiben? Ich wollte hinaus und nach ihm suchen.

Sie sagten mir, ich solle zu Hause bleiben, falls er zurückkäme. Ich rief eine Freundin an, eine Sopranistin aus unserem Chor, und bat sie herzukommen und mit mir zu warten. Ich saß an einem Klapptisch in der Küche und redete mir meine panische Angst von der Seele. Wir gingen die Ereignisse der letzten paar Tage durch, was die Ärzte gesagt hatten, die Symptome, nach denen Clive nicht weit weg sein konnte. Wie ihn die Polizei unserer Erwartung nach finden würde, darüber redeten wir nicht. Sie sprach, wenn ich es nicht konnte.

Das Telefon klingelte. Ich hatte darauf gewartet, aber als es tatsächlich so weit war, durchfuhr es mich. In wenigen raschen Schritten war ich am Telefontischchen.

»*Hallo?*«

Zuerst verstand ich nicht, wer mit mir sprach. Es war der BBC-Sicherheitsdienst, der mir sagte, sie hätten eine Suchaktion durchgeführt und keine Spur von Clive gefunden, würden aber weiter die Augen offen halten. Sie hätten auch die anderen Angestellten darum gebeten. Ich sagte, das sei nett von ihnen, und dankte ihnen.

Wir saßen noch eine Weile in der Küche. Wieder klingelte das Telefon. Es war die Polizei in West Hampstead. Eine Männerstimme fragte, ob ich Mrs. Wearing sei.

»Ja, sicher«, antwortete ich.

»Es handelt sich um einen Mr. Clive Wearing.«

»Haben Sie ihn gefunden?«, fragte ich.

»Ich glaube, ja.«

»Gott sei Dank!«, sagte ich. »Geht es ihm gut?«

»Er ist okay«, sagte er, »allerdings ziemlich durcheinander.«

Ein Taxifahrer hatte ihn zu dem Polizeirevier gebracht. Clive hatte das Taxi herbeigewinkt, um nach Hause zu fahren, konnte sich aber nicht an seine Adresse erinnern. Zum Glück kümmerte sich der Taxifahrer um Clive. Und zum Glück hatte er seine Brieftasche bei sich, so dass die Polizei anhand seiner Barclaycard seine Adresse und Telefonnummer feststellen konnte. Gott sei Dank. Das Revier in West Hampstead war nicht davon in Kenntnis gesetzt worden, dass er vermisst wurde, obwohl es von uns aus gesehen das nächste Revier war. Die Polizei in der Harrow Road war vielmehr für den Fall zuständig. Die in West Hampstead sagten, sie würden in der Harrow Road Bescheid geben, dass sie die Suche abbrechen könnten.

»Ich komme sofort vorbei«, sagte ich. »Lassen Sie ihn bloß nicht aus den Augen. Behalten Sie ihn so lange bei sich.«

»Wir stecken ihn in ein Vernehmungszimmer.«

»Er ist sehr krank. Ich benachrichtige den Arzt.«

Meine Freundin fuhr mich zu dem Polizeirevier. Ich war froh, dass sie wusste, wo es war. Vorn im Eingangsbereich blickten mehrere Polizisten zu uns auf und lachten verschämt, als sie hörten, wen wir abholen wollten. Einer schloss das Vernehmungszimmer auf. Und da saß Clive in Mantel und Anzug, mit am Hals offenem Hemd, unrasiert, die *Times* auf dem Schoß. Ohne seine Zeitung ging er nirgendwohin. Es war die Samstagsausgabe, die er vom Stuhl im Schlafzimmer mitgenommen hatte. Als er mich sah, stand er auf, strahlte von einem Ohr zum anderen und breitete die Arme aus, um mich an sich zu drücken. Wir umarmten uns überschwänglich. Ich war den Tränen nahe. Die Polizisten sagten uns fröhlich auf Wiedersehen.

Unsere Freundin hielt mit dem Wagen vor unserem Hauseingang. Wir stiegen aus, aber Clive ging einfach an der Tür vorbei. Ich hielt ihn fest und drehte ihn zu unserer Haustür um.

»Ach … wohnen wir hier?«, fragte er.

»Erkennst du es nicht wieder?«, fragte ich.

»Überhaupt nicht«, sagte er.

Er erkannte auch die Wohnung nicht wieder, freute sich aber, mit mir zu Hause zu sein. Ich rief den Arzt an und steckte Clive ins Bett wie ein kleines Kind. Er konnte mir nichts darüber erzählen, wo er gewesen oder wann er weggegangen war.

»Ich erinnere mich nicht«, sagte er. Er hatte immer noch 40° Fieber. Er trank einen großen Becher Tee, dann schlief er tief und fest ein. Eine seltsame Art Grippe war das, und mit reichlich Schlaf war Clive wohl auch nicht weitergeholfen.

Der Arzt kam, derselbe, der ihn am Morgen besucht hatte. Er steckte den Kopf ins Schlafzimmer, blieb aber in der Tür stehen. Ich stand neben ihm, und beide blickten wir ins Zimmer auf den regelmäßig atmenden Clive.

»Er schläft wie ein Baby«, flüsterte der Arzt und zog sich leise in den Korridor zurück.

»Wollen Sie ihn denn nicht untersuchen?«, fragte ich.

»Oh nein, ich möchte ihn nicht stören. Lassen wir ihn schlafen. Es wird ihm gut tun.«

Wir boten dem Arzt einen Kaffee an. Er machte es sich in einem unserer Sessel bequem, während meine Freundin den Wasserkessel aufsetzte. Wir sprachen über den merkwürdigen Verlauf von Clives Krankheit. Die Diagnose des Arztes hatte sich seit dem Morgen offenbar geändert. Clive, sagte er zu uns, habe sich ein besonders unangenehmes Grippevirus eingefangen, das im Norden Londons grassiere und sich durch sehr heftige Kopfschmerzen bemerkbar mache. Im Royal Free Hospital seien bislang elf Fälle mit Verdacht auf Hirnhautentzündung aufgetaucht. Es sei eine Grippe – aber mit einer zerebralen Reizung, »einem Meningismus«, sagte der Arzt. Das erklärt alles, dachten wir.

Clive werde es einige Zeit schlecht gehen, warnte der Arzt, und er werde bis zu vier oder fünf Wochen nicht arbeiten können. Er riet mir, ein paar Tage Urlaub zu nehmen, solange es ihm noch so schlecht ginge. Ich dürfe ihn aber jederzeit anrufen, wenn ich besorgt sei.

Als der Arzt weg war, sagte ich meinem Chef Bescheid, dass ich für den Rest der Woche nicht ins Büro käme. Seine Frau arbeitete in einem Krankenhaus und rief mich ihrerseits an.

»Schreiben Sie alles auf, woran Sie sich erinnern«, sagte sie, »für den Fall, dass Sie es später brauchen. Wenn sein Fieber auf über 40,5° ansteigt, rufen Sie einen Krankenwagen. Schreiben Sie auf, wie viel Flüssigkeit er zu sich nimmt, wie viel Urin er abgibt, seine Temperatur. Schreiben Sie die ganze Fallgeschichte auf, alles, woran Sie sich von Anfang an erinnern können, mit allen Daten.«

Ich tat, was sie mir riet. Neunzehn Jahre später besitze ich diese Blätter immer noch. Das Papier sieht wie neu aus, aber meine Handschrift war damals größer und runder als heute.

In dieser Nacht lag ich da, horchte auf Clive und betrachtete sein Profil. Er lag auf dem Rücken, das Gesicht zur Decke. Nach wie vor war er ruhelos und desorientiert, nicht ganz klar. Aber er schlief wenigstens. Gegen vier Uhr morgens erschien mir sein Atem rascher, flacher. Ich rief den ärztlichen Notdienst. Diesmal kam die Ärztin, die am Montag bei ihm gewesen war. Sie untersuchte ihn.

»Es ist keine Hirnhautentzündung«, sagte sie. »Sehen Sie? Kein steifer Nacken. Und es ist keine Lungenentzündung und kein Tumor.«

Ich fühlte mich beruhigt. Sie war nett und freundlich, hatte rotes Haar. Sie sagte, es mache ihr nichts aus, nachts gerufen zu werden. Sie sagte, ich hätte das Richtige getan.

Am nächsten Tag, Donnerstag, den 28. März, sah alles schon viel besser aus. Clives Temperatur war auf 37,8° gesunken. Die Ärztin kam morgens um halb neun wieder und schien zufrieden mit den Fortschritten, die er gemacht hatte.

Fast die ganze Zeit schlief Clive tief und fest. Wenn er wach wurde, blieb er desorientiert, wirr, still und fragte immer wieder, wie spät und welcher Tag es sei. Die Ärztin rief mittags an. Sie sagte, sie und ihr Kollege seien überzeugt, dass Clives Krankheit wahrscheinlich nichts weiter als eine Virusgrippe sei, fragte mich aber, ob ich ihn nicht ins Krankenhaus schaffen wolle.

»Was meinen Sie denn?«, fragte ich.

Ich stellte mir vor, wie er stundenlang auf die Untersuchung warten müsste, wie er unbequem dasäße und ihm kalt wäre, und er dabei noch verwirrter würde. Wäre es für ihn nicht besser, eingemummelt im Bett zu liegen und so viel Schlaf nachzuholen wie möglich? Gegen die Grippe anzukämpfen, wie er es jetzt tat?

Er schlief, sein Fieber war gesunken, er trank tüchtig, ließ Wasser. Könnte ein Krankenhausbesuch einen Rückschlag zur Folge haben?, fragte ich mich.

»Was meinen *Sie* denn?«, fragte ich sie wieder. Sie war doch der Profi. »Wenn Sie noch eine zweite Meinung hören wollen«, sagte ich, »bringe ich ihn hin.« Es entstand eine Pause. »Meinen *Sie*, er sollte ins Krankenhaus?«

»Dr. * * * und ich sind der Meinung, dass es eine Grippe ist, aber die Entscheidung liegt bei Ihnen«, sagte sie.

»Ich überlasse es Ihnen«, sagte ich. Ich fragte sie, ob sich sein Zustand verschlimmern könne, wenn er stundenlang in der Notaufnahme herumsaß.

»Das ist Ihre Sache«, meinte sie.

»Nein, es ist *Ihre* Sache«, erwiderte ich. Woher sollte ich wissen, was das Beste für ihn war? Ich hatte keine Ahnung. In den viktorianischen Romanen, die ich gelesen hatte, kam es vor, dass jemand plötzlich an Fieber erkrankt, dann jedoch wieder gesund wird. Wir waren Musiker, gesunde Menschen. Außerdem sah es so aus, als wäre Clive über den Berg.

Das war er aber ganz und gar nicht.

Am Nachmittag und Abend dieses Tages rief ich alle Bekannten an, die Ärzte oder Krankenschwestern waren oder irgendwelche medizinischen Kenntnisse hatten. Sie schienen der Meinung zu sein, dass es richtig sei, Clive zu Hause zu pflegen, solange er trank und schlief und kein hohes Fieber hatte. Keiner schlug irgendwelche weitergehenden Aktionen vor. Clive sei zu Hause am besten aufgehoben, meinten sie. Wenn sein Fieber steige, könne ich ihn immer noch ins Krankenhaus bringen. Wir kannten schließlich die Berichte von Leuten, die auf Rollbetten zwölf Stunden in der Notaufnahme hatten warten müssen. Das Krankenhaus hatte seine Tücken. Die Ärzte machten an diesem Tag sowieso keine Visite mehr. Clives Temperatur schwankte gegen Abend zwischen 37,5 und 38,9°. Seine Flüssigkeitsaufnahme an diesem Tag betrug 0,9 l. Er urinierte zweimal.

Donnerstagnacht schlief ich. Jedes Mal, wenn ich aufwachte, schlief Clive.

Am nächsten Morgen, Freitag, brachte ich Clive um halb sieben ins Bad.

»Welches ist es?«, fragte er. Zweifellos wusste er nicht, welcher von den weißen Einrichtungsgegenständen das Toilettenbecken war. Ich zeigte es ihm und lief zum Telefon, wählte die Nummer des Notarztes und bestand darauf, dass sie sofort jemanden schickten. Clive hatte viel geschlafen, und trotzdem ging es ihm so schlecht wie noch nie. »Kommen Sie bitte sofort«, schrie ich beinahe, dann rannte ich zurück zu Clive.

Ich brachte ihn wieder ins Bett; er verfiel sichtlich. Niemand klingelte an der Wohnungstür, niemand kam. Die Praxis der Ärzte lag nur ein Stück weit unsere Straße hinunter, aber sie wohnten vielleicht weiter weg. Clive reagierte nicht mehr. Ich hob seinen Arm in die Höhe, dann den anderen. Sie waren schlaff, die Augen hatte er geschlossen. Ich rief wieder den ärztlichen Notdienst an.

»Seine Arme sind schlaff…«

»Schlaff?« Der Mann klang besorgt.

»Ich glaube«, sagte ich, »er verliert das Bewusstsein. Schicken Sie bitte sofort jemanden her. Es ist wirklich ein Notfall!«

Ich kniete mich neben meinen Mann.

»Bleib bei mir, Liebling!« Ich massierte ihm die Hände. »Wach auf!« Ich redete mit ihm. »Ich liebe dich…«

Ich hatte das Gefühl, unter Wasser gedrückt worden zu sein und nur wenige Zentimeter vom Leben entfernt festgehalten zu werden. Ich hatte den Halt verloren. Irgendwo im Haus lief ein Radio. Andere Leute gingen zur Arbeit. Was geschah hier eigentlich?

Der Arzt kam um Viertel vor acht. Seit meinem Anruf um halb sieben schien eine Ewigkeit vergangen zu sein. Er warf einen Blick auf Clive und wählte die 999. Er nannte seinen Namen und bat darum, einen Krankenwagen zu schicken. Dann verließ er uns. Ich hielt die Wohnungstür auf und sah ihm nach, wie er die Treppe hinunterging. Auf dem Treppenabsatz blieb er stehen und sagte, ohne mich anzusehen: »Das ist der seltsamste Fall, den ich je gesehen habe.«

Es war Viertel vor neun, eine weitere Stunde später, als der Krankenwagen kam. Ich hatte gedacht, bei einem Notruf würde innerhalb von Minuten reagiert werden, wie im Kino. Clive hatte die Augen offen und war imstande, sich in einen Rollstuhl zu setzen. Eine Frau schnallte ihn mit roten Gurten fest, die sie kreuzweise über seinen Körper führte. Sein Gesicht war bleich, abgespannt, mager, verschwitzt, sein Blick düster und starr. Er sprach nicht, aber wieder hatte er dieses höfliche Halblächeln im Gesicht. Ich glaube, er versuchte zu kooperieren. Ein Rauschen schien aus dem Inneren seines Kopfes zu kommen.

»Wie lange ist er schon in diesem Zustand?«, fragte die Sanitäterin.

»Sich richtig mitteilen kann er seit Mittwochmorgen nicht mehr«, antwortete ich.

»Ja, ist das denn …?«

»Die Ärzte meinten, es wäre eine Grippe«, sagte ich, »eine schwere Grippe.«

Die Frau schüttelte den Kopf und murmelte etwas vor sich hin. Nach außen hin beantwortete ich Fragen, schilderte noch einmal Ereignisse und Symptome, bot die Notizen an, die ich gemacht hatte, und berichtete bekannte Fakten, war aber mit den Gedanken ganz woanders. Innerlich fühlte ich mich taub angesichts jeder neuen nicht zu beantwortenden Frage, des Schweigens, der langsam verrinnenden Zeit.

Im St. Mary's Hospital in Paddington trafen wir am Freitag, dem 29. März, um neun Uhr morgens ein. Ich lief hinter dem Rollstuhl durch verdreckte Gummitüren in Richtung Notaufnahme. Sie schlugen klatschend hinter uns zusammen und schlossen uns ein wie ein Einwegventil.

2

Die Zeit davor

Wir hatten uns über die Musik kennen gelernt. Das war im September 1978. Ich hatte in Durham Examen gemacht und einen Job bei der John-Lewis-Warenhausgruppe in London gefunden. Dem Chor beizutreten, war mir bei der Einstellung mehr oder weniger zur Bedingung gemacht worden. Meine Chefin war Leiterin des Firmenchors, und der brauchte Soprane. Bei meinem Einstellungsgespräch redeten wir lange über Musik. Hinter der Spielwarenabteilung versteckt gab es ein Theater, und die Firma holte Fachleute zu unserer Unterweisung herbei. Es war bemerkenswert – Verkäuferinnen und Verkäufer bekamen es mit Dirigenten, Bühnenbildnern und Produzenten der besten Opernhäuser Londons zu tun. Hatte ich erst mal die Abrechnungen für Friseusengehälter und Hausmeisterüberstunden hinter mir, konnte ich einfach mitproben oder an einem Inspizientenkurs teilnehmen, ohne dass ich das Kaufhausgelände verlassen musste.

In dem Chor waren wir eine Gruppe von Büroangestellten und Verkäufern, die nie zuvor jemandem vorgesungen hatten. Die meisten hatten schon den ganzen Tag über auf den Beinen gestanden, und es war ihnen nicht zu viel, noch ein paar zusätzliche Probestunden dranzuhängen. Wir übten in einem behaglichen, holzgetäfelten Raum mit Topfpalmen und einem Bechstein-Flügel. An meinem ersten Tag suchte ich mir einen Platz am Ende einer Reihe und wartete. Pünktlich um halb sieben kam der Dirigent herein, dunkelhaarig, mit intelligenten Augen, ein bisschen kleiner als die Inspizientin neben ihm. Er hatte eine volle, freundliche Stimme und redete mit den Händen. Ich guckte kurz weg und schaute wieder auf, als er an mir vorbeistürmte. Sein Gesicht war gesammelt, aufnahmebereit, es leuchtete. In seinem weißen Regenmantel und dem schwarzen Rollkragenpulli sah er aus wie ein Nouvelle-Vague-Schauspieler. Seine Präsenz hatte eine merkwürdige Wirkung, als hätte seine Ankunft etwas aus der untätigen Öde des normalen Lebens heraus in Bewegung gesetzt. Der Chor war bereit, die Musik konnte jeden Moment beginnen.

»Wir fangen vorn an«, sagte Clive, »und sehen, wie weit wir kommen.« Wir hatten nagelneue Noten von Brittens *Ceremony of Carols* in den Händen. »Legen Sie sich bitte einen Bleistift bereit.« Seine durchdringenden, seeblauen Augen wanderten prüfend über jedes Gesicht, bis er jedermanns volle Aufmerksamkeit hatte. Dann gab er stumm den Takt an, den er schlagen wollte.

»*Und…!*«

Meine Lunge dehnte sich mit seiner; wir atmeten gemeinsam ein. Der Einsatz kam uneinheitlich, zögernd. Er winkte ab.

»Lassen Sie's uns richtig machen… Graham?« Er blickte zu dem Pianisten hinüber, damit der den ersten Ton jeder Stimme spielte, und die Leute summten ihn, um ihn zu behalten und in ihren Stimmen richtig zu treffen. Mich verließ ein bisschen der Mut. Ich fragte mich, wie ermüdend es wäre, wenn der Chor sich so angestrengt um jeden Einsatz bemühen musste. Aber der Mann vor uns verlangte unsere Aufmerksamkeit und schien anzuschwellen, als habe er die ganze Musik in seinem Kopf, als warte sie nur darauf hervorzubrechen.

»Artikulieren Sie deutlich!«, sagte er. »Lassen Sie mich die Worte hören. Lassen Sie die Konsonanten explodieren, lange Vokale, lediglich ein moderates Tempo. Ta da da daaa, ta da da daaa…« Er summte von neuem alle Töne. »*Zwei, drei und…*!«

Die Stimmen tasteten sich voran, aber Clive dirigierte uns, als wären wir gut. Er sang alle Stimmen mit, und wenn eine ins Stolpern kam, übernahm er unsere Töne zur Unterstützung. Er dirigierte, indem er alles unterdrückte, was nicht Sparsamkeit der

Bewegung, Präzision war. Und er ging sanft mit uns um. Ich hatte den Eindruck, in seinem Inneren laufe eine ideale Aufführung ab, und wir mussten ihm nur dicht genug folgen, um ihre Richtung zu erfassen. Die meisten Mitglieder des Chors konnten nicht fließend vom Blatt singen, weshalb Clive alle Einsätze singen musste. Er war unglaublich geduldig und blieb bei jeder Stimme stehen, bis jede Gruppe ihre eigenen Töne halten konnte. Aber manchmal war die Musik zu wichtig, um sie zu unterbrechen, und der Chor vergaß seine Furcht und sang. Ich bemerkte, dass seine Hände unsere Stimmen lenkten, seine seeblauen Augen und das Klavier. »*This little babe / So few days old / Is come to rifle / Satan's fold*«, tönte es in erregtem Kanon durch die Oxford Street.

Die Universität lag erst wenige Monate hinter mir. In Durham hatte ich getan, was mir gefiel. Ich trieb in Kähnen zwischen Ufern voll wildem Knoblauch flussaufwärts, sagte leise Baudelaire vor mich hin und ließ die Hände durchs Wasser gleiten. Auf dem Rasen flocht ich Ketten aus Gänseblümchen. In der Kathedrale schlenderte ich durch Strahlen staubigen Sonnenlichts zur Kaffeebar in der Krypta, wo ein H&C genanntes Tutorium in Harmonielehre und Kontrapunkt stattfand. Hier ging der Tutor bei Teegebäck mit Schlagsahne und Konfitüre auf unsere Übungen ein, kleine Streichquartett-Kostproben im Stil von Haydn oder Mozart oder eine wilde Orchestrierung, die sich als Bachchoral zu geben versuchte. Ich erhielt gelegentlich Einsen oder eine Eins minus, aber die meiste Zeit war ich viel zu interessiert herauszubekommen, worum sich das Leben dreht und wo mein Platz darin ist, um allzu ernsthaft zu studieren.

Der Job war ein ziemlicher Schock für mich. Musik hatte mein ganzes Leben lang im Mittelpunkt gestanden, und jetzt waren meine Ohren voller Schreibmaschinengeklapper und Telefongeklingele. Aber mir blieb keine Zeit, lange über ihre Rhythmen nachzudenken. Es gab Verträge und Briefe zu tippen, und ich hatte sie schnell und fehlerlos fertig zu stellen. Wenn ich von der

Kreditabteilung am Fundbüro vorbei über das stumme Linoleum auf das Büro zuschritt, konnte ich noch immer das Gefühl der Freiheit genießen, die Möglichkeit eines Aufschubs – dass zum Beispiel Feueralarm gegeben oder ich plötzlich woanders verlangt werden würde. Aber wenn ich um die Ecke bog, blickte ich auf die Milchglasscheiben, die meinen Tag begrenzten. Das Quietschen der hochgehenden Schranke, wenn ich zur anderen Seite durchging, bedeutete, dass ich zu ihnen gehörte.

Meine Chefin hatte einen langen Titel, wozu auch Wörter in Klammern gehörten. Sie ließ mich die Dienstvorschrift lesen und auswendig lernen: Vorgehensweise und Verfahren beim Mutterschaftsurlaub, Tod während der Arbeit, Weitergabe von Beurteilungen und das Einhalten der Satzung unter allen Umständen, und dann prüfte sie mich, um sich zu vergewissern, dass ich alles richtig verstanden hatte. Manchmal kam sie mit grimmigem Gesicht vom Telefon und stieß das Wort »Disziplinarmaßnahme!« hervor. Schweigen senkte sich dann auf das Büro, während sie Leitzordner einsammelte, sich die Nase puderte und entschlossen ihre Handtasche zuschnappen ließ. Wir beobachteten, wie sie würdevoll das Büro durchschritt, und hielten den Atem an, während sie sich durch die hochgeklappte Schranke schob. Wir erfuhren möglicherweise nie, was die Angestellte getan hatte, aber wir kannten den Katalog strafbarer Handlungen, für die jemand fristlos gekündigt werden konnte – von Rauchen in der Toilette bis hin zur Selbstbedienung an Waren, selbst an denen, die für den Müll bestimmt waren. Ein anderes Verbrechen war, sich in jemanden zu verlieben, mit dem man zusammenarbeitete, vor allem, wenn derjenige nicht frei war. Ich konnte mich nicht erinnern, darüber in der Satzung gelesen zu haben, aber es musste ja nicht geschrieben stehen. Wenn sich zwei Leute aus derselben Abteilung ineinander verliebten, wurde einer, üblicherweise der rangniedrigere, in eine andere Filiale versetzt.

Nach der Probe in der zweiten Woche rief der Dirigent den Chor im Gemeinschaftsraum zusammen. Er setzte sich mir gegenüber hin, und wir sprachen über Musik, seine Hände schrieben in die Luft, während er den Rauch seiner Zigaretten tief einsog und ihre Enden rot aufglühen ließ.

»Die wichtigsten Dinge kann man nicht in Worte fassen«, sagte er und drückte seine Kippe in einem weißen Porzellanaschenbecher aus. »Darum gibt es die Musik.«

»Ja!«, stimmte ich zu. »Für das Unsagbare.«

»Worte geben sich mit Äußerem ab«, sagte er, »dem Körperlichen. Die Musik führt uns ins Ewige, das Reich des Geistes.« Wir kamen auf die Figuren der *commedia dell'arte* und des afrikanischen Theaters zu sprechen, und alle um uns herum gingen.

Ich überlegte, ob in der Dienstvorschrift für Angestellte etwas über die Liebe zwischen einem externen Dirigenten und einer Auszubildenden stand und ob sie mich, wenn es zwischen uns funkte, in eine andere Filiale ohne Chor weit weg von hier verbannen würden?

»Ich muss schließen«, sagte die Clubleiterin, Miss Burden, und klimperte mit den Schlüsseln. Der Raum war leer bis auf uns beide. Sie scheuchte uns nach draußen und schloss ab. Ich nahm den 500er-Bus zur Victoria Station, um zum YWCA in Pimlico weiterzufahren, wo ich wohnte. Am Bahnhof machte ich Halt, um meine Mutter anzurufen.

»Ich habe den Dirigenten kennen gelernt«, sagte ich. »Wir haben uns unterhalten.«

Ich lief zurück zum Warwick Square. Meine Eltern hatten dort nach ihrer Hochzeit in einer Wohnung über der Bank gewohnt. Im YWCA um die Ecke zahlte ich neun Pfund die Woche für ein oberes Etagenbett in einem Sechserzimmer. Um drei Uhr morgens schwankte mein Bett wie ein Schiff auf hoher See, wenn eine Französin nach ihrer Nachtschicht als Kellnerin in das Unterdeck kletterte. Man erzählte sich, sie äße ganze Zehen Knoblauch, als wären es Äpfel, aber ich habe es nie gesehen. Die

Frauen, die in der Jugendherberge wohnten, verdienten alle nicht viel. Sie hängten ihre Wäsche im Kesselraum auf, teilten ihre Geheimnisse am Küchentisch und rührten in Gerichten ihrer Heimatländer. Ich hatte wohl etwas über Clive gesagt, denn eine von ihnen, eine Australierin, begleitete mich, um ihn in einer Kirche in Marylebone dirigieren zu sehen – eine Monteverdi-Vesper bei Kerzenlicht. Obwohl es duster war und ich darauf achtete, mich ganz nach hinten zu setzen, ging ich hinaus, ehe Clive sich umdrehte, um sich zu verbeugen, so dass er mich auf keinen Fall sehen konnte. Denn nach dem Geplauder an jenem Abend im Gemeinschaftsraum stellte ich fest, dass ich ihn nicht einmal mehr ansehen konnte. Das machte es knifflig, bei den Proben dem Takt zu folgen – ich hielt die Noten so hoch, dass ich von ihm nichts weiter sah als die Bewegung seiner Hände jenseits des Blattrandes.

In Pimlico wohnte ich gern. Von dort konnte man den Turm der Westminster Cathedral sehen, wo, wie ich wusste, Clive jeden Nachmittag von drei bis Viertel nach sechs sang, der Job, der ihn ernährte. Überall sah ich diesen roten Backsteinturm. Ich sah ihn mittags vom Dachgarten der Firma aus und abends aus dem 500er-Bus, der die Park Lane hinunterfuhr. Der kleine Turm wurde für mich zu einem Symbol des Mannes, weil ich wusste, genau an dieser Stelle wäre er, würde aufblicken und dieselbe rote Backsteinhülle sehen, jeden Tag außer dienstags, und dienstags sah ich ihn selbst.

Während die Proben zum Weihnachtskonzert fortschritten, ging ich Clive weiter aus dem Weg und verlor den Appetit. Die Mädchen im YWCA versuchten, mir mit gläsernen Reisnudeln und Möhrenkuchen den Mund wässerig zu machen. Ich lief in der Gegend herum, sang den Britten vor mich hin und bereitete mich auf das Konzert vor, als hätte ich einen Soloauftritt in der Carnegie Hall. Ich begleitete mich selbst auf einer imaginären Klaviatur auf dem Sitz im Bus oder auf dem Schreibtisch im Büro. Ich meinte, die vollendete Aufführung zu hören, die

Clive vorschwebte. Ich wusste, was er wollte. Ich übte im Park und unter der Dusche. Ich sang mittags im Kesselraum, und wenn abends niemand im Schlafraum war, sang ich das Wiegenlied: »*Balula low baluu lula low balula lula luu laa laa low …*« Der Chor lernte nur langsam dazu, aber Clive drängte uns zu etwas, das über uns hinausging. Meine ganze Woche war auf die Dienstagabende ausgerichtet. Mein wichtigster Platz im Leben war die hinterste Reihe der Soprane in Clives Chor.

Kurz vor dem Konzert verlor ich meine Stimme. Zu viel Singen, nicht genug Stütze. Ich ließ eine Probe aus. Ohne meine Führung verstummten die Soprane. Clive fragte, wer fehle, und da, angesichts meines leeren Stuhls und der stockenden Soprangruppe, fiel ich ihm wieder ein. Hinter meinen Noten versteckt, hatte er in letzter Zeit nicht viel von mir gesehen. Bei der Generalprobe in der folgenden Woche las er eine Liste mit Ankündigungen vor und fragte mich am Schluss, ob ich noch einen Moment bleiben könne. Ich nahm an, er wollte mich bitten, für den Pianisten die Noten umzublättern oder eine ähnliche Aufgabe beim Konzert zu übernehmen. Aber mit der gleichen allgemein gehaltenen Stimme wie auf der Probe lud er mich dazu ein, am Samstag mit ihm eine Oper anzuhören. Er war auf der Suche nach einem Kinderchor für eine Oper, die er in Covent Garden dirigieren sollte, und sagte, ein zusätzliches Ohrenpaar wäre ihm lieb. Mit meiner Probenstimme sagte ich, ja gern. Ich eilte hinaus auf die Straße, stieg ins Oberdeck des Busses hinauf, um den Kathedralenturm sehen zu können, und dann rannte ich von der Victoria Station durch die weißen Stuckstraßen, als wären die mächtigen von Säulen getragenen Veranden schon die Verzierungen einer Hochzeitstorte und ich die Braut *en miniature*. Im YWCA lief ich in die oberste Etage hinauf und warf mich auf mein Bett, dann ging ich hinunter in die Küche im Kellergeschoss und öffnete ein paar Mal die Kühlschranktür, bis mich jemand fragte, wie die Probe gelaufen sei. Sie fragten nach Clive, und ich bemerkte, dass ich wenig wusste, was über die knappen Karrieredetails, die ich in einem Konzertprogramm gelesen hatte, und über den Klatsch im Gemeinschaftsclub hinausging – nur dass er einmal verheiratet gewesen war und jetzt nicht mehr, und selbst das erwies sich juristisch gesehen als unwahr. Wie kam es, dass ich so viel empfand, wo ich doch so wenig von ihm wusste? Es war, als hätte etwas in mir ihn wiedererkannt. Ich kannte ihn. Ich weiß nicht, wieso, aber ich kannte ihn.

Diese erste Oper ging in einer Art Nebel vorüber. Ich erinnere mich an Pizza hinterher und den Gang zu einer erleuchteten Bushaltestelle, den Bus, Clives Arm um meine Schultern, einen kurzen Abschied. Einige Tage später nahm ich im Büro den Telefonhörer ab, und seine Stimme in meinem Ohr ließ das Büro mit einem Mal viel größer werden. Samstag, sagte er. Samstag.

Clive holte mich im YWCA ab, nachdem er die Frühmette in der Kathedrale gesungen hatte. Die Dame am Empfang, eine ältere Polin, beäugte ihn durch einen Spalt im Fensterchen, während mich jemand holen ging. Außer Brüdern akzeptierte sie keine männlichen Besucher. Und Clive mit seinen vierzig war kein Junge mehr. Er winkte ihr zum Abschied fröhlich zu, und das Fensterchen schnappte ins Schloss. Wir gingen zur U-Bahn, stiegen am Oxford Circus um und nahmen die alte Bakerloo-Bahn Richtung Norden zum Swiss Cottage. Die Oper fand an diesem Nachmittag irgendwo in Clives Nachbarschaft statt, und er wollte mir etwas zu Mittag kochen. Es war seltsam, von der U-Bahnstation zu seiner Wohnung in der Goldhurst Terrace nebeneinander herzugehen. Ich versuchte, mich seinen längeren Schritten anzupassen, aber das war, als wollte ich mit einem Riesen »Himmel und Hölle« spielen. Ich probierte es mit drei Schritten zu seinen zwei, aber das lief auf Trippeln hinaus, und er warf mir von der Seite einen verwunderten Blick zu. Ich hatte also normal zu gehen, auch wenn es neben seinen Schritten einen ungleichen Wechselrhythmus ergab.

Die Wohnung war vollgestopft mit Büchern und Papieren, Pappkartons stapelten sich. Clive tranchierte einen kalten Lammbraten, dazu gab es gekochte Kartoffeln, Tiefkühlerbsen und ein Glas Minzgelee. Wir aßen nebeneinander auf seinem Sofa. Die Schaumgummikissen verschoben sich, so dass man das Gefühl hatte, nach unten zu rutschen. Clive aß schnell, über seinen Teller gebeugt. Er wirkte wie jemand, der normalerweise allein und in Eile isst. Er erzählte mir von seinen Kindern, die bei ihrer Mutter in Surrey lebten, zwei Jungen und einem Mädchen, alle in Internaten.

Die Oper an dem Nachmittag war ein Stück von Michael Nyman. Clive winkte ihm zu und stellte mich als »meine Freundin Deborah« vor. So so, ich war also seine Freundin. Alle hatten mich immer Debbie genannt, aber Clive nannte mich von Anfang an Deborah. »Du bist eine Deborah«, sagte er.

Der Chor gefiel uns, die Finchley Children's Music Group, und Clive bot ihm an, im kommenden Jahr in Covent Garden in *Thérèse* mitzusingen. Den Komponisten wollte er später besuchen, und er bat mich mitzukommen und meine Meinung beizusteuern. John Tavener wohnte draußen in Wembley Park, und wir machten unterwegs in einem griechischen Restaurant Halt. Ich bekam so gut wie nichts hinunter, und so wurde mein *kleftikos* nahezu unberührt wieder abgetragen.

Auf Taveners Klavier stand ein Hochzeitsfoto, der Bräutigam und seine griechische Braut, zwischen deren Schultern Clive lachend hindurchblickte.

Clive nahm ihren alten Fernseher mit, da sie gerade einen mit Farbe bekommen hatten. Er fragte, ob ich ihm helfen könnte, das Gerät nach Hause zu schaffen und einzustellen. Wir probierten alle Kanäle durch, und hin und wieder sagte ich etwas von Heimfahren, aber ich wollte nicht weg, und Clive schien recht froh, mich dazuhaben. Im Nu war die letzte Sendung zu Ende, und die Nationalhymne erklang, und der weiße Punkt löste sich in ein graues Schneegestöber auf. Clive schaltete den Apparat aus, es war Nacht. Wir blieben sitzen. Irgendwann sagte er in die

Dunkelheit: »Es wird ein schwerer Kampf für uns werden.« Ich war mir nicht sicher, was er meinte.

Wenig später sprachen wir über ein gemeinsames Leben. Nach ein paar zögerlichen Freundschaften eine Art Vernunftheirat zu feiern war absolut nicht mein Fall. Ich wünschte mir Bartók und späte Beethoven-Quartette und die *Háry-János*-Suite von Kodály. Ich wünschte mir Takemitsu auf einem edlen Flügel in einem großen steinernen Saal. Ich wünschte mir verzweifelt Strawinskys *Les Noces*, eine endlose Reihe russischer Hochzeiten mit gigantischen Akkorden, die einem die Seele frei machen. Und ich wünschte mir, außer mir vor Glück wie Petruschka, mit Clive einen Holzschuhtanz zu tanzen und *commedia dell'arte* und Fest-i-val.

Diese ganze Zeit habe ich als sonnig in Erinnerung, obwohl es kalt gewesen sein muss, denn es war Winter. Clives erstes Weihnachtsgeschenk an mich war ein Pelzfutter für den Mantel, damit mir warm war. Ich schenkte ihm einen Adlerfarn. Unter diesen Pflanzen hatte ich mich als Kind im Park immer versteckt.

Unsere erste gemeinsame musikalische Unternehmung war eine kleine Oper aus dem neunzehnten Jahrhundert, *Zar und Zimmermann*, eine vergnügliche Sache, die an vier Abenden in dem Theater hinter der Spielwarenabteilung des Warenhauses gegeben wurde. Ich hatte eine kleine Rolle, die holländische Braut. Verkäuferinnen verbrachten ihre Freizeit damit, unter der schöpferischen Anleitung eines jungen Bühnenbildners vom Coliseum Kostüme zu nähen und Bühnenbilder zu bauen. Leute aus der Musikwelt kamen vorbei und setzten sich zwischen unsere Kollegen und Familien. Dame Eva Turner erschien in einem Pelzmantel. Wir lasen über uns in englischen Zeitungen. Clive als Chorleiter sollte nur eine der vier Vorstellungen dirigieren. Der Chefdirigent kam zur Generalprobe mit einer völlig anderen Auffassung des Werkes. Er nahm es viel langsamer, und seine

Aufführung dauerte gut zwanzig Minuten länger als Clives. Das langsamere Tempo bedeutete, dass die Sänger mitten in den Sätzen Atem holen mussten. Clive wollte in der Tempofrage nicht nachgeben, folglich gab es gewissermaßen zwei Fassungen.

Ich trat gern in Clives Leben ein, half ihm bei seiner Arbeit und wohnte bei ihm in der Goldhurst Terrace. Das Schwierigste war seine Vergangenheit. Sie war so umfangreich. Vierzig Jahre ohne mich standen gegen ein paar Wochen, Monate, ein Jahr mit mir. Das würde ich niemals aufholen. Und es gab die ganze persönliche Archäologie anderer Frauen, die im Laufe der acht Jahre, seit er seine Frau verlassen hatte, oder der drei Jahre, nachdem eine rothaarige irische Sängerin namens Susan ihn verlassen hatte, das Bett mit ihm teilten und wieder daraus verschwunden waren. Die Handschrift der früheren Frauen fand sich in allem. Susans Schrift war besonders oft vertreten – groß und schräg, in verschiedenfarbigen Kugelschreibern, grün, purpurrot. Meine Handschrift tauchte in dem Adressbuch nur selten auf. In den Schränken fand ich Plastiktüten mit halbfertigen Röcken und Muster für Patchworksteppdecken. Automatenfotos fielen aus Vasen und Bleistiftbehältern. Eine Schreibtischschublade roch nach Elizabeth Ardens »Blue Grass«, und jedes Mal, wenn ich mir eine Büroklammer oder ein Gummiband holte, stieg ein Hauch davon empor und traf mich von neuem. Regelmäßig stieß ich auf einen Kamm, Haarspangen, Plastikperlen, Lippenstift, Puderdose und eine Reihe von Telefonnotizblöcken mit Mitteilungen in Susans verwegener Handschrift, wie zum Beispiel: »Koteletts im Kühlschrank. Ich liebe dich« oder: »Bin Zigaretten holen. Gleich wieder da. Ich xxx.« Über die Seiten verstreut waren Botschaften an sie von Clive, in denen er die Worte benutzte, die jetzt mir galten: »Liebling, wir sehen uns nach der Probe. Ich liebe dich. C xxx.« Ich betrachtete die Zettel und fragte mich, wie er dieselben Dinge zu einer anderen Frau sagen konnte. Dinge, die offenbar nicht von Dauer waren. Ich wollte ein eigenes Vokabular, eine andere Sprache vielleicht. Dieses »Ich liebe dich« in einer zutiefst vertrauten Handschrift, aber an eine andere Frau gerichtet, dieser Anblick verschob die Welt leicht aus ihrer Achse. Wenn Clive der meine für immer war, wieso war er es nicht auch damals schon gewesen? Ich betrachtete die Fotos von Susan und überlegte, wie mein Haar wohl rot aussähe. Eines zeigte sie auf der Hochzeit von Clives Schwester, sie stand in der vordersten Reihe neben Clives Onkel. Jetzt war er mein Onkel. Was sollten wir mit den Fotos machen? Und irgendwo da draußen in einer anderen Welt führte sie ihr Leben weiter. Auch darin gab es zweifellos Fotos von ihr und Clive, wie er neben ihren Verwandten stand. Wie viele Menschen in wie vielen anderen Häusern besaßen wohl Fotos von Clive, der ihnen zulächelte, von Clive, der ihre Hand hielt? Ich fühlte mich mitten in einem verhedderten Bindfadenknäuel, das aufgeschnitten werden musste, dessen Fäden, die mich von allen Seiten einschnürten, zerschnitten und verbrannt werden mussten.

Das Schlimmste waren Briefe von Clive auf kleinen blauen Briefpapierbogen – nicht beendet, nicht abgeschickt. In ihnen flehte er eine Frau an, ihn nicht zu verlassen. Nur wenige Monate, bevor ich ihn kennen gelernt hatte, schrieb er von »Selbstmord, der mein täglicher Gedanke ist«.

Ich verbrachte ganze Abende allein mit derartigen Zeugnissen. Mir unbekannte Empfindungen stiegen auf und wirbelten in mir herum – Eifersucht, Leidenschaften, die ich noch nicht benennen konnte, und ein Gefühl von der überwältigenden Macht und Gefahr der Liebe.

Diese Extreme zwangen mich zu wichtigen Fragen. Es war zutiefst beunruhigend, dass dieser Mann, mit dem ich zusammengeführt worden war, fast doppelt so alt war wie ich und diese ganze Zeit ohne mich zugebracht hatte. Ich wünschte mir, dass er die Lücken füllte. Mit großer Freude fand ich heraus, dass sich unsere Wege offenbar zweimal schon zufällig auf der South Bank gekreuzt hatten – einmal bei einem Konzert für acht Klaviere, das Radu Lupu geleitet hatte, und das zweite Mal bei Rameaus *Les Boréades*. Er hätte ohne weiteres auf der Treppe über mein bodenlanges, nachschleifendes dunkelrotes Laura-Ashley-Kleid stolpern können. Mehrere Leute taten es.

Als ich eines Abends seine Sockenschublade aufräumte, stieß ich unter dem Schrankpapier auf Briefe von Susan. In ihnen ging es darum, warum sie ihn verließ. »Ich will Kinder«, schrieb sie mit einem griechischen »e«, »aber mit 29, schließlich rückt die 30 bedrohlich nahe …« Und sie schrieb: »Ich liebe dich.« Was bedeutete es, dass er diese Briefe versteckt hatte?

Ich wartete bei ausgeschaltetem Licht, begann, mich zu langweilen, hätte gern gelesen, aber das Licht anzuknipsen hätte das, was ich im Sinn hatte, zunichte gemacht. Die Briefe lagen auf dem Tisch. Nach etwa einer Stunde hörte ich den Rover nicht weit entfernt halten. Ich rannte auf den Lichtschalter zu, um die Szene zu verhindern, hielt aber inne. Ich liebte das Geräusch seiner Schuhe auf der Treppe. Die Tür ging auf. Er rief nach mir und schaltete das Licht an. Als er mich so plötzlich vor sich sah, bekam er einen Schreck.

»Schatz! Was ist passiert?«

Ich hatte ein schlechtes Gewissen, weil ich ihm Angst machte.

»Das da.«

Er sah, worum es sich handelte.

»Können wir sie wegwerfen?«, fragte ich. Das grelle Licht war auf einmal zu viel; am liebsten wäre ich wieder im Dunkeln gewesen.

Clive schüttelte seinen Mantel ab.

»Das sind nur alte Briefe.«

»Du brauchst sie nicht.«

»Sie sind meine Vergangenheit.«

Ein Auto, das draußen langsam vorbeifuhr, warf sein Scheinwerferlicht quer über das Fenster.

»Du bist jetzt hier bei mir«, sagte er. »Du und ich, wir sind zusammen.«

»Du und ich – und tausend Schnipsel und Fetzen.«

»Es besteht kein Grund, gekränkt zu sein.«

»Bitte, befreie dich davon.«

»Sie sind alles, was noch übrig ist.« Seine Stimme klang gereizt und gefährlich.

»Wovon?«, fragte ich.

Er gab keine Antwort.

»Und wenn Susan morgen zurückkäme, wenn sie mit ihren Koffern da draußen auf der Treppe stehen und sagen würde, ›Entschuldigung, ich habe einen Fehler gemacht‹, was würdest du da tun?«

Er trat auf mich zu und versuchte, mich zu zwingen, ihm in die Augen zu schauen. »Sie kommt nicht zurück.«

»Das habe ich nicht gefragt.«

Das Zimmer schwankte. Ich wollte, dass dies reichte. Das tat es fast. Wir blickten voneinander weg. Seine breiten, spatelförmigen Finger flochten sich in meine schmalen. Ich meinte, Elizabeth Arden zu riechen, und wich zurück.

Dann waren seine Wimpern nass an meinem Hals, seine starken Arme, die mich an sich pressten, sein Atem, der in kleinen Schluchzern kam, während meiner fast versagte.

»Es tut mir Leid, Schatz«, sagte er.

Es war genug. Die Zeit setzte sich wieder in Bewegung. Wir machten uns ans Abendbrot mit Spaghetti bolognese, die wir auf der Kochplatte warm machten. Von draußen, zwischen den Mülleimern, beobachtete ich ihn in der gelb erleuchteten Küche, wie er in den Küchenschrank griff. Die Nachtluft ließ mich frösteln, aber ich wollte draußen im Dunkeln bleiben. Kleine Bruchstücke zerrissener purpurroter Schreibschrift bewegten sich im leichten Wind, Wörter verschwammen zwischen Teeblättern, die offenen Mülleimer badeten im klaren, ockerfarbenen Lampenlicht. In dieser Nacht legte ich mich auf meine Seite des Bettes, er auf seine, Rücken an Rücken, fröstelnd, aber gleich darauf hatten wir uns eingerollt, warm, schläfrig, und alles, alles war gut.

Ich glaube, die meisten von Clives Freundinnen hatten irgendwann einmal in seinem Renaissance-Laienkammerchor, den Europa Singers, gesungen. Er ließ mich Solos singen, vor allem

Echos, die ferne Stimme hinter der Bühne. Man könnte sagen, Echos waren meine Stärke, mein »forte«, wie es bei uns in England heißt – na ja, ich sang tatsächlich *forte*, aber ich stand oft so weit weg, dass das Echo *piano* war, wenn es den Konzertsaal erreichte.

Den richtigen Punkt zu finden, von dem aus gesungen werden musste, war ein akustisches Versteckspiel.

»Versuch's mal da drin!« Clive gestikulierte in die Richtung irgendeines Nebenraumes und bewegte sich rückwärts, um von verschiedenen Stellen im Zuschauerraum aus die Lautstärke im Vergleich zur Lautstärke des Chores zu beurteilen.

»Ein bisschen weiter weg, Schatz!«, rief er dann.

Ich ging weiter zurück und sang wieder das Echo.

»Geht's noch ein Stück weiter? … Wo ist sie überhaupt?«

Ich hatte mich in irgendeinen Winkel verkrochen, und er war weit hinten im Zuschauerraum, wo der Chor über seine Noten hinweg ihn nicht sehen konnte und gar nicht bemerkte, wenn er zu dirigieren aufhörte. Manche bemerkten es nicht oder aber machten sich einen Spaß daraus und sangen weiter, auch wenn er rufend und winkend durch den Mittelgang auf sie zugelaufen kam, als versuche er, einem Flugzeug Zeichen zum Landen zu geben.

Einmal endete ich in einer Kirchenküche neben einem Gaskocher. Ich muss kaum zu hören gewesen sein. Die anderen hörten sich an, als wären sie meilenweit weg.

»Perfekt!«, schrie er. »Bleib da!«

So kam es, dass ich ein halbes Konzert in dieser Küche versteckt zubrachte. Ich vergaß beinahe, warum ich gekommen war, las den Newsletter der Müttergewerkschaft, den neuesten Bericht über Antiquitätenverkäufe, Missionsarbeit und den wechselnden Blumendienst in der Kirche. Der Chor jubilierte, und ich antwortete entsprechend. Aber ich hätte für die Eingeborenen in Malawi stricken können, niemand hätte es bemerkt.

Die Europa Singers waren vielleicht nicht professionell, aber Clives Vorstellung von Musik blieb sich gleich, ganz egal, wer vor ihm stand. Die Zeit vor einem Konzert war immer nervenaufreibend, aber wenn wir alles um uns vergaßen und uns auf Clive konzentrierten, sangen wir weit über unserem Niveau. Wenn er am Schluss eines Konzerts die Arme senkte und uns sein Lob zuzwinkerte, gab es kein schöneres Gefühl für uns. Der Applaus war zweitrangig. Wir hatten Clive eine Freude bereitet. Das war die Hauptsache.

Um den Konzerttermin herum geriet ich in solchen Stress, dass ich allmählich die Stimme verlor und mich gerade so eben durch die Generalprobe lavierte. Bei der Aufführung sang ich dann, aber ich hatte keine Ahnung, woher es kam. Nicht von mir, meinte ich. Eine Tournee schaffte ich nur mit vielen kleinen Gläschen heißem Cointreau mit Zucker. Bei einer der letzten Konzerte dachte ich kurz vor Beginn, nun hätte ich gar keine Stimme mehr. »Ich kann nicht singen! Ich kann nicht sprechen!«, gab ich Clive im Dunkeln in den Kulissen stumm artikulierend zu verstehen.

»Doch, du kannst!« Er lächelte mich mit großer Zärtlichkeit an. Er richtete mich auf, die ich den Brustkorb hatte einsinken lassen, und sagte: »Atmen.« Ich schöpfte Zutrauen, weil ich sah, dass er Vertrauen in mich hatte. »Geh einfach!«, sagte er. Im nächsten Moment ging ich hinaus auf die Bühne. Ich liebe diesen Augenblick vor einer Aufführung, wenn man dem Publikum zum ersten Mal gegenübertritt. In diesem alten hufeisenförmigen Theater in Arezzo, der Stadt Piero della Francescas, standen wir da, von warmem, weißem Licht überflutet, ein feiner Dunst lag über dem Zuschauerraum, strahlende Kronleuchter, funkelnde Lichtkreise in allen Farben. Plötzlich Applaus, und die Rampe der Bühne färbte sich golden; durch glitzernde Lichter auf meinen Wimpern sah ich Clive aufs Podium eilen. Er neigte das Gesicht, um jeden Teil des Theaters zu grüßen. Er verbeugte sich, wobei sein dunkles Haar nach vorn fiel, zurückschnellte, und drehte sich strahlend herum. Er blickte uns an, bis er wusste, dass wir ganz bei ihm waren. Dann hob sich sein Arm … »*Splendoribus … magnificat … glorificamus … luceat … vivificamus … sanctus …*«

Unsere Stimmen schlugen Wellen, wechselten den Ort, hinterließen Frieden, dann standen wir da, atmend, schimmernd in der Stille.

Clives professionelle Truppe war das London Lassus Ensemble (LLE), das er 1974 gegründet hatte. Die Musik des flämischen Komponisten Orlandus Lassus (Roland de Lassus, Orlando di Lasso – es gibt etwa ein Dutzend verschiedene Schreibweisen des Namens dieses Künstlers aus dem 16. Jahrhundert) war sein Spezialgebiet. Clives Repertoire umfasste überwiegend Renaissancemusik, reichte aber vom Mittelalter bis zum Barock. Meistens trat das Ensemble im South Bank Center oder in Radio 3 der BBC auf, manchmal aber zog es in die Ferne. Es gibt ein Foto, auf dem sieht man es in Barockkostümen in einem venezianischen Palast, der Ca' Pesaro, während Prinzessin Margaret im Abendkleid sich über einen Tisch beugt und Clive eine Rose überreicht. In seiner langen Lockenperücke und dem glänzenden Brokat sieht er aus wie ein König.

Clive arbeitete von morgens, wenn er aufstand, bis spät in die Nacht, wenn er zu Bett ging. Er arbeitete an Wochenenden und wenn andere Leute Urlaub machten. Ob Weihnachten oder Ostern, er machte nie Pause. Wenn er ein paar Minuten Ruhe hatte, löste er Kreuzworträtsel in der *Times* oder dem *Observer*.

Wenn wir abends zu Hause waren, richtete ich das Abendessen auf einem verstellbaren Tisch vor dem Fernseher an. Eine Gabel voll Spaghetti in der einen Hand, einen Kugelschreiber in der anderen, konnte Clive essen, auf seinem tragbaren Lesegerät einen Mikrofilm lesen, ein Manuskript umformulieren, Fußball gucken und sich mit mir über meinen Tag im Büro unterhalten – alles zur gleichen Zeit. Nach dem Essen tranken wir Kaffee, und Clive klopfte seine Taschen nach seinem Päckchen Silk Cut King Size ab und steckte sich eine an.

»Was dagegen, wenn ich rauche?«, fragte er gewöhnlich, wenn ich noch aß. Dass Singen und Zigaretten nicht zusammenpassten, war ihm egal. Er rauchte ungefähr fünfzehn Zigaretten pro Tag. Damals rauchten viele Sänger.

Viele Abende waren wir zu Proben, Konzerten oder Plattenaufnahmen unterwegs, und es war elf Uhr oder Mitternacht, wenn wir mit unserem Abendessen begannen. Ich knallte Tiefkühlgemüse auf den Tresen, und Erbsen kullerten über den Küchenfußboden. Clive legte manchmal Patiencen, um vor dem Schlafengehen zur Ruhe zu kommen. Seine Familie hatte im Luftschutzkeller immer Karten gespielt, um den Kindern die Angst zu nehmen. Es half Clive, sich nach einem abendlichen Konzert zu entspannen. Ich döste ein beim Klatschen von Karten auf Resopal.

Orlando di Lasso und sein Gönner, Herzog Wilhelm von Bayern, hatten sich sehr nahe gestanden. Wie ein Familienhund war er ein Seismograf der Stimmungen des Hofes gewesen. Seine Musik war fröhlich und hoffnungsvoll, als sich der Herzog vermählte, und melancholisch, als der Herzog unglücklich war.

Clive benutzte die Hochzeit des Herzogs mit Renata von Lothringen 1568 für drei Programme, die an dem Tag gesendet wurden, als Prinz Charles 1981 Diana heiratete. Es war der Spezialbeitrag von BBC Radio 3 zu den Feierlichkeiten. Später wurden Noten und Text in Leder gebunden und als Hochzeitsgeschenk des Senders in den Palast geschickt. Clive stellte eine musikalische Rekonstruktion der bayrischen Hochzeitszeremonie samt Bankett aus dem 16. Jahrhundert her.

Am Tag der königlichen Hochzeit hatten alle frei. Wir sahen sie uns im Fernsehen an und drehten den Ton weg, als die königliche Hochzeit von 1568 im Radio gesendet wurde. Die Kamera schwenkte an der Menge entlang, man unterhielt sich mit Touristen. Sie fragten sich in unterschiedlichen Akzenten, was Diana, die noch »Lady Di« genannt wurde, wohl tragen werde. Renatas Kleid war mit Perlen überladen gewesen. Dianas Kleid passte kaum in ihre Kutsche. Ich wünschte mir ein Hochzeitskleid. Ich wünschte mir, Mrs. Wearing zu heißen. Mit leiser Stimme probte ich meinen Ehenamen. Die Bayern hatten eine Woche lang mit Banketten, Tournieren und eigens in Auftrag gegebener Musik gefeiert. Die BBC feierte Morgen, Nachmittag und Abend. Lasso hatte sich selbst übertroffen. Charles und Diana sagten »Ja«. Und auch ich hätte gern »Ja« gesagt. Als sie sich auf dem Balkon küssten, weinte ich. Wilhelm und Renata speisten gebackenen Schwan, der hoch über ihren Häuptern auf Silberplatten hereingetragen wurde. Ich briet ein Hähnchen. Als alles vorbei war, gingen wir zu Bett mit Klängen und Bildern von vergangenen und gegenwärtigen Hochzeiten in Zeitlupenwiederholung. Damenschneider arbeiteten die ganze Nacht, um Dianas Kleid bis zum nächsten Tag zu kopieren, wenn die Läden öffneten. Meinetwegen hätten sie keine schlaflose Nacht haben müssen. Meine Hochzeit war noch weit entfernt. Wir hatten für Orlando di Lassos 450. Geburtstag im folgenden Jahr ein internationales Festival zu organisieren, und das fraß die Ersparnisse auf, die wir als Anzahlung auf eine Wohnung vorgesehen hatten.

Clive war der festen Überzeugung, zur Ehe gehöre es, seine Braut mit einem Eigenheim zu beschenken, und wollte nicht heiraten, bevor er nicht diese Art Dach über meinem Haupt errichten konnte. Ich sagte zu ihm, ich würde lieber mit ihm in einem Pappkarton wohnen als irgendwo ohne ihn. Ich meinte es ernst. Das Schlimme war, er auch.

Ich war Clive begegnet und verfallen, als ich einundzwanzig und er vierzig war. Ich überlegte, dass ich vielleicht im Alter alleine wäre, wenn er als Erster starb, berechnete, wie alt er wäre, wenn unsere Kinder groß wären – falls wir sie noch dieses Jahr oder im nächsten bekämen. Er wäre in Pension, wenn sie zur Universität gingen. »Arme Menschen in Biafra haben Babys«, sagte ich.

Die läppischen Alternativen zu der Bezeichnung »Ehefrau« gefielen mir nicht. »Freundin« klang provisorisch, »Partnerin« nach Steuerersparnis. Warum an »Verlobte« festhalten? Warum nicht »Ehefrau«? Clives Onkel Geoffrey schlug PAGIDW vor (Person anderen Geschlechts in derselben Wohnung), und er nannte mich bereits seine »Nichte«.

»Ï lo-vé yo-uu«, pflegte Clive zu sagen, indem er jede Silbe aussprach wie im Altenglischen.

»Ï lo-vé yo-uu«, antwortete ich.

»Ich liebe dich durch und durch«, sagte er dann. »Süße Kleine, süßes Lämmchen…«

Aber ich wollte wissen, dass ich anders wäre, dass er mich mehr liebte, am meisten liebte, dass es für immer und ewig sei.

Bis zu einer Hochzeit gönnten wir uns fürs Erste eine Art Flitterwochenende in Paris. Die Wege der Tuilerien fächerten sich um uns herum auf, während wir unsere Zukunft planten. Im Quartier Latin aßen wir Couscous und sahen uns das damals gerade aktuelle Stück in dem kleinen Ionesco-Theater, *La Cantatrice Chauve (Die kahle Sängerin)*, an. Ich trug einen kessen Haarschnitt und ein gestreiftes T-Shirt, und wir fotografierten uns gegenseitig im Jardin du Luxembourg, wobei wir »französische« Gesichter schnitten und Clive den Text aus der Cointreau-Reklame vor sich hin sprach. »Bitterrö Krötärr…«, sagte er immer wieder, weil ich den französischen Tonfall so gern hörte. »Bittärrö… Krö-tärr…« Das war das Foto, das ich der Polizei gab, als sie nach Clive suchte.

Clive rauchte Gitanes, und auch ich versuchte sie. Der sich zerteilende Rauch ließ uns an die ständig vergehende Zeit denken. Es gibt eine Szene in Sartres *Der Ekel*, in der die Hauptfigur nach einer Türklinke greift und in dieser Sekunde vergisst, woher sie kommt oder wohin sie geht, während die Klinke leblos in ihrer Hand liegt, ein unbestimmter Übergang zwischen Vergangenheit und Zukunft.

Ich probierte Austern und schluckte sie roh und unzerkaut herunter. Es war, als äße man das Meer. Später auf dem Hotelbett lag ich stumm da, der Brechreiz kam in Wellen, und aus einem Fernseher im Zimmer unter uns tönte heiseres Lachen. Clive verfrachtete mich ins Bad und stand mir bei.

»Was für Haare unsere Kinder wohl haben würden?«, fragte ich, als wir dalagen und darauf warteten, dass es Morgen würde. »Lockig wie meine… dunkel wie deine…?«

»Oh, wie deine, wie deine, hoffe ich«, sagte Clive.

Aber als ich die Augen öffnete, sah ich, dass er von einer unbestimmten Zukunft redete. Er blickte zwischen den Fensterläden auf Tauben hinaus, die schlafend auf einem grauen Schieferdach hockten.

»Versuch, ein wenig zu schlafen«, sagte er.

Ich fragte mich, ob Tauben beim Schlafen ein Auge offen behalten, damit sie die Zukunft herannahen sehen.

Clive lag im fortwährenden Wettlauf gegen die Uhr. Er redete schnell, vielleicht um irgendwie mit seinen Gedanken Schritt zu halten oder weil er keine Zeit zu verlieren hatte. Auf der Universität war er an Gilbert und Sullivan geschult worden und konnte zweifellos einen Text schneller sprechen oder singen, als die meisten Leute aufnehmen.

Wir lebten eingesponnen in den Kokon der Renaissance Europas. Ich glaube, uns war das Leben in Mantua und Ferrara um 1580, wo die schöpferischen Künste Mittelpunkt des Lebens waren, vertrauter als das in London um 1980, wo jeder, der außerhalb eines engen populären Rahmens auftrat, um jedes Konzert kämpfen musste.

Wie gut hätten wir ein bisschen Renaissance-Förderung gebrauchen können. Im sechzehnten Jahrhundert waren in Ferrara die besten Sängerinnen – »Die drei Damen« – so begehrt, dass die Herzöge die Höflinge von deren Auftritten ausschlossen und nur ausgewählte Gäste zuließen. Um sie noch stärker abzuschirmen, wurden die Damen zum Singen sogar in den Schlossturm gebracht. »Musica riservata«, nannte man das. Es war diese Art besonderer Musik, die Clive und das Lassus Ensemble boten. Niemand hatte zuvor von ihr gehört, aber als sie sie zu hören bekamen, klatschten die Zuhörer reichlich. Manchmal standen ihnen sogar Tränen in den Augen.

Vielleicht hatten Clives Aufführungen eine so starke Wirkung, weil er nach den Quellen der ursprünglichen Impulse dieser Musik suchte. Er schuf diesen Impuls in sich neu, versuchte, dem Komponisten und den Umständen, unter denen ein Stück entstanden war, möglichst nahe zu kommen. Das war keine bloße akademische Rekonstruktion. Ihn interessierte jedes Detail, so auch die Akustik der Gebäude, in denen die Musik einst aufgeführt worden war. Clive machte Hunderte von Fotos von Palästen, Kathedralen, Gemälden und Kunstwerken der Zeit, von denen viele einen unterwassergrünen oder ockergelben Farbton hatten. Ganze Fotoalben waren voll mit Aufnahmen, auf denen irgendwelche Gebilde verschwommen zu erkennen waren, mit Kamerablitzen, die auf Glaskästen trafen. Für jeden anderen waren die Fotos unverständlich. Nur Clive wusste, dass ein grauer Klecks einen schönen, mit Saphiren besetzten Kristallkelch darstellte oder dass sich hinter einem dunklen Fleck auf einer Wand Fragmente eines Freskos verbargen. Wir hatten zig Fotos von einem hölzernen Miniaturmodell von München im 16. Jahrhundert gemacht. Die Bilder waren vollkommen unscharf, da wir uns über den Glaskasten gebeugt und in eine Straße nach der anderen hatten hineinziehen lassen. Am liebsten wäre ich hineingeklettert und darin herumspaziert. Unsere welligen Fotos waren geometrische Assemblagen graubrauner Nebelflecken, aber wir sahen darin das München unserer Fantasie.

Unsere Fotografien waren völlig zerkratzt, nicht zu entziffern, aber ihr Inhalt war in Clives Kopf gespeichert. In unserer Wohnung häuften sich Manuskripte, Notizen und allerlei Krimskrams, Dinge, die für niemanden außer Clive etwas bedeuteten, aber durch sein Wissen, seine Intelligenz entströmte diesen Dingen erhabene Musik. Es war so, wie Leben, Liebe, ja selbst Persönlichkeit getrennt und außerhalb von Hirn und Knochen, Geist und Sein existieren.

Clive hätte es dabei belassen können, konkreten, greifbaren Details nachzuspüren, doch dies war sein Weg zu dem »Anderen«, der metaphysischen Wahrheit. Die Geschichte half ihm, die richtigen Begleitumstände für das Konzert zu schaffen. Aber erst die Aufführung war es, die ein Verständnis des Unsagbaren freisetzte, eine Reaktion tief innen auslöste, an dem stillen Ort, welcher der Geist ist. Ich denke, deshalb war er so ein Perfektionist, der mit aller Macht versuchte, »alles richtig zu machen«. Er wollte sicherstellen, dass nichts schief lief. Er und seine Musiker mussten zu Gefäßen werden, ohne eigenes Ich, um die reine Musik daraus hervorströmen zu lassen.

Ständig wanderten wir durch Ruinen, während Clive schilderte, was sich dort einst abgespielt hatte, ohne auf etwas hinzudeuten. Er erzählte mir, was früher gewesen und wie alles bis zur Gegenwart verlaufen war. Er konnte seine Familie bis 1066 zurückverfolgen. Da kam die Familie de Warin mit Wilhelm dem Eroberer aus der Normandie nach England. Sie ließ sich im Lake District nieder. Als wir uns gerade kennen gelernt hatten, fuhr Clive mit mir hinauf nach Ambleside, um mir die Orte seiner Kindheit zu zeigen, und dort gab es noch immer vieles zu sehen. Großvater Wearing war Architekt gewesen, hatte aus Holz ein Schweizer Chalet am Lake Windermere errichtet und eine Kneipe namens »Golden Rule« besessen. Clive, seine Mutter und sein älterer Bruder waren im Krieg ins »Golden Rule« evakuiert worden, während sein Vater an der Heimatfront die Positionen nahender feindlicher Flugzeugverbände kartierte. In den Bergen wirkte Clive noch keltischer, schroffer, mit dem Knochenbau eines Filmstars. Er zeigte mir Geröllhalden, die er als Kind hinuntergerannt war, Stellen, an denen er geangelt hatte, und »Wearings Buchhandlung«, in der er seiner Großtante Mary geholfen hatte, die Preise auf Vorsatzblätter zu schreiben.

Eines Nachmittags waren wir in einem Antiquitätengeschäft in Grasmere, als Clive einen Silberlöffel in die Hand nahm. Er hielt ihn in die Höhe, um mir ein üppig verziertes W zu zeigen, das auf den Griff graviert war.

»Aaah!«, sagte die Ladeninhaberin. »Sind Sie ein Wearing?« Sie hatte die Wearing-Nase erkannt, und das W hatte sie davon überzeugt.

Clive sang oft die Lieder, die er als Kind gehört hatte. Er sang sie, wenn er nicht nachdachte. Er sang sie, wenn er glücklich war. Das Leben mit einem Sänger, hatte ich mir immer vorgestellt, konnte eigentlich nur aus Gesang bestehen – ich dachte, mir würden beim Abendbrot Ständchen gebracht und zur Nacht Wiegenlieder gesungen. Ich erwartete Oper und Oratorium, aber wenn Clive sich entspannte, sang er:

»I love coffee, I love tea,
I love the Java jive and it loves me.
Coffee and tea, 'n' the java and me,
A cup, a cup, a cup, a cup, a cup.«

Und eines, von dem ich nie genug kriegte:

»My very good friend the milkman said
That I should marry you …«

Neben seiner Liebe zur mittelalterlichen und Renaissancemusik hatte es Clive als Chorleiter der London Sinfonietta, einer Gruppe für zeitgenössische Musik, die er 1968 mitbegründet hatte, auch mit allerneusten Werken zu tun. Die Partituren waren riesig. Wir hatten keine Tasche, die groß genug war, und so stülpte er an beiden Enden Plastiktüten über sie und klemmte sie sich unter den Arm. Und sie waren schwer zu lesen. Die Notation hatte wenig Ähnlichkeit mit konventionellen Noten, aber Clive konnte auf eine Seite schauen, die mit wer weiß wie vielen Liniensystemen voll geschrieben und mit postmodernen Zeichen und Schnörkeln versehen war, las sie einfach ab und hörte dabei die Musik in seinem Kopf. Er brauchte keine Stimmgabel; er wuchs mit dem absoluten Gehör auf, indem er sich einfach an den Klang von Noten erinnerte. Er entsann sich, wie das Klavier seiner Kinderzeit gestimmt war, nämlich einen Viertelton zu tief. Das rief er sich ins Gedächtnis und stimmte es herauf, um den gewünschten Ton zu bekommen. Von diesem Klavier in den Midlands, auf dem alle Kinder Klavierstunden erhalten hatten, um sie vom Krieg abzulenken, bis zur Zusammenarbeit mit berühmten Komponisten in den besten Konzertsälen Londons hatte er einen weiten Weg zurückgelegt.

Die London Sinfonietta war es, durch die Clive John Tavener kennen lernte. *The Whale* war das erste Konzert der Gruppe, das hinterher im Studio in der Abbey Road mit einem oder zwei von den Beatles aufgenommen und fürs Fernsehen aufgezeichnet wurde. Clive und John freundeten sich an und machten bis spät in die Nacht jede Menge Lärm mit ihrem Gesinge. Sie arbeiteten zusammen an Johns Oper *Thérèse* über eine französische Dichterin und Heilige, die in jungen Jahren gestorben war. Eine Schar Freunde fuhr in Johns Rolls-Royce bis nach Lisieux, dem einstigen Heimatort der Heiligen. Das Projekt nahm Jahre in Anspruch und scheiterte dann beinahe, als sich Komponist und Librettist nicht einigen konnten. Clive war sowohl Vermittler als auch schöpferischer Mitarbeiter. John telefonierte oft stundenlang mit Clive, als er an der Partitur arbeitete, manchmal mitten in der Nacht. Clive war glücklich, helfen zu können, und akzeptierte diese nächtlichen Plaudereien als musikalisch notwendig.

Thérèse hatte 1979 in Covent Garden Premiere. Clive war Zweiter Dirigent: Er dirigierte ein Fernorchester hinter der Bühne – es gab viele unsichtbare Stimmen in diesem Stück – und fungierte als Chorleiter. Der Chor der Covent Garden Opera war gerade in Japan, deshalb setzte Clive seinen eigenen Sinfonietta-Chor ein. Nach der Produktion erboten sich Leute in Machtpositionen, ihm bei seiner Karriere behilflich zu sein. Aber Clive war bescheiden, hatte eine Abneigung dagegen, sich nach vorn zu drängen. Der Applaus, das Dernierendinner im Garrick Club, Andeutungen und Versprechungen, alles gab uns das Gefühl, an der Schwelle zum Erfolg zu stehen. Aber am nächsten Morgen standen wir noch immer an genau derselben Stelle. Clive stieß ein paar Türen auf, aber nichts geschah. Wir wachten auf, noch höher eingemauert von Kartons mit ungesungener Musik, und Clives Frack hing wieder im Schrank. Er bekam manchmal Angst, wenn kein Geld da war, keine Arbeit in Sicht, Zeit verging und Rechnungen kamen. Er wurde immer blass, wenn er die Post aufmachte. Wir kamen durch, aber immer gerade so.

Eines Tages im Sommer kaufte ich auf dem Heimweg von der Arbeit Erdbeeren, zwei Körbchen, die rot durch die braune Papiertüte in meiner Hand nässten. Ich stellte sie auf das Abtropfbrett. Kurz darauf kam Clive über das ganze Gesicht strahlend nach Hause, hielt etwas hinter dem Rücken versteckt und sagte, er habe eine wunderbare Überraschung.

»Warte hier!«, sagte er und eilte in die Küche. Im Stillen wusste ich, es waren Erdbeeren. Er hatte mir eine Freude machen wollen. Ich war verschwenderisch, sorglos mit Geld. Er kam mit zwei Glasschälchen zurück, Erdbeeren, die er mit Sahne garniert und mit etwas Zucker bestreut hatte.

»Erdbeeren!« Er lächelte.

Warum musste ich gleich zwei Körbchen kaufen?

Spät abends machten wir in der Regel an dem Eckladen Halt, um Zutaten fürs Abendessen und wenn wir meinten, wir wären bei Kasse, kleine Käsetörtchen einzukaufen. Mit meinen Kochkünsten war es nicht weit her, aber Clive liebte alles, was ich machte, selbst wenn es grauenhaft war – außen verbrannt und innen roh oder mit zu vielen Gewürzen, die sich gegenseitig totschlugen. Er beglückwünschte mich dennoch mit großer Zärtlichkeit zu meinem Essen.

»Es ist ekelhaft«, sagte ich dann.

»Nein, nein«, protestierte er. »Es ist mit meiner Lieblingszutat gekocht … L-I-E-B-E!«

»Ah! … aber ich hätte, glaube ich, kein Curry dazutun sollen.«

»Nein, ehrlich, Liebling, es war köstlich – ich konnte bloß nicht mehr«, sagte er und kratzte es in den Müll. Immer wieder sprach er davon, dass er mich zu einem Kochkurs schicken würde. »Du könntest lernen, Cordon bleu zu machen…«

»Keine Bange!«

»Ich denke, dir würde es gefallen. Oh, na ja… Hättest du vielleicht noch Appetit auf etwas Käse und Kekse?«

Eines Morgens, als Clive auf dem Bett saß und braune Briefumschläge aufmachte, wurde er still.

»Was ist los?«, fragte ich ihn. Er sah aus, als bekäme er einen Schwächeanfall. Er stand auf und legte eine rote Stromrechnung auf den Kaminsims.

»Die müssen wir unbedingt bezahlen, aber womit?«

Ich glaube, er bewahrte mich vor der Wirklichkeit, wo er nur konnte. Es machte ihm wirklich zu schaffen, dass er für mich und seine Kinder nicht so sorgen konnte, wie er sich das wünschte.

»Jeder Gang in diesen Eckladen ist die Hölle«, sagte er. »Jedes Mal geben wir Geld aus, das wir nicht haben. Dir scheint das nicht bewusst zu sein.«

»Essen müssen wir«, sagte ich.

»Aber dort ist es teuer«, sagte er mit gepresster Stimme.

»Wo sonst können wir denn einkaufen so spät am Abend?«

»Ich weiß…«

Alles kam jetzt nach und nach ans Licht. Clive wusste nie, wie wir von einem Monat zum nächsten kommen sollten. Die Armut war erniedrigend. Seine Kleider waren abgewetzt. Er trug Schuhe von seinem Onkel.

»Sieh dir diesen Regenmantel an!« Er zwängte sich hinein. »Er sieht lächerlich aus!« Es stimmte, so kurz trug man die Mäntel schon lange nicht mehr.

»So wie ich aussehe, ist es kein Wunder, dass ich als Dirigent nicht ernst genommen werde«, sagte er.

»Du *wirst* ernst genommen. Niemand kann das, was du kannst.«

»Aber wird mir jemals ein Auftrag gegeben? Werde ich jemals um das gebeten, was ich kann?«

»Die Sinfonietta, die BBC…«

»Die Initiative ergreife immer ich.«

Clive saß jetzt mit hängendem Kopf auf dem Bett. Ich kniete vor ihm und schaute hinauf in sein Gesicht.

»Du bekommst überragende Kritiken, Liebling, aber was du dirigierst ist unbekannt – niemand hat jemals zuvor etwas davon gehört.«

»Aber *andere* schaffen es auf diesem Gebiet.«

»Sie haben eigenes Geld…«

»Ich habe mich abgerackert. Ich habe mein Bestes getan. Dankt mir jemand auch nur dafür? Jeden Tag, sieben Tage die Woche, dreihundertfünfundsechzig Tage im Jahr arbeite ich. Warum ist das so schwer? Warum kriege ich keinen dieser Posten?«

Seine Schultern begannen zu beben. Ich legte die Arme um ihn.

»Ich fühle mich«, stieß er hervor, »wie ein Strohmann!« Ihm versagte die Stimme, er begann zu weinen, und die Tränen fielen auf seinen Regenmantel. Irgendwie konnte ich ihn nicht richtig halten, wir passten nicht zusammen wie sonst. Dann presste er sich plötzlich so fest an mich, dass ich kaum atmen konnte. Lange hielt er mich so; sein Oberkörper hob und senkte sich, dann sank sein Brustkorb in sich zusammen. Es war, als rinne alle Hoffnung aus ihm heraus. Er hatte versucht, die Verzweiflung in sich einzuschließen, aber sie suchte sich ihren eigenen Weg.

Plötzlich ließ er mich los und rannte aus dem Zimmer. Ich erhob mich, die Arme nach ihm ausgestreckt.

»Liebling!«, rief ich. Ich hatte Angst. Noch nie hatte ich ihn so aufgewühlt gesehen. Was tat er jetzt? Er hatte einen Stapel von Hunderten kleiner hauchdünner Bestellzettel für Bücher ergriffen, die er im British Museum hatte vormerken lassen. In raschen Kreisbewegungen wirbelte er in die Mitte des Zimmers, warf die Zettel in die Luft und riss mich unter dem Tornado rosafarbener Papierchen, die langsam um uns herabregneten, an sich. Er hielt mich so fest, dass ich seinen Körper schmerzend an meinem spürte, während die dünnen rosa Zettelchen herabsegelten und den ganzen Fußboden bedeckten. Es war, als wäre Clive selbst zerplatzt. Während die Papierchen herabsanken, beruhigte er sich ein wenig.

»Ich *liebe* dich!« Ich packte ihn, rasend vor Angst und Auflehnung gegen unsere Lage. »Du bist der beste Mann auf der Welt!«

»Du hast die anderen nicht gesehen.«

»Das möchte ich auch nicht!«

»Oh, gut ...« Clive lächelte, und ich wusste, wir waren über den Berg, an diesem Abend jedenfalls. Wir gingen auf die Knie und begannen, all die Zettel aufzulesen, von denen jede Durchschrift kaum leserliche Manuskriptaktenzeichen, Titel, die vertrauten Namen von Komponisten trug. Allein dieser Stapel bedeutete Hunderte von Stunden Arbeit, und in den Kartons lagen weitere Stapel. Unter den Fenstern sammelte sich auf den rosa Zetteln roter Staub, wo die langen roten Vorhänge langsam zerfielen. Ich wusste nicht, dass Stoff zerfallen kann, aber auf dem Büfett und dem blauen Teppich überall darum herum lagen mürbe Fetzen und eine Schicht roter Fusseln. Der Schaumstoff in dem Sofa entließ jedes Mal eine Staubwolke, wenn wir uns darauf setzten. Keine der Türen schloss, es sei denn, wir benutzten besondere Tricks – anheben, kippen. Die Türen des Küchen- und des Kleiderschranks produzierten ihr eigenes Knarren, Klappern oder Zuschlagen. Durch den Zerfall der Gegenstände um uns wurde jede Tätigkeit – sich hinsetzen, kochen, sich waschen, ins Bett gehen – ein bisschen unbequem. Die Wohnung hielt uns nicht fest, sie kippte uns aus oder schlug auf uns zurück. Ständig hatten wir es mit kleinen Rangeleien zu tun, um es behaglich und ordentlich zu haben. Wir schichteten die Zettelchen wieder säuberlich zu einem Stapel und legten sie zurück auf den Schreibtisch neben ein kleines Plastikbecherchen, das Clives Nierenstein enthielt, ein weiteres Memento vergangener Schmerzen. Rosa Zettel fanden wir unter Sesseln und hinter Kartons noch Tage und Wochen später.

Nachdem ich im Büro in die Abteilung für Presse- und Öffentlichkeitsarbeit übergewechselt war, wollte ich PR-Arbeit auch für Clive als Dirigent leisten. Er bezweifelte, dass sich die Dinge jemals ändern würden, war aber einverstanden, dass ich es mal probierte. Ich stellte einen Hochglanzprospekt über jedes seiner Ensembles mit Bildreproduktionen aus der Renaissance und eindrucksvollen Fotos von ihm zusammen. Dann verschafften wir uns eine Liste der 97 Opernhäuser, 105 Symphonieorchester und anderer musikalischer Einrichtungen in Westdeutschland. Clives erste Wahl war der Chor des Norddeutschen Rundfunks. Er hielt ihn für den besten des Landes, und so schrieben wir zuerst dorthin. Postwendend erhielt Clive das Angebot, den Chor einen Monat lang während der Abwesenheit des ständigen Direktors zu leiten. Dazu gehörte eine Aufnahme mit dem Rundfunkorchester Hannover.

Clive brach seiner Aufgabe gemäß in leichten braunen Tweedsachen, Lederschuhen und einem langen schwarzen Regenmantel auf. Er hatte praktisch keine deutschen Sprachkenntnisse und versuchte, etwas aus einem Sprachführer zu lernen. Ich war nervös, als ich ihn nach Hamburg verabschiedete. Die Proben würden sicher klappen, aber wie er zwischendurch zurande käme, das würde vom guten Willen der deutschen Musiker und ihren Englischkenntnissen abhängen.

Das Leben ohne Clive war furchtbar still. Alles erschien sinnlos, solange er nicht da war. Ich wartete nur darauf, dass es so weit wäre, wieder mit ihm zusammen zu sein. Für die zweite Hälfte seines dortigen Aufenthalts flog ich nach Hamburg. Er sprach in einem seltsamen Sprachenmischmasch mit dem Chor. Die Sänger waren klar auf seiner Seite und bemühten sich zu verstehen, was er meinte. Ihre Gesichter verfinsterten sich für eine Weile, und dann meldeten sich einige zu Wort und äußerten Vermutungen, was er ihrer Meinung nach hatte sagen wollen. Mein Mittlere-Reife-Deutsch war plötzlich von großem Nutzen. Sie wollten ein paar Poulenc-Lieder proben, und Clive fragte, ob sie einen Sprecher hätten. Ja, sagten sie und zeigten auf eine Dame in der vordersten Reihe.

»*Gut!*«, sagte Clive. »*Also du bist der Sprecher, ja?*« Er wusste nicht, dass man bei der Anrede das »Sie« benutzt, und erweckte den Eindruck, sehr intim mit jedem zu sein, zum Ärger einiger Männer, wenn Clive das Wort an ihre Ehefrauen richtete. Er begann mit einem Lied, aber sie gerieten ins Stocken, als sie bei einem gesprochenen Teil ankamen. Die Dame hatte ihren Einsatz verpasst. »Ah!«, riefen sie. »Wir dachten, Sie wollten wissen, wer unser Gewerkschaftssprecher ist!« Schließlich sprach die Vertrauensfrau vergnügt den Poulenc-Text und machte ein Gesicht, als hätte sie viel Spaß daran.

Von der Behaglichkeit des Lebens deutscher Musiker war Clive überwältigt. Es war unglaublich, Sängern zu begegnen, die eine geregelte Arbeit und schöne Wohnungen, ja sogar ein Pensionsrecht hatten. Ganz anders als in England. Und trotzdem waren die britischen Musiker besser, weil sie gut vom Blatt singen können mussten, um ihre kümmerlichen Finanzen aufzubessern. In Deutschland waren die Sänger, durch geregelte Probenzeit anspruchsvoll geworden, nicht so schnell im Vom-Blatt-Singen. Als Clive einige Tage vor einem Konzert ein neues Stück vorstellte, dachte ich, sie würden sich weigern. »*Es ist zu schwer*«, sagten sie. Clive tat ihre Ängste ab und übte mit ihnen, bis sie sangen, wie sie noch nie gesungen hatten. Bei der Aufführung strahlten sie, über sich selbst verwundert. Das Publikum spendete stürmischen Beifall.

Um der Sorglosigkeit willen spielten wir mit dem Gedanken, nach Deutschland zu ziehen, aber Clive wollte nicht so weit weg von seinen Kindern sein, und mir kam es sonderbar vor, unter einem Volk zu leben, das einige aus meiner Familie ermordet und meine Rasse insgesamt auszurotten versucht hatte.

Und so machten wir unbeirrt weiter, setzten uns neue Ziele, arbeiteten härter.

Aber wir verschafften uns tatsächlich etwas Entspannung. Im Sommer 1982 machten wir eine Pauschalreise wie alle anderen auch. Wenn wir wegfuhren, geschah es meistens zu Aufführungen oder Recherchezwecken. Wir ließen uns nie eine Gelegenheit entgehen, Aufnahmeorte auszukundschaften, und rannten in sämtliche Kirchen und Kathedralen, um die Akustik zu testen. Aber dieses eine Mal hatten wir eine arbeitsfreie Pause, zehn Tage in Spanien in einem Badeort namens Malgrat de Mar. Wir hatten so hart gearbeitet, um alles klar zu machen, dass wir, als wir ins Flugzeug stiegen, total erschöpft waren. Der Urlaub war ein Schock. Die ersten Tage schliefen wir zum größten Teil, erst dann fanden wir einen gewissen Rhythmus. Nach einer Stunde im Café – der Kaffee in dem Touristenhotel war nicht trinkbar, praktisch grün –, gingen wir zum Strand. Clive hatte immer eine Jacke über der Schulter. »Wo soll ich sonst die Brieftasche hintun?«, gab er als Grund an. Wir hatten eine Reisetasche und eine Strandtasche. Wir hatten Bücher bei uns, Sonnenschutzmittel mit verschiedenen Faktoren, eine Flasche Wasser gegen den Durst, Badeklamotten, Handtücher und Strandmatten. Immer hatten wir eine zwei Tage alte *Times* mit, die wir im Ort ergattern konnten. Es sich mit all den Büchern und Zerstreuungen in Reichweite vor Salz und Sand geschützt behaglich zu machen, war ziemlich schwierig. Ich legte mich hin. Clive legte sich hin. Langsam entspannte ich mich. Clive setzte sich auf. Dann fragte er mich gewöhnlich, was ich zum Mittagessen haben wolle. Ziemlich oft fragte er mich nach der Uhrzeit.

»Du hast mich doch erst vor zehn Minuten das letzte Mal danach gefragt«, sagte ich. »Wir sind doch gerade hergekommen.«

Der arme Clive schwamm nicht gern, mochte kein Wasser und hatte keine Lust, an einem Strand in der Sonne träge herumzusitzen.

Beim Abendbrot saßen wir immer mit demselben Paar am selben Tisch, und dieselbe Flasche Sangria wurde Abend für Abend trotz unserer Proteste serviert, bis Clive sie austrank. Der Speisesaal war voller Engländer, die kaum miteinander sprachen. Wir dagegen hörten nie auf zu reden. Bald schrieben wir uns für eine Fahrt nach Girona ein und eilten zur Kathedrale. Dann nach

Barcelona wegen einer weiteren Kathedrale und einem Essen in einem katalanischen Kellerrestaurant. Für mich war es eines der besten Essen, die ich jemals genossen hatte, obwohl es anders als alles war, was ich kannte. In der Nacht war mir so übel, dass Clive einen Arzt rufen musste. Den Rest der Ferien lag ich in einem abgedunkelten Zimmer im Bett und kam erst einen Tag vor unserer Abreise mager und bleich wieder zum Vorschein. Ich weiß nicht, wie Clive ganz allein mit Malgrat und dem Strand fertig geworden ist.

An unserem letzten Tag, Stunden vor unserem Heimflug, gingen wir hinunter an den Strand, damit ich ein letztes Mal baden konnte. Ich watete ins Wasser, während Clive mit der *Times* gegen einen Felsen gelehnt dasaß. Ich war bis auf einen Mann allein im Wasser. Das Wasser war kalt und mein Körper noch empfindlich, und so watete ich vorsichtig hinein, wobei ich den Meeresboden danach überprüfte, wo ich nicht mehr würde stehen können. Ich war etwa bis zur Brust im Wasser, als der Mann mich ansprach. Er war Engländer.

»Gehen Sie weiter!«, sagte er und kam näher. »Na los, gehen Sie rein! Gehen Sie rein!«

Plötzlich war er über mir. Er legte mir seine schweren Hände auf den Rücken und den Kopf, drückte mich unter Wasser und hielt mich da fest. Ich kämpfte mich an die Oberfläche und hörte jemanden schreien. Ein kühler, distanzierter Teil von mir wusste, dass ich es war. Er stieß mich wieder nach unten und drückte auf meinen Kopf und den Rücken, um mich unter Wasser zu halten. Er war stark. Ich kämpfte. Ich kam wieder hoch, um zu atmen, zu schreien. Der Vorgang, unter Wasser gedrückt zu werden und wieder aufzutauchen, lief vielleicht vier Mal ab. Unter Wasser hörte ich – platsch, platsch, platsch, platsch – jemanden näher kommen und Clives Stimme, der laut schrie. Er zog mich am Rücken meines Badeanzugs nach oben und stieß den Mann weg, dabei schrie er in einem fort mit einer Stimme, die wie ein Rammbock klang.

Der Mann verzog sich, und Wasser hustend wurde ich von Clive ans Ufer zu unseren Handtüchern geführt. Sobald er sah, dass mit mir alles in Ordnung war, rannte er los, um den Mann zur Rede zu stellen. Flehend zerrte ich ihn am Arm und versuchte, ihn aufzuhalten. Dieser Mann war gefährlich. Aber Clive ließ sich nicht bremsen. Er glühte vor Zorn. Mit mir im Schlepptau stürmte er zu der Stelle, wo mein Angreifer sich neben seine Frau hatte plumpsen lassen, zu einer Fötushaltung zusammengerollt, kreideweiß im Gesicht. Clive schrie immer weiter, und seine Stimme hallte von dem Kliff wider. Die Frau schaute zur Seite.

»Er ist manchmal so«, war alles, was sie sagte.

Inzwischen frage ich mich, ob der Mann nicht vielleicht einen Hirnschaden hatte. Oder geisteskrank war. Damals haben wir nie darüber nachgedacht, wie das für die beiden Leute gewesen sein muss.

»Ich hörte eine Frau schreien«, erzählte mir Clive, »und dann bemerkte ich, dass du die einzige Frau im Wasser warst.«

Mir zitterten die Hände, als wir ins Flugzeug stiegen, und sie zitterten noch am nächsten Morgen, als ich in der Firma bei unserer alljährlichen Weinprobe Wein einschenkte. Hinter Lächeln und Rouge lässt sich nicht alles verbergen.

Im Jahr 1983 bat man Clive, mehr und mehr für die BBC zu arbeiten. Der Produzent, der früher die LLE-Konzerte übertragen und Textbeiträge bei Clive in Auftrag gegeben hatte, ging weg, und seine Stelle wurde Clive angeboten. Produzent für Alte Musik bei Radio 3 zu sein, erschien mir als ein grandioser Fortschritt, aber Clive sah es nicht so. Er sei Dirigent. Jetzt einen Ganztagsposten anzunehmen, so interessant der auch sei, würde, so meinte er, seine Dirigentenlaufbahn behindern. Wir fuhren zu Gaylord's, einem indischen Restaurant im West End, um darüber zu reden. Mit so vielen Kellnern um ihn herum und so vielen Gerichten auf unserem weißen Damasttischtuch sah Clive aus wie ein Fürst.

»Ich bin Dirigent«, sagte er und zerriss sein *naan*-Brot.

»Du kannst doch weiter an deiner Dirigentenkarriere basteln.«

Meine Augen brannten von etwas Scharfem, das Clive bestellt hatte. Er goss mir ein Glas Wasser ein. Dirigenten, die davon lebten, hätten Engagements Jahre im Voraus in ihren Terminkalendern. Ich argumentierte, der Posten bei der BBC könne Türen öffnen. Clive hätte nach wie vor die Sinfonietta und das LLE. Er wollte auch die Europa Singers behalten. Als wir das Restaurant verließen, war Clive so weit, den Job anzunehmen, aber er wollte auch nahezu alle anderen Verpflichtungen einhalten, die er zur Zeit übernommen hatte, bis auf das Singen in der Kathedrale. Uns war nicht richtig klar, wie viel er auf sich nahm.

Er stürzte sich in den Job wie eine Ente ins Wasser, und seine Sendungen wurden bald für Preise nominiert. Er drängte seine Verpflichtungen als Dirigent und seine musikwissenschaftlichen Aufgaben auf Abende, Wochenenden und Jahresurlaube zusammen – und statt ständig zu arbeiten wie bisher, arbeitete er nun ständig und wie ein Rasender. Mit zunehmendem Alter hatte er immer stärker das Gefühl, sein Job verdränge ihn von dem einzigen Ort, an dem er unbedingt sein wollte, dem Konzertpodium, und er ruderte umso heftiger, um so oft wie möglich dort zu stehen.

Endlich schafften wir es, den Bund fürs Leben zu schließen. Clive wandte sich an seine alte College-Kapelle mit der Bitte, die Zeremonie auszurichten, aber während man dort absolut nichts dagegen hatte, dass ich Jüdin bin, hatten sie etwas gegen die Wiederverheiratung eines Geschiedenen. Und so nahmen wir den nächsten verfügbaren Termin für eine standesamtliche Trauung im Rathaus von Camden wahr, nämlich Samstag, den 3. September 1983, Vormittag um 9 Uhr 40.

Den Abend vor der Hochzeit verbrachten wir zusammen, aber ankleiden wollte ich mich, ohne dass Clive mein Brautkleid sah, und so spazierte ich hinauf zum Holiday Inn Swiss Cottage, wo meine Familie wohnte. Ich machte mich im Badezimmer meiner Eltern fertig, wo wir uns gegenseitig in die Quere kamen. Irgendwann standen meine Mutter und ich beim Schminken nebeneinander, und mein Vater versuchte, über uns hinweg- und um uns herumzugucken, um sich die Haare zu kämmen. Es war kein großes Badezimmer. Meiner Großtante Florence, die damals um die neunzig war, fiel es ein wenig schwer, sich ihre Strümpfe anzuziehen. Mum kam ihr zu Hilfe, und Dad erklärte sich bereit, mich zur Town Hall zu fahren, die Übrigen wollten dann zusammen mit meinem Bruder und seiner Freundin nachkommen, die aus Newcastle heruntergeflogen kam. Dad ging los, um den Wagen vorzufahren. So kam es, dass ich im Foyer des Holiday Inn stand, eine Krone aus lachsfarbenen Rosenknospen und weißen Freesien in einer Wolke aus Schleierkraut auf dem Kopf und einen wundervoll gebundenen Blumenstrauß in der Hand. Mein fast knöchellanger Rock aus königsblauer Dupionseide breitete sich über Schichten blauer Netzpetticoats aus, und mein weißes Spitzen-Pierrottop bauschte sich wunderbar über meinen Händen und um den Hals. Blaue Pumps, passend zum Rock. Die Leute sahen mich an und tuschelten untereinander, als fiele ich irgendwie aus dem Rahmen. In dem Moment erkannte ich den Wert von Brautjungfern. Sie sind da, um einem beizustehen. Doch hier stand ich, offensichtlich eine Braut und, wie es schien, allein.

Freunde und die Familie drängten sich in den Raum und füllten ihn rundherum an dessen Rändern. Man sagt von der Eheschließung: »Es ist nur ein Stück Papier«, aber als wir unser Versprechen ablegten und vor Zeugen unsere Namen unter die Urkunde setzten, fühlte es sich nach viel mehr an.

Alle wurden wir auf der Treppe der Town Hall fotografiert und dann wieder auf der South Bank bei unserem Hochzeitsfrühstück in der Royal Festival Hall, während hinter uns die Themse dem Meer zueilte. Ein scharfer Wind vom Ufer her peitschte Bäume und Röcke gleichermaßen auf. Clive klapperten die Zähne, und meine weiße Spitze bauschte sich gegen seine graue Wolle. Unser Freund, der Fotograf, stellte oben auf einer Wendeltreppe den Selbstauslöser ein und raste dann herunter, um mit aufs Foto zu kommen. Er versuchte es zwei Mal, und zwei Mal sieht man uns auf dem Foto, wie wir lachend halb der

Kamera, halb dem dahinhuschenden Schatten des Fotografen zugewandt sind. Drinnen im Haus war es warm, wir alle hielten Reden, und alles war lustig.

Wir befanden uns in einem Raum, aus dem später die Poetry Library werden sollte. Da saß ich dann oft dort in der allgemeinen Stille und erinnerte mich an das Stimmengewirr bei unserer Hochzeit.

Für die Hochzeitsreise standen uns nur ein paar Stunden zur Verfügung, und so fuhren wir mit einer Fähre nach Greenwich. Wir begaben uns mit unserem Hochzeitsgefolge auf die kleine rote Anlegestelle des Greater London Council draußen vor der Festival Hall. Mein Bruder ließ einen ganzen Karton Konfetti über unsere Köpfe herabregnen. Clive und ich gingen unter Lachsalven an Bord des Schiffes. Droben von der Festival Hall, wo unsere Hochzeitsfeier auf einer Terrasse weiterging, waren Hochrufe zu hören. Großtante Florence sah man von der höchsten Terrasse mit einem großen blaugelben Blumenstrauß winken.

Wir fanden den Strich am Boden, der den Greenwich-Meridian markiert. Ich stellte mich auf die eine Seite, Clive auf die andere, und wir fassten uns bei den Händen. Wir standen beiderseits der Zeit unter einem Himmel voller umherwirbelnder Möwen.

»Ich liebe dich!«, sagte Clive.

»Ich liebe dich!«, antwortete ich. Wir neigten uns zueinander und küssten uns, während von fern eine Schiffssirene ertönte. In diesem Moment, in dieser Stunde an unserem Hochzeitstag hielten wir die Ewigkeit wie einen Schmetterling in unseren eng umfassten Händen gefangen.

Wir kauften uns eine Wohnung in der Randolph Avenue in Maida Vale. Als wir draußen auf der Feuertreppe standen, um einen Blick auf das Freizeitgelände von Paddington und die lange Rasenfläche an der Rückseite der Wohnblocks zu werfen, trafen wir eine ältere Nachbarin, die herauskam, um hallo zu sagen. Einige Monate später, wir trafen gerade mit unseren Möbeln ein, stand Miss Harris erneut vor uns. Sie sah uns einen Augenblick lang genau an, dann fragte sie: »Sind Sie die *netten* Leute?«

Wir hatten von meinen Eltern zur Hochzeit Geld für Möbel geschenkt bekommen und hatten unsere Freude daran, uns ein nagelneues erstklassiges Bett, eine mit cremefarbenem Jacquard bezogene dreiteilige Polstergarnitur und schön geschreinerte Schlafzimmermöbel in hellem Buchenholz zu kaufen. Die Wohnung war frisch tapeziert und lag in einem Dreißiger-Jahre-Wohnblock mit sauberem Treppenhaus. Es war irgendwie etwas ganz anderes, auf einem Fußboden zu laufen, der sich fest anfühlte, geräuschlos schließende Türen und das Gefühl zu haben, wir seien die Ersten, die diesen Teppich staubsaugten und den neuen Herd und Backofen benutzten. Als all die neuen Möbel aufgestellt waren, spazierten wir in einer Art stummem Staunen unentwegt in unserer schönen Wohnung herum. Wir waren Eigentümer dieser Wohnung und von allem, was darin war. Im Schlafzimmer – alles Creme- und Brauntöne, schlicht, ordentlich, perfekt – warf Clive sich rücklings auf unsere mit Taschenfederkern gepolsterte Liege und strampelte kichernd mit den Füßen in der Luft herum. Ich warf mich neben ihn. Das Bett gab weder nach, noch knarrte es, und es ließ uns nicht in die Mulde in der Mitte rollen, an die wir gewöhnt waren. Im Möbelladen hatten wir starr nebeneinander darauf gelegen und gemeint, es sei behaglich. Jetzt wälzten wir uns lachend darauf herum. Es war so herrlich. Es war toll.

Jetzt, da Clive sich zusätzlich zu all seinen Dirigieraufgaben und Musikforschungen so ziemlich in seine Ganztagsrolle bei der BBC gefunden hatte, trat die übermäßige Belastung schnell zutage. Schon vor dem Job hatte er sieben Tage die Woche gearbeitet, und nun versuchte er, noch mehr hineinzupacken. Im Sommer 1984 war er vollkommen erschöpft, verzichtete aber auf seinen Jahresurlaub, um eine Italientournee der Europa Singers zu dirigieren. Er verließ sich weiter auf sein Adrenalin und seinen eisernen Willen. Kamen wir nach Hause, konnten wir kaum noch stehen, am Ende unserer Kräfte. Clive sah total erledigt aus. Immer wieder hatte ich ihn angefleht, weniger zu machen, kürzer zu treten, sein Leben zu genießen. Ich hatte ihn gewarnt, er sei auch nur ein Mensch. Sechsundvierzig sei für Männer ein kritisches Alter. Er war an meine Bitten gewöhnt, das Rauchen aufzugeben, langsamer zu machen, aber er meinte, nichts in seinem Leben aufgeben zu können.

»Ich tu's doch für dich!«, unterbrach er mich und lief durch den Korridor in das hintere Zimmer. Er hob die Arme zu unseren Noten, die inzwischen von einem Studenten ordentlich etikettiert, katalogisiert und in Bibliothekskartons verstaut an allen Wänden Regale bis zur Decke füllten. »Alles, alles – siehst du nicht? Es ist alles für dich!«

»Nein, ich will es nicht!«, schrie ich. »Ich will gar nichts. Ich will nur DICH!«

Das erschien grausam gegen ihn und gegen mich, nach allem, was er in seine Arbeit gesteckt hatte.

»Du hast mich ja«, sagte er und öffnete die Hände.

Aber er blickte nicht auf die Überanstrengung in seinem Gesicht. Er sah nicht, was ich sah.

In diesem Herbst erlitt Clive beim Abendessen im Haus eines Freundes einen kleinen Schwächeanfall. Ein anwesender Arzt ging mit uns ins Nebenzimmer. Clives Gesicht sah grau und düster aus. Er sagte, er fühle sich sehr merkwürdig. Ich fragte mich, ob er einen Herzinfarkt oder etwas Ähnliches bekäme. Der befreundete Arzt ergriff Clives Handgelenk und überprüfte seinen Puls. Mit sanfter Stimme sagte er zu Clive, er müsse zu seinem Hausarzt gehen, etwas in seinem Leben verändern, ruhiger an alles herangehen. Niemand könne ein Tempo wie dieses aufrechterhalten.

Clive versprach es, und am nächsten Morgen, einem Samstag, blieb er ein paar Stunden länger im Bett. Dann war alles wieder wie zuvor. Ich drängte ihn, einen Arzt aufzusuchen, aber er sagte, mit ihm sei alles in Ordnung. Er sei nur ein bisschen angeschlagen, das sei alles. Er werde Acht geben, versprach er.

Der Haken war nur, dass die Musik immer als Erstes kam. Nie konnte er einen Kompromiss eingehen, niemals würde er eine uninspirierte Rundfunksendung produzieren und Musik einspielen, die bereits altes Eisen war. Clives Programme bestanden aus Musik, von der niemand etwas wusste, die dem Vergessen entrissen, vollkommen neu erschaffen wurde. Und bei all dem war er ein Dirigent, der seine eigenen Aufführungen dirigieren wollte, statt im Studio zu sitzen und den Aufführungen anderer Leute zuzuhören. Die Musik war seine Hauptantriebsfeder. Sie trug ihn über seine begrenzten Kräfte hinaus. In dieser Woche, in jeder Woche hätten wir uns ein Leben ohne Musik in dessen Zentrum nicht vorstellen können, doch genau darauf rasten wir in diesem Moment zu. Wir steuerten auf die absolute Stille zu.

Der Adlerfarn verlor Blätter. Es wurde Herbst in unserem Schlafzimmer. Ich fegte sie zusammen, aber am nächsten Morgen waren es noch mehr. Der Farn war mein erstes Geschenk an Clive gewesen. Ich hatte ihn in mehr als sechs Jahren kein einziges Mal umgetopft. Inzwischen war der Wurzelballen für den Topf zu groß geworden, und für neue Triebe gab es nirgendwo Platz. Wir sahen es, taten aber nichts. Die nachwachsenden Wurzeln zerdrückten die Stängel. Braun kroch über die Wedel und fraß das Grün. Hin und wieder sagte ich nach einem Tag, an dem besonders viele Blätter abgefallen waren: »Ich muss die Pflanze wirklich mal umtopfen.« Ich hatte einen Sack Torf unter der Spüle. Dort blieb er. Keiner von uns schaffte es, sich Zeit dafür zu nehmen. Jeder stand durch immer mehr Arbeit unter Druck. Wir hatten keinen Raum, unser Leben zu leben. Die Blätter fielen ab. Ich schnitt die Stiele zu einer Stoppelbürste zurück. In all den

Wochen, in denen ich keine Zeit zum Staubsaugen hatte, sah der Teppich an dieser Stelle wie ein Waldboden aus.

Clive war es schließlich, der laut aussprach, was wir schon lange wussten. »Diese Pflanze ist tot«, sagte er. Ich trat auf das arme Ding zu, kippte es in meine Hand, und es fiel als feste topfförmige Masse heraus, fast ohne eine Spur von Erde zwischen dem Gedränge weißer Wurzeln, die sich in und um sich schlangen.

»Oh ja«, sagte ich. »Das stimmt.«

Die Zeit forderte ihren Tribut, ohne dass wir es merkten. Eines trüben Samstagmorgens stand ich im Bad und schaute in den Spiegel. Ich war siebenundzwanzig, fühlte mich aber inzwischen Clives Alter näher. Er polterte in der Küche herum. Die ganze Spüle stand voll mit schmutzigem Geschirr. Wir aßen meistens spät, und am Ende eines arbeitsreichen Tages noch das Geschirr abzuwaschen, war zu viel. Aber schmutziges Geschirr hasste Clive am allermeisten. Ich ging zu ihm. Er stapelte gerade Teller auf das Abtropfbrett.

»Vorsichtig!«, sagte ich, als sie klapperten. Heißes Wasser rauschte aus dem Hahn, und um Clives Kopf wirbelte Dampf, der die Fenster hinter ihm beschlug.

»Wie kannst du den Abwasch einfach so stehen lassen? Es ist ekelhaft!« Er griff zu der Bürste und begann, Teller für Teller kräftig zu schrubben.

»Wieso *ich*? Sind es denn *meine* Teller? ... Oh, gib auf die Seife Acht! Spüle sie ab, sonst vergiftest du uns!« Überall war Schaum. »Warum soll *ich* immer alles machen?« Ich griff zu einem Geschirrtuch. »Ich arbeite genau so lange wie du. Warum tust du nicht etwas?«

»Ich helfe dir doch!«, sagte er. »Ich helfe dir doch gerade!«

»*Du* hilfst *mir*?«, sagte ich. »Du meinst also, es ist meine Aufgabe, die Hausarbeit zu machen? Wie kommst du auf diese Idee?« Ich hielt einen seiner seifigen Trinkbecher unter den Kaltwasserhahn.

»Na ja…«, sagte er. »Es ist Frauenarbeit.« Ich war mir nicht sicher, ob er scherzte oder ob er es ernst meinte. Ich legte das Tuch weg und trat einen Schritt zurück.

»Und was genau«, fragte ich ihn, die Hände auf den Hüften, »tust *du*?«

»Männerarbeit«, sagte er und versuchte, sich das Lachen zu verkneifen. Er griff zu einer Kaffeekanne.

»*Zum Beispiel*?«, sagte ich zu seinem matten Spiegelbild im Fenster.

»Ich kümmere mich um das Auto…«, schlug er vor.

»Das *Auto*!!«, schnaubte ich verächtlich. »Das *Auto*??« Das bedeutete einen seltenen Blick unter die Kühlerhaube vor einer Reise, die Anmeldung zur jährlichen Untersuchung.

Das Geschirrspülen war es, was Bewegung hervorrief, wenn es Reibungsverluste gab, unterirdische Erschütterungen, die an den Verwerfungslinien unseres Lebens zerrten.

Gelegentlich nahmen wir uns einen freien Abend. Ich hatte einen Ausflug für den Chor meiner Firma organisiert. Wir gingen uns eine neue Oper, *Anna Karenina*, im Coliseum ansehen. Sie beginnt mit einer Männerleiche unter einem Zug. Anna Karenina schaut durch den Dampf hinunter auf den Mann, und dieser Vorfall prägt ihre Zukunft.

Wir erwarteten halb fasziniert, halb ängstlich, Annas Tod zu sehen. Wir hatten das Buch gelesen und wussten, was am Schluss geschah. Aber das Drama entwickelte sich nicht wie erwartet. Nach der zweiten Pause blieb der weiße eiserne Vorhang unten und bewahrte uns vor dem Ende der Geschichte. Die Lichter im Zuschauerraum blieben an. Es verging eine Weile, dann kam schließlich ein Angestellter auf die Bühne. Flaschenzüge seien gerissen. Der eiserne Vorhang könne nicht hochgezogen werden. Die Katastrophe war abgewendet. Anna Karenina würde heute Abend nicht sterben. Wir fuhren alle nach Hause.

Während Clive durch Bloomsbury zum Tavistock Square hinauf-, an Euston vorbei- und nach Camden hineinfuhr, lehnte ich die Wange gegen die kalte Fensterscheibe und ließ mit der Bewegung des Wagens Bilder vom Leben und der Oper gegeneinander prallen. Was brachte das Leben dazu, aus der Spur zu springen? Es beginnt mit einem Schritt. Beginnt das Übel mit einem Wort, das gesagt wird, oder mit dem Atemholen vor dem Wort oder dem Gedanken vor dem Atemholen?

Eines Abends nach der Arbeit betrat ich am Oxford Circus die Rolltreppe, die zu den Bakerloo- und Victoria-Bahnen hinunterführt. Es war abendlicher Berufsverkehr, alle fuhren hinunter – zu früh fürs Theater, zu spät zum Einkaufen. Aber am Fuß der Rolltreppe sah ich eine ungewohnte Rückwärtsbewegung von der Bakerloo-Bahn her, ein Gewühl. Menschen drängten sich an die Wände, um Halt zu gewinnen, die Köpfe in den Händen. Manche kauerten sich hin, und ihre Gesichter waren vor Schreck verzerrt wie auf einem Höllenfresko. Andere irrten richtungslos herum oder sprangen mit einem Satz auf die Rolltreppe, die nach oben fuhr, und blickten dorthin zurück, wo sie hergekommen waren. Ich kam unten an.

»Gehen Sie nicht weiter, gehen Sie nicht weiter«, sagte eine Frau, die aus dem zurückwogenden Bahnsteig auftauchte. Alle machten Gesichter, als hätte sich ihnen etwas so tief eingeprägt, dass sie nichts anderes mehr sehen konnten. Ich erriet, was sich darin spiegelte, sah aber nicht hin. Ich schlängelte mich zur Victoria-Bahn auf der entgegengesetzten Seite durch und stieg in einen Zug voller Menschen, die nichts von irgendeinem Unglück wussten. Ich mischte mich unter sie.

1985 nahmen wir uns am ersten Wochenende im neuen Jahr einen Tag frei und legten die Beine hoch. Clive hatte gerade eine riesige Serie produziert, acht Programme, die im Laufe von zehn Tagen bis Weihnachten gesendet worden waren, und wir waren fix und fertig. Sonntag, der 6. Januar 1985, enthielt alles, was ein freier Tag enthalten sollte – spätes Frühstück, Croissants und Marmelade, dann den Rückzug ins Wohnzimmer mit Zeitungen und noch mehr Kaffee. *»Re-lax, honey!«,* sagte Clive mit gespieltem amerikanischem Akzent. Er setzte sich aufs Sofa, und der *Observer* lag ausgebreitet zu seinen Füßen. Ich saß mit anderen Zeitungen ihm gegenüber. Wir lasen und raschelten mit den Seiten.

»Liebling«, sagte er plötzlich. »Das hier musst du unbedingt lesen!« Es war etwas in seiner Stimme. Er hob seinen Arm, damit ich unter ihn kriechen konnte, und drückte mich an seine Seite, eine automatische Bewegung.

Die Titelgeschichte in der *Observer Review* war *The Lost Mariner*, ein Auszug aus einem Buch mit Fallstudien von Dr. Oliver Sacks. Die Illustration am oberen Seitenrand zeigte einen jungen Mann, der in einen Spiegel schaut, aber das Bild eines alten Mannes blickt auf ihn zurück. Clive wartete, bis ich auf der Seite unten angekommen war, blätterte um, und wir lasen zusammen weiter.

Die Geschichte handelte von einem gewissen Jimmie G., einem Mann mit Gedächtnisverlust. Er konnte sich an nichts nach 1945 erinnern. Keine neue Information blieb haften. Der Arzt war viele Male bei ihm gewesen, blieb aber ein Fremder. Jimmie hielt sich noch immer für einen neunzehnjährigen GI. Eines Tages, vielleicht aus Neugier, gab Sacks ihm einen Spiegel. Die Illustration hielt das Entsetzen des Augenblicks fest, als Jimmie sich erblickte. Der »junge« Mann sah sein Spiegelbild als alter Mann mit grauen Haaren. Er wurde aschfahl und hielt sich an seinem Stuhl fest. »Was soll das?«, fragte er. »Was ist mit mir passiert? Werde ich verrückt?« Es gab keine zufriedenstellende Erklärung. Er war völlig ratlos. Das Gute am Gedächtnisverlust ist, dass der Vorfall bald vergessen ist, und als Sacks Minuten später in das Zimmer zurückkam, war es, als wäre nichts geschehen. Jimmie erinnerte sich nicht, den Arzt schon einmal gesehen zu haben. Sacks schrieb: »Es war herzzerreißend, es war absurd, es war äußerst verwirrend. Das Leben dieses Mannes versank in Vergessenheit, löste sich auf... Dabei ist es gleichsam... eingeschlossen in einen einzigen Augenblick des Daseins … ein Mensch ohne Vergangenheit (oder Zukunft), festgeklemmt in einem sich ständig wandelnden, sinnlosen Augenblick.« Er fragte sich, wie man für diesen Mann eine Art Kontinuität herstellen könne. Er fragte sich: Hat Jimmie G. eine Seele?

Clive und ich bekamen diese Geschichte nicht mehr aus dem Kopf und sprachen tagelang darüber. Es heißt: »Was du am meisten fürchtest, ereilt dich.« Vielleicht lässt Furcht einen Schwachpunkt entstehen, eine Verletzbarkeit, Anfälligkeit. Und ihr lag bereits die Schwäche von Clives Überarbeitung zugrunde – ein Zwang, der auf seine Leistungsfähigkeit keinerlei Rücksicht nahm. Wenn wir uns an das Bild von Jimmie G. erinnerten, blickten wir in den Spiegel unserer eigenen Zukunft.

Keine drei Monate später litt Clive an Amnesie – durch eine andere Krankheit mit schlimmerer Schädigung. Sie raubte ihm jedes Zeitgefühl und jede bewusste Erinnerung bis auf den winzigen Bruchteil Gegenwart, in dem er sich gerade befand. Bald schrieben Oliver Sacks und andere Ärzte über Clive. Und jetzt war *er* das Thema entsetzlicher Illustrationen. In der Zeitschrift *Punch* war Clive *en miniature* dargestellt, wie er sich wie eine gefangene Ratte in einem Laufrad abstrampelt. Ein an seinem Gesicht befestigtes Periskop ist auf einen Punkt in der Luft über seinen Kopf gerichtet und schneidet alles andere aus seinem Sichtfeld aus. Seine Füße treten auf die Sprossen der ständig voranschreitenden Zeit, und sein Schrei verhallt in der Unendlichkeit. Der Zeichner hat die Sache genau verstanden.

3
Ungewissheit

Auf der Unfallstation tauchten wir in eine ganz neue Welt ein, in der die Menschen auf Herzfrequenz, Blutzellen, Ansprechbarkeit, auf bestimmte Körperfunktionen oder Funktionsstörungen untersucht wurden, in der der Mechanismus des menschlichen Körpers bloßgelegt wurde. Nach dem Kommen und Gehen der Ärzte in der vergangenen Woche, Zeitlupenvorgängen in Unterwasserzeit, waren wir plötzlich in gleißende Helligkeit und Betriebsamkeit vorgedrungen. Die Stimme des Arztes war ruhig, aber hartnäckig, Stethoskop und Schlips hingen ihm schief um den Hals. Er lief durch das Stockwerk, telefonierte, holte Apparaturen zusammen, instruierte Schwestern, lief häufig zu Clive zurück, um ihn zu kontrollieren, etwas abzuhören und ihm mit einer Taschenlampe in jedes Auge zu leuchten.

Zwischen den Prozeduren hatten wir in einer Kabine einen Moment für uns allein. Clive blickte von seinem Rollbett zu mir hoch und drückte mir die Hand.

»Ich liebe dich«, flüsterte er.

»Ich liebe dich auch«, sagte ich. Er warf mir mit den Lippen einen Kuss zu und schloss lächelnd die Augen. Wir waren glücklich, beisammen zu sein und uns bei den Händen zu halten, so gemütlich hinter den Vorhängen. Man konnte uns keine Angst machen. Wir befanden uns in unserer kleinen Welt, die unversehrt erschien, ganz gleich, was sonst geschah. Wenn ich mich auf Clive konzentrierte, sein Gesicht, seine Augen, konnte ich alles andere vorübergehend vergessen.

Ein diensthabender Arzt führte mich in ein Büro und setzte sich mir gegenüber an den Schreibtisch. Ich hatte die Fallgeschichte in meiner Handtasche parat und reichte sie ihm hinüber. Er warf einen Blick darauf, dann fragte er, ob Mr. Wearing in letzter Zeit irgendwo in den Tropen gewesen sei. Nein, sagte ich. Die letzten Arbeitsreisen hätten ihn vor einigen Monaten nach Innsbruck und Skandinavien geführt.

Er fragte mich eine Weile aus und kam immer wieder auf die Frage nach den Tropen zurück. Ob ich sicher sei. Er ist nach Norwegen gefahren, sagte ich, und kam mit Partituren norwegischer Komponisten zurück. Ob ich mit Sicherheit wisse, dass er nie in den Tropen gewesen sei. Ja, nie. Den Tropen am nächsten sei er gewesen, als er frische Litschis von Waitrose gegessen habe.

Clive reagierte nicht. Der Doktor massierte heftig eine Stelle unter seinem Schlüsselbein.

»WACHEN SIE AUF, Mr. Wearing!«, schrie er.

Clive öffnete die Augen und schloss sie wieder. Es folgten Blutproben, Messwerte, Ablesungen. Ich half, wenn keine Krankenschwester da war. Mein ganzes Leben lang war ich zimperlich gewesen. Jetzt vergaß ich das.

»Was geschieht gerade?«, fragte ich.

»Er fällt ins Koma!«, sagte er Arzt. »Mr. Wearing! Öffnen Sie die Augen!«

Nichts. Ich beugte mich über Clive.

»Liebling«, sagte ich, »schau mich an!« Er machte die Augen auf.

Es hieß, er sei febril.

»Febril?«, fragte ich.

»Er hat Fieber.« Es war noch immer hoch, schwankte zwischen 39,4 und 40°. Und es hieß, er habe ein fluktuierendes Bewusstsein, er gleite hinein und hinaus. Sie beschlossen, ihn aufzunehmen, aber erst müssten sie ihn zu einer CT nach unten schaffen – einer Computertomografie, einer Art Röntgenaufnahme von Teilen des Gehirns. Außerdem würden sie eine Lumbalpunktion vornehmen, um zu sehen, ob sie an seiner Hirn-Rückenmarksflüssigkeit etwas erkennen könnten. Sie fuhren ihn weg. Sie würden ihn auf eine allgemeine Krankenstation verlegen, wenn die Untersuchungen beendet seien.

Ich stand gerade telefonierend im Treppenhaus, als mein Bruder durch die Pendeltüren hereinkam. Wie merkwürdig, ihn hier zu sehen. Woher wusste er, wo er mich finden konnte? Er hatte in meinem Büro angerufen, alles stehen und liegen lassen und war sofort herübergekommen.

Später kam noch Clives Sohn Anthony dazu. Wir setzten uns auf Clives Bett in der Krankenstation Prince's Ward und warteten lange.

Um etwas zu tun zu haben, erledigte ich ein paar Telefonate, um Leuten, die uns nahe standen, und Leuten, die uns irgendwo erwarteten, Bescheid zu sagen. Die Jungs gaben mir ihre Zehnpencemünzen und gingen los, um mehr Kleingeld zu besorgen. Es gab nur zwei Münzfernsprecher, vor denen Patienten in Morgenmänteln anstanden. Sie schnorrten Zigaretten und ließen die Asche auf den Boden fallen.

Clive wurde in die Station zurückgefahren und auf sein Bett gehoben. Sie deckten ihn mit einer weißen Decke zu, maßen die Temperatur und den Puls und leuchteten ihm wieder in die Augen. Keiner konnte uns schon etwas sagen.

Die Diagnose kam am Abend um acht, elf Stunden nach unserer Ankunft im Krankenhaus. Der diensthabende Arzt vom Morgen und ein Assistenzarzt winkten uns hinaus auf den Korridor. Sie standen in der Tür zur Krankenstation mit den Rücken zu Clives Bett. Ich sah die Silhouette seiner Beine unmittelbar hinter ihnen. Mein Bruder und mein Stiefsohn standen rechts und links von mir neben einem roten an der Wand hängenden Feuerlöscher. Ununterbrochen bewegten sich Leute, Eimer, Besen und Karren hinter und zwischen uns hindurch. Die beiden Ärzte wechselten sich darin ab, uns ihre Befunde auseinander zu setzen.

Sie seien sich nicht ganz sicher, sagten sie, aber die hohe Konzentration der Antikörper bei der Lumbalpunktion deute auf eine Enzephalitis, Hirnhautentzündung, hin, verursacht durch Herpes simplex, das Fieberbläschenvirus.

Das konnte ich nicht so recht nachvollziehen.

»Er hat nie Fieberbläschen gehabt«, sagte ich, als würde das alles ändern.

Das Virus, erklärten sie, schlummere bei einem Großteil der Bevölkerung ohne Symptome. Alle Jubeljahre mal schlüpfe es aus seiner Verankerung und stürze sich nicht auf den Mund, sondern aufs Gehirn.

»Aber sehr selten…«

»Mit einer Wahrscheinlichkeit von eins zu einer Million«, sagten die Ärzte.

»Die Sterblichkeitsrate ist hoch…«, fuhren sie fort.

»Achtzig Prozent.«

Und ich dachte: Bedeutet »hohe Sterblichkeitsrate« am Leben bleiben oder wahrscheinlich sterben?

»Enzephalitis« sagten sie noch einige Male in anderen Sätzen. Ich versuchte, es ihnen nachzusprechen – zerlegte das Wort in seine einzelnen Silben –, schaffte es aber nicht.

Das Virus könne ohne eine Biopsie, eine Gewebeuntersuchung, nicht eindeutig nachgewiesen werden, sagten sie. In Fällen wie diesem allerdings würden sie keine Biopsie vornehmen. Hinterher wurde mir klar, dass sie in Wirklichkeit von einer Autopsie ausgingen. Aber in der Annahme, dass ihre Diagnose richtig sei, würden sie jetzt ein neues antivirales Präparat verabreichen – Acyclovir. Es sei erst seit achtzehn Monaten auf dem Markt. Davor hätte Clive mit Sicherheit sterben müssen. So wie die Dinge lägen, müssten wir abwarten, wie sich die Lage im Laufe der nächsten paar Tage entwickele.

Mir kam es vor, als hätten wir lange in dieser Tür gestanden und uns die Neuigkeiten angehört. Ich war dem Ganzen nicht genau gefolgt. Bestimmte Einsichten entgleiten einem, huschen an einem vorbei, es sei denn, man ergreift sie mit bloßen Händen und fragt: »Was ist das?« – und hält sie so lange fest, bis sie einen Namen fallen lassen, irgendeinen Namen, mit dem man sie im Gedächtnis behalten kann. Ich konnte nichts in mich aufnehmen.

»Wir rufen Sie zu Hause an, falls irgendwas passiert«, sagte der Assistenzarzt. Zu Hause? Warum sollte ich zu Hause sein?

Und der Jüngere der beiden, der Rangniedrigere – das heißt, der diensthabende Arzt, der schon als wir am Morgen um neun angekommen waren Bereitschaftsdienst hatte –, schaute mich an, und ich sah, dass sein Schlipsknoten sich auflöste und ihm das Haar in die Höhe stand. Er schwieg, während er überlegte, was als Nächstes für die Frau getan werden könnte, die die einzigen Worte nicht verstand, die ihm zu sagen erlaubt waren.

Sie konnten mir nicht sagen, wussten nicht und würden eine ganze Zeit lang nicht wissen, wie es Clive erginge. Ich aber wusste, dass mein Mann nicht im nächsten Moment sterben würde. Das war einfach undenkbar.

Sie wollten offenbar, dass ich nach Hause fuhr.

»Die Besuchszeit ist lange vorbei«, wiederholte die Schwester immer wieder. Ich weigerte mich, mich vom Fleck zu rühren.

»Sie brauchen etwas Schlaf«, sagten die Ärzte. Schlaf? Wovon redeten sie? Mein Mann war hier. Wie konnten sie von mir verlangen, nach Hause zu fahren?

Ich muss wohl ganze zwanzig Minuten diskutiert haben. Immer wieder sagten sie, sie würden mich anrufen, falls etwas passiere – sie sagten es so, dass ich mir sicher war, sie meinten, sie würden mich anrufen, wenn er stürbe. Was sonst sollte einem Menschen widerfahren, der schon so krank war? Und wie sollte es mir möglich sein, ihn bis zum Nachmittag des nächsten Tages allein zu lassen? Waren sie nicht ganz bei Trost? Schließlich gestand mir die Schwester eine Stunde zu.

»In Ordnung«, sagte sie. »Unter diesen Umständen lasse ich Sie eine Stunde früher rein. Sie können um zwei wiederkommen.«

Nichts von dem, was sie sagten, leuchtete mir ein.

Der Anrufbeantworter in unserer Diele war voller Nachrichten. Es war merkwürdig, ohne Clive nach Hause zu kommen, statt dessen mit meinem Bruder und meinem Stiefsohn. Ich lauschte den Stimmen von Freunden, Kollegen und Familienangehörigen.

Ich setzte mich in die Diele und rief die Leute zurück. Einige waren geschockt, weinten. Ich weinte nicht. Ich wiederholte immer wieder dieselben paar unverständlichen Bruchstücke. Es erschien mir so wenig, um so sehr viel zu sagen. Wie konnte irgendetwas davon wirklich sein? Ich redete mit einem nach dem anderen, wobei ich dieses neue Krankheitsvokabular probte – was geschehen war, was er hatte, dass er nicht diesen oder jenen Termin einhalten konnte, weil er heute Nacht oder morgen oder irgendwann in der nächsten Woche sterben könne. Immer wieder bekam ich das Wort nicht heraus, was er hatte. »Enkapha … Enka …«, setzte ich an, und alle schienen den Begriff zu kennen, und jeder sagte ihn mir freundlich vor. Ich konnte mich nie daran erinnern, was sie gesagt hatten, auch unmittelbar hinterher nicht.

Das Bett war groß und kalt und roch nach Clive. Ich schlief in seiner Hälfte und stellte mir vor, ich kuschelte mich in seine Kuhle. Jedes Mal, wenn ich aufwachte, war es ein Schock, das Bett leer zu finden. Erinnerungen an den Abend fielen mir im Schlaf wieder ein und erschienen mir unmöglich. Ich rief auf der Station an und bat um Auskunft.

»Er schläft«, sagten sie. »Keine Veränderung.« Selbst mit seinem fluktuierenden Bewusstsein muss Clive gespürt haben, dass ich nicht mehr bei ihm war. Und sich in den Klüften seines Geistes gefragt haben, wo ich sei. Vielleicht war er zu Tode erschrocken, weil er nichts ahnte. Ich überlegte in der Nacht, ob ich ins Krankenhaus fahren, die Station stürmen, meinen Platz an seiner Seite einnehmen und dort bleiben solle. Ich wartete.

Am nächsten Tag füllte sich die Wohnung mit der Familie, der Verlobten meines Bruders, Clives jüngerem Sohn Edmund. Die Antworten der Krankenschwestern waren bei jedem Anruf nichtssagend.

Ich erinnere mich, wie ich in der Nähe der Wohnungstür stand und die Köpfe meiner Eltern auftauchen sah, als sie unten um den Treppenabsatz herumkamen. Ich muss wohl gerade am Telefon gewartet haben, denn als ich sie heraufkommen sah, rutschte ich weinend ein Stück an der Wand herunter. Clives Schwester traf ein. Ich hörte sie alle in der Küche reden. Ich habe keine Ahnung, wo sie alle geschlafen haben. Ich kann mich nicht erinnern, wo ich geschlafen habe.

Es war uns nicht gelungen, Clives Tochter Alison zu benachrichtigen. Sie war zu einem Wohltätigkeits-Fallschirmspringen gefahren. Eine Freundin von uns verbrachte den Samstag damit, bei allen Flugplätzen des Landes anzurufen, um zu fragen, ob sie dort sei. Gegen fünf Uhr nachmittags erreichte sie sie endlich, als der Flugplatz gerade schließen wollte. Alison machte sich sofort auf den Weg zurück nach London.

Leute fuhren mich, machten mir Türen auf. Ich nehme an, sie fütterten mich auch, obwohl ich mich nicht erinnern kann, gegessen zu haben. Wenn es Zeit war, zu Clive zu fahren, brachte mich jemand zu einem Auto. Ich erinnere mich an eine Hand, die beim Einsteigen meinen Kopf schützte, beim Sitzgurt behilflich war. Ich glaube nicht, dass ich es in jenen ersten Tagen allein ins Krankenhaus geschafft hätte.

Der Krankenhauskorridor füllte sich mit unseren Freunden, Verwandten und Musikern. Sie kamen ununterbrochen. Es gab nirgendwo Stühle. Blumen wurden gebracht, Karten und Botschaften von Leuten, von denen ich manchmal gar nicht wusste, dass wir sie kannten.

»Spielen Sie ihm Bänder von vertrauten Dingen vor«, sagte der Arzt. Leute gingen fort und brachten Bänder mit. Hinterher habe ich mich gefragt, ob es nicht schrecklich war, mit einem sich zersetzenden Gehirn Musik hören zu müssen.

Clive sprach in schläfrigem Ton liebevoll zu mir und seinen Kindern, einen Mischmasch aus Wörtern.

Er griff nach einer Karte von seiner Schwester Adèle. Er beguckte sie sich genau. »Ay-dell«, sagte er. »AY-dell.« Vielleicht scherzte er. Vielleicht betrachtete er sie mit Kreuzworträtselaugen. Ständig zerlegte er Wörter in Stämme und Wurzeln und mögliche Kreuzworträtselschlüssel. Auf diese Weise trainierte er früher sein Gehirn, falls er gerade mal einige Minuten nicht arbeitete. Die ganze Zeit strengte er seinen Geist an.

»Er kann lesen!«, sagte ich zu dem Arzt. Ich meinte, das sei hervorragend für jemanden, der einen Tag zuvor noch ohne Bewusstsein gewesen war.

»Es ist alles viel zu früh«, sagte der Arzt. »Es ist schwierig zu erklären ...« Er stand da, blickte auf Clive hinunter und zögerte. »Was ich damit sagen will, ist ... Es ist wahrscheinlich das Beste, wenn Sie nicht allzu viel in irgendwas hineinlesen, sonst sind Sie nur hin und her gerissen. Die Sache könnte sich lange hinziehen. Die nächsten paar Tage sind kritisch, und wir sind keineswegs über den Berg.« Mit anderen Worten, er erinnerte mich daran, dass Clive immer noch sterben konnte. Clive las, war bei Bewusstsein, lächelte uns an. Er liebte uns. Seine Beine zuckten unter der Decke.

»Das da«, sagte der Arzt und zeigte auf Clives zuckende Beine, »ist kein gutes Zeichen.«

Zu Hause schaltete jemand den Fernseher ein. Es gab Nachrichten. Der Nachrichtensprecher verlas eine Katastrophe nach der anderen. Sie erschienen geringfügiger im Vergleich zu unserer. Dann schmetterte die Erkennungsmelodie vom *Denver-Clan* los. Letzte Woche hatten wir uns die Sendung genau zu dieser Zeit zusammen angesehen. Das taten wir immer, wenn wir zu Hause waren. Es war grotesk, dass alles weiterlief, als wäre nichts geschehen.

Am dritten Tag, Sonntag, dem 31. März, waren die Vorhänge um Clives Bett zugezogen, als ich gegen Mittag ins Krankenhaus kam. Es war mir unmöglich, bis zwei Uhr zu warten. Eine

Krankenschwester hielt uns an und sagte, wir müssten draußen warten. Mein Bruder holte Stühle von Gott weiß woher. Meine Eltern und ich setzten uns nebeneinander, der offenen Tür direkt gegenüber, und starrten auf die vielen Füße hinter Clives Vorhang. Mein Bruder blieb stehen.

Ein Arzt fegte an uns vorbei und tastete an dem Vorhang nach einem Eingang. Als er ihn anhob, sah ich kurz Clives weiße Bettdecke, unter der es trat und zuckte.

»Was ist da los?«, fragte ich. Ich konnte mich nicht rühren. Mein Vater verschwand im Schwesternzimmer. Nach einer Weile kam die Krankenschwester heraus. »Ihr Mann hat einen Anfall«, sagte sie. »Einen schweren epileptischen Anfall.« Der Satz kam kühl heraus. Der Anfall hielt lange an.

Es war merkwürdig still. Ich konnte nicht hören, was jemand sagte. Die Welt begann, sich zu einem Pünktchen zusammenzuziehen.

»Steck den Kopf zwischen deine Knie«, sagte meine Mutter.

Zusammengekrümmt auf meinem Stuhl, die Arme schlaff herabhängend, hatte ich das Gefühl, das Leben rinne aus mir heraus. Die Hand meines Vaters lag auf meinem Rücken. Sie schien mich vor dem Verschwinden zu bewahren.

»Daddy …«, sagte ich. Vor uns waren Füße von Ärzten.

Es sehe nicht gut aus, sagten sie mit düsteren Stimmen. Der epileptische Anfall habe nachgelassen, aber es sähe ganz und gar nicht gut aus. Ich überlegte, ob sie das im Hinblick auf seine Überlebenschancen oder auf das Ausmaß möglicher Hirnschädigungen meinten. Ich fragte nicht nach.

Später erinnerte ich mich an einen Finger, der auf Spitzen auf dem EEG zeigte – dem Elektroenzephalogramm, der Kurve der Hirnstromwellen. Clives Gehirn, sagten sie, mache gerade eine Art Sturm durch. Der Schreibstift des Apparats hatte wie verrückt Zickzacklinien vollführt, um die Linienblitze in seinem Nervensystem aufzuzeichnen.

In Clives Handrücken steckte ein Tropf, durch den das lebensrettende Medikament sickerte. Clive war unruhig und zog sich die Kanüle immer wieder heraus. Sie ließen mich ein paar Stunden länger dableiben, damit ich half, ihn daran zu hindern. Der diensthabende Arzt gab den Schwestern die Anweisung, jede Hand fest zu bandagieren, um die Kanüle besser zu fixieren. Sie wickelten ihm Tücher um die Arme, als wollten sie eine Mumie aus ihm machen. Clive zerrte mit seinen Zähnen daran. Er zog und stöhnte. Es erforderte alle Kräfte von mir und den Krankenschwestern, um seine Arme unten zu halten. Er wimmerte heftig atmend und fing nach etwa einer Minute wieder an, daran zu zerren. Er kämpfte mit übermenschlicher Kraft, unerklärlich bei jemandem, der schon tagelang so krank war. Selbst wenn eine Krankenschwester einen Arm festhielt und ich den anderen, reichten seine Kräfte beinahe aus, uns beide zu bezwingen.

In der Nacht gelang es ihm, die Verbände zu lockern und sich immer wieder die Kanüle herauszuziehen. Der Mann im Nachbarbett passte auf und klingelte jedes Mal nach der Schwester. Als es schließlich bei den vielen Einstichlöchern immer schwieriger wurde, die Nadel wieder in die Vene zu schieben, gab der Arzt die Anweisung, eine Schwester für den Rest der Nacht an seinem Bett zu postieren. Der Patient neben Clive hörte, wie der Arzt zu der Schwester sagte: »Hier geht's um Leben und Tod.« Wie seltsam, dass all das mit seinem Gehirn geschah und ihm dann die Hände gebunden wurden.

Der antivirale Wirkstoff stoppte schließlich doch die weitere Ausbreitung des Virus, aber erst, als er große Teile von Clives Gehirn zerstört hatte. Niemand wusste damals, wie viel genau. Für mich war es noch immer schwer, medizinische Erklärungen aufzunehmen. Die Ärzte redeten schnell und benutzten Worte, die ich noch nie gehört hatte. Der diensthabende Arzt zeigte mir die CT-Bilder, eine Reihe kleiner Landkarten von verschiedenen Teilen von Clives Kopf. Er zeigte auf zerstörte Bereiche. Ich wusste nicht, ob er die hellen Flecken oder die dunklen meinte. Ich begann, Fragen zu stellen.

Enzephalitis, sagte er, heißt Entzündung des Gehirns. Mehrere Viren können sie auslösen. In Clives Fall waren sie sich fast sicher, dass sie vom Herpes-simplex-1-Virus stammte, dem Virus, das Fieberbläschen hervorruft und mit Viren verwandt ist, die Windpocken, Gürtelrose und Herpes an den Genitalien auslösen. Herpes ist das griechische Wort für »schleichender Schaden«. Das Virus erwacht dort, wo es in einem Ganglion (das heißt einem Nervenknoten) nahe der Wirbelsäule schläft, und statt ein Fieberbläschen hervorzurufen, überwindet es die Blut-Hirn-Schranke, was eigentlich nicht passieren dürfte. Das Gehirn entzündet sich und schwillt an; der Schädel ist nicht dehnbar, und bald stößt das Gehirn gegen den Schädelknochen. Dieser Herpes, der kleine »Schleicher«, trödelt nicht lange herum, sondern macht sich über Schlüsselstrukturen her und richtet Schäden an, ehe jemand weiß, dass er überhaupt da ist. Zu den befallenen Bereichen gehören die Temporallappen (hinter den Schläfen), Okzipital-parietal-Lappen und Stirnlappen (hinten und vorn) ... Thalamus, Hypothalamus, Amygdala. Er stürmt einfach weiter durch bis ans Ende. Die Hauptzielgebiete, die Teile, die er völlig auslöscht, sind die seepferdchenförmigen Strukturen namens Hippocampus, griechisch für Seepferdchen. Sie dienen uns als Zentrum für das Gedächtnis und die Erinnerung, in ihnen speichern wir neue Gedanken.

Hinter all das kam ich erst Monate später. Als man schließlich herausgefunden hatte, was mit Clive nicht stimmte, als er endlich das antivirale Medikament bekam, war ihm von seinem Gedächtnis nichts weiter geblieben als seepferdchenförmige Narben. Sein Hippocampus war nicht der einzige Bereich, der zerstört war, aber er war entscheidend für das Gedächtnis, und das war weg.

Es war Clives dritte Nacht. Ich lag schluchzend zu Hause auf unserem braunen Bett. Ich hatte die ganze Zeit laut geweint, doch als das Telefon klingelte, riss ich mich zusammen. Mit meinem Chef sprach ich mit normaler Stimme und erzählte ihm, wie der letzte Stand der Dinge war. Mein Bruder nahm mir den Hörer aus der Hand, als ich fertig war. Er lag schon fast wieder auf der Gabel, ich beobachtete ihn und wartete darauf, weiter weinen zu können, aber ich wartete nicht, bis der Hörer ganz aufgelegt war. Ich gab mich dem Weinen hin, bevor der Hörer auf der Gabel lag. Aus etwas, was später jemand bei der Arbeit sagte, schließe ich, dass der arme Mann die erste Sekunde davon mitbekommen haben muss, ehe der Hörer einklinkte. Ich öffnete den Mund, um zu weinen, aber ein lautes Gebrüll drang daraus hervor. Es raste aus mir heraus, größer als ich. Von irgendwo in meinem Innern sah ich ihm distanziert zu. Ich schrie und schrie. Ich stellte mir vor, es hing über der Straße, tonlos, man hätte seinen Ton nicht treffen können. Mein Bruder schirmte mich ab wie gegen den Einschlag einer Bombe.

»Nicht doch«, sagte er. »Nicht doch.«

Ich weiß nicht, wann wir die Linie von »wahrscheinlich sterben« zu »wahrscheinlich am Leben bleiben« überquert haben – vielleicht irgendwann in dieser ersten Woche. Ich schwankte zwischen Hoffnung und Furcht. Die meiste Zeit war Clive bis zu einem gewissen Grad bei Bewusstsein; zumindest reagierte er auf meine Stimme, auf meine Hand, wenn ich seine drückte. Prince's Ward war eine große viktorianische Krankenstation für Männer, am Kopf der Treppe nahe dem Haupteingang. Die anderen Patienten hatten Krebs, Tb, Herzinfarkte, Nierenleiden. Clive war der Einzige mit einer Krankheit, die das Gehirn angriff.

Eines Tages wanderte ich durch Clives Korridor weiter nach hinten und stieß auf eine große Holztür mit Glasfeldern. Sie stand halb offen. Ich verließ den Korridor mit den stinkenden Säcken voll schmutziger Wäsche und der weißen Neonbeleuchtung und befand mich in einer Kapelle. Drinnen war es still, ruhig. Ich setzte mich. Das Gerassel vorbeifahrender Essenswagen war gedämpft. Eine Art Frieden umgab mich wie eine wärmende Decke.

Tage vergingen, ohne dass sich viel änderte. Das Krankenhauspersonal hatte einen langen Arbeitstag, hatte mir aber nichts zu erzählen. Ich hatte Sonderurlaub bekommen, und so hing ich im Krankenhaus herum, wenn man es mir erlaubte. Meine Familie brachte mir zu essen und wartete mit mir. Niemand konnte mir sagen, wie Clive aus der Sache herauskäme oder wie lange es dauern könnte, bevor sie etwas wüssten. Sie setzten die Behandlung mit antiviralen und krampflösenden Mitteln fort. Er war an einen Tropf und einen Katheter angeschlossen. Ärzte kamen, lasen sein Krankenblatt und redeten laut mit ihm. »Hallo«, sagten sie zu ihm oder forderten ihn auf, die Augen zu öffnen oder den Kugelschreiber anzusehen, den sie in der Hand hielten, oder ihre Hand zu drücken. Manchmal standen sie nur da und guckten.

Auch ich stand oft, weil es nur wenige Besucherstühle auf der Station gab, und als eine der jüngsten Ehefrauen war mir das eher zuzumuten als anderen. Es gab auch nicht genug Sessel für Patienten, so dass sich die Männer, die bereits wieder aufrecht sitzen konnten, abwechseln mussten. Einen Großteil dieser ersten Tage und Wochen, als Clive im Bett lag, verbrachte ich entweder an der Wand stehend oder am Boden kauernd. Als es Clive am schlechtesten ging, setzte ich mich nicht gern auf das Bett, weil es so schmal war und man unweigerlich auf ihm draufsaß.

Eines Abends gegen Ende dieser ersten Woche erschien ein Neurologe. Jemand hatte uns miteinander bekannt gemacht. Er stand da, die Hände hinter seinem weißen Mantelrücken, und starrte vom Fuß des Bettes auf den im Halbdunkel liegenden Clive. Der Neurologe war nicht der behandelnde Arzt meines Mannes. Er war nur beratend hinzugezogen worden, durfte also nicht mit mir über Clive sprechen. Laut Krankenhausvorschrift musste ich mich an den offiziell für Clive zuständigen Arzt wenden, wenn ich etwas wissen wollte (der mir sagte, er könne meine Fragen nicht beantworten, weil er kein Neurologe sei). Aber es war alles ruhig, später Abend, die Lichter waren aus, die Patienten schliefen, und keine Krankenschwester war in Sicht. Ich wagte eine Frage.

»Was halten Sie von ihm?«, fragte ich.

Er drehte sich halb zu mir herum und blickte über meinen Kopf hinweg.

»Lazarus«, sagte er und huschte davon in die Dunkelheit.

Vielleicht hieß das, das Leben werde weitergehen. Der Gedanke an Tod hatte in meinem Kopf Einzug gehalten. Er führte mich zurück zu Träumen aus meiner frühen Kindheit – dicke Staubflocken, die einen grauen Sarg füllen, die Vorstellung, nicht länger zu existieren. Ich hatte keine Idee, was Tod bedeuten könnte – das Nichts oder irgendein fortdauerndes Leben des Geistes. Ich dachte, wir könnten nur in der Erinnerung anderer weiterleben oder indem wir unsere Gene an unsere Nachkommen weitergeben. Völlige Auslöschung, so erschreckend das auch war, erschien mir am wahrscheinlichsten. Der Gedanke, dass Clive, der ein Teil von mir war, Teil meines eigenen Körpers, demnächst sterben würde, war, als müsste ich selbst demnächst sterben. Es war, als stünde man am Rand, auf der Grenze zwischen Leben und Nichts. Und wenn ich schreien würde: »*NEIN!*«, wenn ich ihm hinterherschreien würde: »*KOMM ZURÜCK!*«, wer würde es hören? Er etwa?

Könnte Clive aufhören zu sein? Ich sah diese Möglichkeit starr vor mir.

Nach der ersten Woche fuhr die Familie nach Hause, und ich kehrte zurück zur Arbeit. Es war sehr befremdlich, wieder an meinem Schreibtisch zu sitzen und mit freundlicher Stimme Presseanrufe zu beantworten. Und gleichzeitig lag ein gewisser Trost darin, als wäre es Urlaub vom Schmerz. Mein Chef war einverstanden, dass ich früher Feierabend machte, um spätestens um halb drei wieder bei Clive zu sein.

Clive bewegte sich unruhig und versuchte, aus dem Bett zu steigen. Ich wusste, er wollte pinkeln, aber er begriff nicht den Sinn des Katheters. Ich erklärte ihm, er könne es einfach tun, einfach in den Schlauch pinkeln. Ich zeigte es ihm, guck mal, siehst du, du kannst es hier tun. Er verstand nicht, was ich meinte, kämpfte gegen mich an, um aus dem Bett zu kommen, konnte nicht verstehen, warum ich mich ihm in den Weg stellte und dieses unverständliche Gespräch mit ihm führte.

Ich rief laut: »Schwester!«, aber es war keine da. Ich klingelte: Es kam keine.

Er versuchte es auf der anderen Seite des Bettes. Ich flitzte herum. Er stand da und riss sich vom Tropf los.

»Ich muss …!«, sagte er.

»Nein, Liebling, bleib hier, bleib im Bett, pinkle einfach hier. Sieh mal, in den Beutel, durch den Schlauch … siehst du? Für Urin, verstehst du, psss, pssss, pssss …«

Er verstand kein Wort. Allein konnte ich ihn kaum halten.

Verzweifelt klingelte ich wieder und rief: »Schwester!« Andere Patienten gaben mir mit Zeichen zu verstehen, dass auch sie klingelten.

Clive wurde dermaßen aufgeregt, dass er beinahe das Tropfgestell umgerissen hätte. Ich musste ihn mit aller Kraft festhalten. Er stöhnte, warf sich hin und her, bettelte – er müsse, er müsse. Ich redete sanft auf ihn ein, zeigte ihm den Beutel, den Schlauch. Er verstand es nicht. Als er schließlich in den Katheter urinierte, weinte er.

»Entschuldige«, sagte er.

»Es ist in Ordnung, Schatz!«, erwiderte ich. »Es ist okay.« Und ich küsste ihm das Gesicht, die Hände und wieder das Gesicht.

Irgendwann in der zweiten Woche fand ich Clive in einem Sessel neben seinem Bett sitzend. Der Tropf war entfernt worden. Ich begab mich zaghaft zum Schwesternzimmer, wo die Oberschwester und eine Pflegerin den Medikamentenwagen vorbereiteten. Der diensthabende Arzt saß auf einem Hocker, über irgendwelche Notizen gebeugt. Ich trat einen Schritt in das Zimmer und fragte, ob sie mittlerweile glaubten, dass er über den Berg sei. Sie schauten von ihrer Arbeit auf, blickten mich und einander an. Keiner sprach oder wechselte die Haltung. Der Arzt hob den Kugelschreiber von einem Krankenblatt, und obwohl ich erwartete, er werde ja sagen, fiel dieses Wort nicht. Ich hörte »medizinisch stabil« und »keine Gewissheit« und »noch zu früh«. Ich wollte wissen, ob es dauernde Gehirnschäden gäbe und welche Auswirkungen sie haben könnten. »Das lässt sich jetzt noch nicht sagen«, antwortete der Arzt.

Zu diesem Zeitpunkt bekam ich keine weiteren Erklärungen. Deshalb klammerte ich mich an das, was offensichtlich war. Clive erkannte mich. Selbst wenn er schlief und ich mich über ihn beugte, um ihn zu küssen, erwiderte er meinen Kuss. Er erkannte mich und liebte mich. Wir hatten, was wichtig war. Wir waren noch immer wir. Er war am Leben. Er ging nicht fort.

4
Erstes Erwachen

Niemand wusste, was in diesem Stadium in Clives Kopf vorging. Die Computertomogramme zeigten, dass sein Gehirn durch das Virus praktisch zersetzt worden war. Seine Sprache war ein heilloses Durcheinander, er begriff nicht, was man ihm sagte, und konnte sich nicht mitteilen. Aber er konnte mir in die Augen sehen und sagen, dass er mich liebte. Es war der einzige Satz, an den er sich erinnerte. Vielleicht war es dieses zentrale Stück Ordnung, das alles Übrige viel weniger besorgniserregend erscheinen ließ. Ich wusste, das Clive dort drinnen war. Ganz gleich, wie die Computertomogramme aussahen und wie schwierig es war, seinen geistigen Zustand zu beurteilen, er war er, und er gehörte mir. Unsere Liebe war stärker als alles. Alles andere würde sich daraus ergeben.

Bald begann Clive herumzulaufen und sich auf der Station umzuschauen, aber er konnte die Toilette nicht finden. Er fand nicht die Worte, um jemandem zu sagen, dass er dorthin müsse. Das brachte Clive in furchtbare Notlagen, wenn er hin und her lief, aber nicht sagen konnte, was er wollte, bis entweder von einem anderen Patienten eine Schwester gerufen wurde, die ihn rechtzeitig dorthin brachte, oder er sich in die Hosen machte. Wenn das geschah, weinte er.

Seine Sprechfähigkeit kam schrittweise zurück. Clives Wörter purzelten allesamt falsch aus ihm heraus, aber ich glaube, ihm war das nicht bewusst. Seine Sätze hörten sich fast plausibel an, als sei der Rahmen für eine Unterhaltung da, nur der Inhalt fehle. Er sprach überlegt und Respekt einflößend, mit seiner

BBC-Stimme. Er hätte sich über eines seiner Spezialgebiete auslassen können. Freunde und Kollegen hörten zu, bemühten sich, aus seinen Äußerungen schlau zu werden, und antworteten so gut sie konnten, indem sie bei jeder Wendung einhakten, die ihnen ein Stichwort lieferte. Clive hörte sich an, was sie zu sagen hatten, und antwortete in seiner eigenen Sprache. Er wiederholte häufig Wendungen wie »hiesige Leute« und »hiesige Systeme«. Mit dem Wort »Hühnchen« bezeichnete er alles und jedes, er benutzte es stellvertretend für jedes Substantiv. So klopfte er sich auf der Suche nach seinen Zigaretten auf die Taschen und fragte, wo seine Hühnchen seien.

Der diensttuende Arzt hockte sich vor ihn.

»Was ist das hier, Mr. Wearing?«, fragte er und hob seinen Schlips in die Höhe.

»Hühnchen«, sagte Clive und lächelte.

»Und das hier?«, indem er seinen Kugelschreiber in die Höhe hielt.

»Äh … Hühnchen«, sagte Clive wieder.

Wenn der Essenswagen kam, gestikulierte Clive zu mir und allen anderen anwesenden Besuchern hinüber; obwohl er eigentümliche Wörter von sich gab, wollte er damit zu verstehen geben, dass er wünschte, seine Besucher würden als Erste bedient, und nur ungern aß, wenn wir nichts hatten. Nie hörte er auf, sich um das Wohl anderer zu kümmern, selbst wenn er praktisch außerstande war zu denken. Das war der Clive, den ich kannte.

Er wusste nicht, welche Dinge vor ihm waren. Er streute Salz auf den Vanillepudding und Zucker auf die Kartoffeln. Er aß die Speisekarte.

Man gab ihm seinen elektrischen Rasierapparat, und Clive setzte sich glücklich hin und rasierte sich das Kinn, die Nase, die Stirn. Er rasierte sich die Augenbrauen. Er rasierte immer weiter, bis ihm jemand den Rasierapparat aus der Hand nahm.

Ich bemerkte das bei einer Reihe von Dingen: Wenn ihm jemand etwas zu essen, einen Kamm, ein Stück Seife gab, trat er in Aktion und machte damit einfach immer weiter, bis er zum

Aufhören aufgefordert wurde. Die Schwestern lernten bald, dass sie ihn im Bad nicht allein lassen durften.

Die Psychologin sagte, wir sollten Clive irgendwelche Orientierungshilfen geben. Die Schwestern legten ihm einen Notizblock ans Bett und schrieben ihm den Namen und die Adresse des Krankenhauses auf. Und jeden Tag das Datum. St. Mary's Hospital, Paddington. SIE SIND HIER. Doch es brachte nichts, weil Clive sich offenbar nicht einmal erinnern konnte, welches Bett seines war. St. Mary's, Paddington, das waren nur Worte.

Ich schrieb Clive Mitteilungen auf, an denen er erkennen konnte, dass er nicht allein gelassen wurde. Andere Besucher taten das Gleiche, damit ich und möglicherweise auch Clive sehen konnten, dass sie da gewesen waren.

Clive bekam einen Termin bei einer Professorin für Neuropsychologie am National Hospital für Nervenkrankheiten. Er fand am 17. April 1985 statt, nur neunzehn Tage nach seiner Einlieferung ins St. Mary's. Die Enzephalitis war überwunden, und Clive hatte sich körperlich gut erholt. Nun mussten wir herausfinden, welche Folgen die Krankheit in geistiger Hinsicht haben würde. Zum ersten Mal seit seiner Einlieferung brachte ich ihm ein paar Kleidungsstücke mit. Es war schön, ihn endlich in etwas anderem als seinem Schlafanzug zu sehen. Nachdem ich ihm seinen hellgrauen Anzug, ein frisch gebügeltes Hemd mit blauer Seidenkrawatte angezogen und ihn sorgfältig gekämmt hatte, wirkten seine Augen sehr blau. Ich zog den Vorhang beiseite, als gerade eine junge Schwester an der Tür vorbeikam.

»Mr. WEARING!!« Sie blieb stehen, starrte ihn an und stürzte schnurstracks auf ihn zu. »Sie sehen so…« Sie blickte ihn verwundert an, eine Hand auf seiner Schulter. »…so *schick* aus!« Und das tat er wirklich. Er sah so aus wie vor seiner Krankheit.

Ich stellte Taschen weg und räumte seinen Nachttisch auf. Die Krankenschwester setzte sich neben Clive auf das Bett, musterte ihn von oben bis unten und sagte ihm, wie gut er aussehe.

»Finden Sie nicht auch, dass er der hübscheste Mann auf der Welt ist?«, sagte ich.

»Er ist auf jeden Fall sehr hübsch!«, sagte sie.

Eine zweite Schwester tauchte auf, dann noch eine, die sich um diese Erscheinung mit der blauen Seidenkrawatte scharten. Als wir Arm in Arm aus der Station, die Treppe hinunter und aus dem Krankenhaus spazierten, hätte ein Fremder an diesem schick gekleideten Paar nichts Ungewöhnliches entdecken können. Vor nur einem Monat war Clive ein auf sich gestellter Mensch gewesen, dessen Gehirn von Informationen und komplizierten Denkmustern, Plänen, Strategien, Musik und Kunstwerken überquoll. Jetzt konnte man nur vermuten, wo die Grenzen seines Denkens lagen. Seine Fähigkeit, einen zusammenhängenden Satz zu sagen, war weg. Und er erfasste auch nicht mehr, was zu ihm gesagt wurde. Nun waren wir also auf dem Weg zu einer Neuropsychologin, um herauszufinden, ob sein Denkvermögen unwiederbringlich beeinträchtigt war. Ich war auf der Fahrt hinüber zum Queen Square und zurück für seine Sicherheit ganz und gar allein verantwortlich. Normalerweise hätte ich für eine so kurze Strecke wie diese ein Taxi gar nicht in Betracht gezogen, aber mit Clive konnte allerlei passieren.

Beim Einsteigen überlegte ich, ob Clives seltsames Geplauder dem Fahrer etwas ausmachen oder ihn aus dem Konzept bringen würde. Clive redete an den Fahrer gewandt drauflos, der fortwährend neugierig in den Rückspiegel blickte.

»... auf unvollkommenste Weise sind die Hühnchen alles, was man sich vorstellen kann, unter Umständen gehören sie in den hiesigen Systemen mühelos mir, nicht wahr. Das ist merkwürdig, nicht? Meine äh hier ist perfekt. Sie ist reizend. Falls irgendetwas mm ... findet man die Eloquenz dieser Systeme praktisch gesehen ziemlich unbedeutend ... sie entsprechen nicht, ja, den Hühnchen; diese Orte sind allesamt vollständig in der Flasche. In Bewohnern von London. Wussten Sie das?«

Ich flüsterte Clive leise etwas ins Ohr, um ihn davon abzuhalten, mit dem Fahrer zu sprechen. Er hatte keine Ahnung, wohin wir fuhren, aber er genoss es, mit mir unterwegs zu sein.

Die Professorin und ihre Assistentin begrüßten uns und schickten sich sogleich an, Clive näher zu untersuchen. Sie teilten mir mit, wann ich wiederkommen sollte. Mir war nicht klar, wie sie ihn ohne mich begutachten wollten. Er würde auf nichts eine Antwort wissen.

»Sie wollen nicht, dass ich bleibe?«, fragte ich. Sie sagten, nein.

»Lassen Sie ihn nicht allein«, sagte ich, denn ich wusste nicht, ob sie irgendeine Vorstellung hatten, worauf sie sich einließen.

»Keine Sorge«, sagte die Professorin, »es wird ihm absolut nichts geschehen.«

Ich blickte ihnen nach, als sie den Korridor hinunter verschwanden.

Ich kaufte mir eine Zeitung, Kaffee. Als ich zurückkam, erschien die Professorin allein und führte mich in einen großen, leeren Warteraum. Ihr Verhalten hatte sich erheblich gewandelt. Sie erschien mir ein bisschen mitgenommen. Ich glaube, sie sah mir prüfend ins Gesicht, um zu sehen, ob ich irgendeine Vorstellung hatte, wie schlimm es um Clive stand. Ich fragte nach einer Heilbehandlung. Es gebe nichts, was sie empfehlen könne, sagte sie, außer für eine gleich bleibende Umgebung, einen schlichten Tagesplan, einen geregelten Ablauf zu sorgen. Er werde, sagte sie, ständige Betreuung benötigen. An Clive einen Test vorzunehmen, hatte sich, wie ich erwartete, als unmöglich erwiesen. Sie könne zu diesem Zeitpunkt keinen offiziellen Bericht abgeben. Falls das Krankenhaus ihr Clive wieder überweisen wolle, wenn seine Verwirrung sich gelegt hätte, würde sie sich ihn gern von neuem anschauen. Als die Professorin all das gesagt hatte und es wirklich nichts mehr hinzuzufügen gab, verabschiedete sie mich nicht eilig. Einiges wiederholte sie noch einmal. Wir gaben uns die Hand. Hinter ihren Brillengläsern hatte sie, glaube ich, Tränen in den Augen.

Nach dem Termin standen wir draußen auf dem Queen Square und warteten auf ein Taxi. Clive wirkte angespannt. Ich vermutete, der Morgen war nicht einfach für ihn gewesen, obwohl ich keine Ahnung hatte, was ihm, wenn überhaupt, bewusst geworden sein könnte. Ich hatte gehofft, ein klareres Bild davon zu erhalten, was die Krankheit angerichtet hatte, wie sie Clive auf längere Sicht beeinträchtigen würde, welche Behandlung man vorschlüge. Clive ging es nicht besser, deshalb sollte man ihn gegen alles behandeln, was mit ihm nicht in Ordnung war. Niemand schien in der Lage zu sein, genaue Auskunft darüber zu geben, was mit seinem Gehirn passiert war, wie es ihm weiter ergehen würde oder wie sich die Dinge entwickeln könnten. Niemand plante ein Behandlungsprogramm. Es waren noch keine drei Wochen seit seiner Einlieferung ins Krankenhaus vergangen, trotzdem schien alles viel zu langsam voranzugehen. Im Krankenhaus herumzusitzen, konnte doch unmöglich die ganze Antwort sein, und dennoch konnte dieses Nationale Institut für Neurologie, dieses National Hospital für Nervenkrankheiten mir im Augenblick keinen anderen Rat bieten. An welchem Punkt standen wir also?

Ein Taxi hielt. Ich half Clive hinein und sagte zum Fahrer: »Randolph Avenue, bitte.« Wir befanden uns zwischen den zwei Krankenhäusern. Es war Mittagszeit. Ich trug die Verantwortung. Warum sollte ich ihn ins St. Mary's zurückbringen, wo er lediglich in seinem Morgenmantel herumsitzen und weich gekochte Möhren essen würde? Ich würde so schnell wie möglich ins Büro zurückmüssen, aber ich dachte mir, eine oder zwei Stunden mehr wären kein Beinbruch. Ich würde am Abend länger arbeiten.

Also fuhr ich mit Clive nach Hause. Wir saßen im Fond des Taxis und hielten uns bei den Händen. Es war eine Zeit, als es in London noch von Spatzen wimmelte. Clive war still und schien vollkommen zufrieden.

»Hier wohnen wir«, sagte ich.

»Mmm«, sagte er und schaute sich um. »Sehr nobel.«

Ich hatte frischen Fisch im Kühlschrank, und wir setzten uns zu gegrillter Scholle mit Butterbroten und Salat nieder. Ich sah erfreut, wie Clive sich einen Berg grünen Salat schmecken ließ. Normalerweise nannte er ihn »Karnickelfutter«. Heute verzehrte er alles mit Genuss.

Es war schön, zu Hause zu sein und ihm wieder an unserem Tisch in unserer Küche Essen vorzusetzen, obwohl ich bereits das Gefühl hatte, als machten wir uns etwas vor, als spielten wir gemeinsam Mann und Frau. Ich hatte das gleiche Gefühl, das ich als Kind hatte, wenn ich meinen Puppenwagen über den Bürgersteig schob oder wenn wir im Garten mit Schlamm und Sand und Regenwasser aus der Tonne »Festessen« spielten und Zweige als Messer und Gabeln benutzten. Wir taten so, als nähmen Mann und Frau in ihrer eigenen Wohnung miteinander eine Mahlzeit ein, aber eigentlich sollten wir nicht hier sein, und bald würde ich Clive wieder abliefern müssen.

»Ist das lecker, Liebling?«, fragte ich ihn.

»Mmmm«, sagte er. »Sehr sauber.« Ich denke, er meinte frisch. Das war bemerkenswert. Ich tat ihm noch etwas auf seinen Teller, und er dankte mir. Während er noch aß, ging ich durch den Korridor zum Telefon, um das Krankenhaus anzurufen und ihnen zu sagen, dass wir zu Mittag äßen und in Kürze zurückkämen. Ich blickte durch den Korridor zu Clive hinüber, der mit dem Rücken zu mir zu Ende aß. Als ich in die Küche zurückkam und unsere Teller wegstellte, bemerkte ich, dass die zwei Zitronenhälften fehlten, aus denen wir Zitronensaft über unseren Fisch geträufelt hatten. Ich sah mich um, unter den Tisch. Keine Spur von ihnen.

»Du hast doch wohl nicht die Zitrone gegessen!«, sagte ich. »Hast du die Zitrone gegessen?«

»Nein«, antwortete Clive.

»Mach den Mund auf.« Er roch nach Zitrone. Er hatte sie gegessen. Sein Geschmackssinn war offenbar geschädigt. Daher die neue Liebe zum Salat. Ich gab ihm seinen Kaffee ohne Zucker. Normalerweise nahm er mindestens drei Löffel.

»Ist er schon… äh…?«

»Gezuckert?«, sagte ich.

»Ja.«

»Koste mal«, sagte ich.

Er kostete.

»Ist es gut so?«, fragte ich.

»Ja«, sagte er. »Wunderbar.«

Ich hatte ihn jahrelang zu überreden versucht, auf Zucker zu verzichten. Jetzt schien es, als könnte er die Angewohnheit über Nacht aufgeben. Sein Gehirn mochte vielleicht ziemlich mitgenommen sein, aber, tja, für seine Zähne konnten wir einen Vorteil daraus ziehen.

Diese Fahrt nach Hause brachte mir zu Bewusstsein, dass wir keine Gefangenen waren. Wir konnten es jederzeit wieder tun. Vielleicht konnte er an Wochenenden nach Hause kommen. Es müsste doch gut für Clive sein, sich in einer normalen Umgebung zu befinden und vertraute Dinge um sich zu haben, dachte ich, auch wenn er sie anscheinend nicht wiedererkannte.

Zu meiner Überraschung sagte das Krankenhaus ja, wir könnten es versuchen. Sie würden mir einen Beutel Medikamente mit Anweisungen mitgeben, wann Clive was einnehmen solle. Ich könne die Wohnungstür abschließen und den Schüssel weglegen, sagte ich zu ihnen. Clives Kinder wären da, um zu helfen.

Der Bankfeiertag am Montag, dem 6. Mai, war mein achtundzwanzigster Geburtstag. Clive war übers Wochenende zu Hause. Seine beiden älteren Kinder, Sohn und Tochter, waren zur Unterstützung da. Ein paar Freunde waren zum Frühstück gekommen und hatten für Clive ein Geschenk für mich besorgt. Caroline gab ihm das kleine Päckchen und flüsterte ihm etwas ins Ohr. Er lächelte, als er den Anlass erfuhr. Ich trat zu ihm und sagte, ich meinte, es sei für mich. Er betrachtete das kleine Päckchen in seiner Hand, als könne er sich nicht vorstellen, wie es da hingekommen war. Ich nahm es ihm ab und gab ihm einen Kuss auf die Wange. Es war ein Paar Lapislazuliohrringe. Offenbar war es ihm peinlich, Dank für etwas zu erhalten, wovon er nichts wusste. Am selben Wochenende feierte seine Tochter Alison ihren einundzwanzigsten Geburtstag. Sie kam zum Mittagessen zu uns. Clive schrieb in sein Tagebuch, zweifellos auf ihre Veranlassung, dass wir ihr »eine sehr schöne Uhr« geschenkt hätten. Wir forderten Clive ständig auf, Notizen in sein Tagebuch zu machen, weil wir meinten, es könne ihm helfen, zur Kenntnis zu nehmen, was vor sich ging, aber wir mussten ihm stets sagen, was er schreiben sollte, und dann lachte er und schrieb seine eigene Version davon auf, was wir ihn niederzuschreiben gebeten hatten. Was dabei herauskam, war eine Mischung aus laufender Berichterstattung, Einzelheiten und Vorgängen des Alltags, die wir ihm zu Protokoll gaben, verbunden mit Clives Witz, seinem Charme und Hinweisen darauf, welche kleinen Erkenntnisse er durch das Chaos seines schwer geschädigten Hirns hindurch möglicherweise haben könnte.

Am Samstag, dem 11. Mai, war Clives siebenundvierzigster Geburtstag. Meine Eltern waren bei uns, und ich weiß, dass Clive, wie er in sein Tagebuch schrieb, alles daransetzte, meiner Mutter Komplimente zu machen, weil er vermutete, sie habe gekocht (was stimmte). Es war schön, dass er meine Eltern kannte und noch immer, bei aller Verwirrung, der galante Schwiegersohn war. Er schrieb:

> Ich bin heute 47 Jahre alt. Heute ist mein Geburtstag.
> 10.04 Uhr Frühstück beendet (Getreideflocken, Milch, Toast mit Honig und Kaffee; zwei Tassen Kaffee und zwei Tabletten. [Bis hier Wort für Wort diktiert]
> 13.07 Uhr Mittagessen beendet (nach köstlichen Fressalien) [in Klammern Clives Lob an meine Mutter] – Hühnchen
> 13.16 Uhr Kaffee griff mich an und siegte
> 13.17 Uhr Ich habe Londoner Essen gegessen, was fabelhaft sättigt

Bereits hier notierte Clive die Tageszeit. Das würde darauf hindeuten, dass er, während man ihn noch für völlig verwirrt hielt, schon begonnen hatte, auf die exakte Minute zu achten, wann etwas stattfand. Mit dem Festhalten der genauen Uhrzeit kämpfte er bereits um die Rückkehr aus der Verwirrung.

Am nächsten Tag richtete ich ihm eine Geburtstags-Teeparty aus und backte Kuchen, holländischen Spekulatius und Teegebäck. Alle, die ich eingeladen hatte, kamen mit Glückwunschkarten und Geschenken für Clive. Das hieß, die Wohnung war ziemlich voll. Das war ein Fehler. Clive fühlte sich erdrückt, war außerstande, irgendeiner Unterhaltung zu folgen. Unentwegt marschierte er mit verkniffenem Gesicht hin und her. Einer oder zwei Gäste wandten sich ihm überschwänglich zu und versuchten, ihn in eine Unterhaltung zu ziehen, und da explodierte er schließlich und schrie mit einer Stimme, die die Leute völlig fassungslos machte. Einige kamen nie wieder.

Nur sechs Wochen waren seither vergangen, aber das Leben hatte sich drastisch verändert. Wir waren immer gesellig gewesen, hatten an nichts mehr Freude gehabt als an einem angenehmen Zusammensein mit unseren Freunden. Ich dachte, der Anblick vertrauter Gesichter und eine fröhliche Atmosphäre würden Clive gut tun. Ich hätte keinen größeren Fehler begehen können. Es war eindeutig gefährlich für ihn.

Von solch plötzlichen Vorfällen abgesehen war Clives Stimmung vorherrschend euphorisch. In dieser Phase schützte ihn, dass er nicht wusste, was ihm widerfahren war, in welchem Zustand sein Gehirn sich befand. Sein Sinn für Humor schien gewachsen. Bei dem wenigen klaren Bewusstsein, das er hatte, strotzte Clive von Wortspielen und war ständig zu Streichen und Schabernack aufgelegt. Er brachte das Krankenhauspersonal in einem fort zum Lachen. Auch wenn sie nicht verstanden, was er sagte, konnten sie doch den Kern der Sache aus seinem Mienenspiel und seinen Gesten ablesen. So gab er ihnen zu verstehen, dass seiner Meinung nach ein Arzt und eine Krankenschwester ein Paar sein sollten, oder er lachte und redete und lachte, so dass sie ebenfalls lachen mussten. Er konnte hinter einem Vorhang hervor sich auf sie stürzen oder sich kunstvoll vor ihnen verneigen (aus seinem Repertoire der Oper des 18. Jahrhunderts). Er konnte hinter einem Arzt herlaufen und dessen Handbewegungen und komischen Gang nachahmen. Oft tanzten wir durch die Station. Clive ergriff mich und legte mit mir einen Tango hin. Ich glaube, so etwas hatten sie noch nie erlebt. Die Männer in Prince's Ward waren schwer krank. Manche starben. Clive war der Stationsclown.

Seine Verwirrung war offensichtlich. Oft stieg er in anderer Leute Betten, manchmal sogar, wenn sie noch darin lagen, und dann überredete er sie dazu, daraus zu verschwinden. Ich hörte von einem Aufruhr in der Frauenstation auf der gegenüberliegenden Seite, in die Clive häufig hineinging, weil er sein eigenes Zimmer nicht wiederfand. Die anderen Patienten waren unglaublich freundlich und verständnisvoll. Für sie war er so etwas wie ein kleiner Bruder, auf den man aufpassen musste. Aber die Männer um ihn herum waren oft selbst zu krank, um nach der Schwester zu klingeln oder ihm ständig zu sagen, welches sein Bett sei. Sie konnten nachts kein Auge auf ihn haben.

Oft spazierte Clive davon, wenn die Schwestern nicht auf der Station waren. Viele Nächte lang kreuzte Clive in der Herzkrankenstation auf und fragte: »Wo ist meine Frau?«

Ich war immer in Sorge, wenn ich Clives Bett leer fand. Die anderen Patienten sagten mir dann, wo er ihrer Meinung nach sei. Wenn er im Bad war und allein herauskam, konnte er an seinem Bett und an mir schnurstracks vorbeilaufen oder er schlenderte in die entgegengesetzte Richtung davon. Jeden Tag informierten mich die anderen Patienten und ihre Besucher über Clives neueste Eskapaden. Immer wieder stellte ich den Schwestern und Ärzten die Frage, ob Clive hier wirklich sicher sei.

Ich war mit den Kräften am Ende, was an der Knappheit der Stühle im Krankenhaus und auch an den mangelnden Sitzplätzen in der in Nordrichtung fahrenden Bakerloo-Bahn in Paddington lag. Ich musste unsere um ein Haar tödliche Tragödie fünf Stunden pro Tag stehend an Clives Bett mit nichts als Chips und Schokolade im Bauch durchstehen, weil es im Krankenhaus keine Cafeteria gab. Man konnte nicht einmal eine Tasse Tee bekommen. Einer unserer Freunde, der immer mittwochs kam, brachte mir dann gewöhnlich eine Tüte mit Pastete oder Käse und Kräcker mit. Ich erinnere mich noch, wie gut das schmeckte.

Eine Gruppe von Ärzten und Studenten erschien zur Visite. Der Chefarzt stellte sich Clive vor, womit er vermutlich den Studenten demonstrieren wollte, dass Clive keine Kenntnis davon hatte, dass er ihm schon früher begegnet war. Mein Mann in seinem weißen Morgenmantel gab dem Arzt die Hand und nickte den Studenten zu, einer Herde weißer Kittel. Clive stand da und hörte sich die zusammenfassende Beurteilung seines Falles an, als sei er ein Gastprofessor. Als er genug gehört hatte, nahm er das Klemmbrett und warf einen prüfenden Blick auf sein Krankenblatt. Dann steckte er es sich unter den Arm, verbeugte sich leicht und wünschte der versammelten Mannschaft einen guten Morgen. Sie sahen zu, wie er durch die Station davonschlenderte mit der Miene von jemandem, der mehr als sie wusste und noch an weiteren Visiten teilzunehmen hatte. Sie starrten ihm sprachlos hinterher, und der Chefarzt war wie vom Donner gerührt. Keiner dachte daran, ihn aufzuhalten, und so machte ich mich an die Verfolgung.

Clive riss öfter aus, manchmal nur zum Spaß. Ich versuchte, ihn dann einzufangen, aber er brachte mich zum Lachen. Es war, als müsste man auf ein Kleinkind aufpassen, nur war er schneller und stärker als ich. Einmal versuchte ich, ihn festzuhalten, als er mit aller Macht die Treppe hinunterwollte. Er sagte irgendwelche verrückten Dinge und kicherte, und da musste auch ich lachen. Ich sank mit Bauchschmerzen und Tränen vor Lachen auf die Treppe nieder und verlor seinen Arm aus meinem Griff. Er sauste davon. Ich war hilflos. In dem Augenblick, als Clive ungehindert losrannte, betrat ein mächtiger Prellbock von Mann die Szene, um ihn aufzuhalten. Chris, unser einsneunzig großer Rugbyspielerfreund, stand mit ausgebreiteten Armen am Fuß der Treppe. Clive erkannte ihn und versuchte vor Vergnügen kreischend, ihm unter den Armen hindurch zu entwischen, aber Chris schnappte ihn sich. Die Leute im Foyer und auf der Treppe sahen uns an und lächelten. Ich frage mich, was sie wohl dachten.

»Hallo, Clive!«, sagte Chris mit seiner beruhigenden Baritonstimme. »He, he, ich bin hier, um dich zu besuchen – lauf doch nicht weg!« Nach einer kleinen Balgerei lenkte Clive ein, erfreut, seinen Freund zu sehen.

Das Büro war während dieser ganzen Zeit ein sicherer Zufluchtsort für mich. Ich konnte hinfahren, mich auf ein Thema konzentrieren und arbeiten. Hier war ein Teil meines Lebens, in dem ich wusste, was zu tun war. Normalerweise konnte ich forsch ausschreiten und ein mutiges Gesicht aufsetzen.

Mein Kopf war voller Verordnungen über die Ladenöffnungszeiten am Sonntag, die Lebensmitteletikettierung, voller Informationen über Gebläse für Kühlanlagen und wöchentliche Umsatzzahlen. Während der Bürostunden konnte ich mich mit aktuellen Firmenereignissen und Entwicklungen sowie mit dem Aufbereiten entsprechender Nachrichten beschäftigen. Ich brauchte das Gerüst, das mir die Arbeit verschaffte, wenn der Rest des Lebens zusammengebrochen zu sein schien. Mein Tagebuch aus dieser Zeit enthält Einträge wie »Waitrose Esher eröffnet; *What's In Interiors* anrufen; 9 Uhr Arbeitsbesprechung Bracknell; 18 Uhr Royal Society: Mod. Techn.-Einzelhandel«, durchsetzt mit einer neuen Art von Einträgen: »9.45 Uhr Dr. W.; 15 Uhr Pförtnerloge Putney Nervenkrankheiten« oder einfach »Clive zu Hause«. Es gab noch eine dritte Gruppe von Einträgen aus der Zeit vor der Krankheit, manche in Clives Handschrift – Konzerte, Abendessen, Rundfunksendungen, die Clive gemacht hatte und die noch gesendet werden mussten, *Sequentia* auf Radio 3. Diese Einträge hatten jede Bedeutung verloren. Sie stellten unser altes Leben dar.

Gelegentlich flossen Arbeit und Leben ineinander. Gewöhnlich gelang es mir, niemand meinen Kummer sehen zu lassen, aber etwas Unerwartetes konnte ihn lostreten – ein Brief vom Sozialamt mit der Frage an Clive, wann er wieder zu arbeiten beginnen werde, ein Anruf von Leuten, die von allem noch nichts wussten, und ihr Schock, wenn ich es ihnen erzählte. Oder es konnte einfach jemand sein, der sich erkundigte, wie die Dinge stünden. Ein freundlicher Blick konnte mich umschmeißen. Eines Tages weinte ich im Büro. Ich weiß nicht mehr, was es auslöste. An diesem Morgen begrüßte ich meine Sekretärin, ohne sie anzusehen und lehnte meine Tür an, in der Hoffnung, damit Besucher abzuschrecken. Ich setzte mich an meinen Schreibtisch und begann zu weinen, und so stand ich wieder auf und schloss die Tür ganz. Ich nahm einen Aktenordner aus meinem Eingangskorb, konnte aber nichts sehen, weil alles vor meinen Augen verschwamm. Ich drehte mich zu den Topfpflanzen auf dem Fensterbrett herum, den Aktendeckel in der Hand, für den Fall, dass jemand hereinschaute. Ich holte meine Puderdose hervor und puderte mir Nase und Lider, aber kaum hatte ich die Dose wieder in meiner Handtasche verstaut, rollte die nächste Welle heran. Ich konnte einfach nicht aufhören. Nach dem vierten Puderauftrag rief ich eine Freundin bei der Hauszeitschrift an.

»Ann!«, schluckte ich. »Kannst du mir bitte ein Käsesandwich bringen?«

Ich hatte noch nie gehört, dass eine Lieferung von einer Abteilung zur nächsten so schnell beim Empfänger war. Ann sah, wie die Dinge lagen, und setzte sich zu mir, während ich das Sandwich über den Klumpen in meiner Kehle hinunterschluckte.

Der felsenfesten Unterstützung meiner Eltern, meiner und Clives Familie, unserer Freunde und Kollegen war ich mir immer zutiefst bewusst. Erst wenn einen so etwas trifft, merkt man vielleicht, was im Leben zählt, wer für einen da ist und dass das Wichtigste die Liebe ist. Vielleicht erst, wenn der Rest des Lebens zerbricht, wird die Kraft der Liebe sichtbar.

Im Schwesternzimmer hielt der leitende Assistenzarzt ein neues Computertomogramm gegen das Licht hoch – ein großes, schwarzes Röntgenfoto mit einem Gitter aus kleinen Bildern verschiedener Querschnitte von Clives Gehirn. Sein Name und die Krankenstation standen am Rand von jedem Foto, aber ich brauchte keine Hilfe, um sie als seine zu identifizieren: Clives Nase und Ohren konnten von niemand anderem sein. Es waren Reihenaufnahmen des hübschesten Kopfes, den ich je gesehen hatte. Der Arzt zeigte auf Areale, die er als »Läsionen« bezeichnete. Man könne nicht sagen, erklärte er, wo dauerhafte Schäden zurückbleiben würden. Das Hämatom werde zurückgehen und Blutgefäße würden neue Verbindungen herstellen. Aber langfristig, sagte er, könne man keine Voraussagen machen.

Es war seltsam, diese schattenhaften Innenaufnahmen von Clives Kopf zu sehen. Bis dahin hatte ich gemeint, ich kenne ihn von innen und außen. Aber hier sah man Verteilungen von Hell und Dunkel, die Gehirn, Knochen, Leere erkennen ließen. Wo waren seine Gedanken? Ich verstand immer noch nicht, ob der Arzt sagte, die hellen Flecken seien Schädigungen oder die dunklen – beide erschienen mir zu groß, um Schädigungen zu sein. Ich fragte noch einmal, und er zeigte es mir noch einmal, aber seine Worte gelangten nicht in die richtigen Bahnen meines Gehirns. Er nannte Teile, verwies auf Funktionen, aber da er Wörter gebrauchte, die mir neu waren, hatte ich keine Ahnung von ihrer Bedeutung. Außerdem konnte ich den Blick nicht von der Form von Clives Schädel auf dem Computertomogramm abwenden. Er hatte die entzückendste Kopfform der Welt. So etwas hatten sie bestimmt noch nicht gesehen.

Ich verstand, dass das Narbengewebe selbst Probleme wie Epilepsie hervorrufen könne, aber Clive erhielt große Dosen eines krampflösenden Mittels, um dies zu vermeiden.

In einem anderen Gespräch an Clives Bett, während er schlief, sagte mir der leitende Assistenzarzt, dass die Genesung auch ein Jahr dauern könne. Er sprach von Fortschritten und Stillständen. An einer durch das Herpes-simplex-Virus ausgelösten Enzephalitis, sagte er, stirbt ein Drittel, ein Drittel wird wieder gesund und ein Drittel stirbt nicht, wird aber nur zum Teil wieder gesund.

»Wann werden wir wissen, was als Nächstes geschieht?«, fragte ich. »Für Voraussagen ist es zu früh«, war alles, was er sagte. Ich stellte jedem Arzt dieselbe Frage.

»Ihr Mann könnte am Ende nur vor sich hin vegetieren«, sagte einer.

»Es lässt sich nicht sagen, ob er je wieder arbeiten kann«, sagte ein anderer, »oder wann. Das wissen wir vielleicht sechs Monate, ein Jahr lang nicht.« Dies war die Differentialdiagnose, der Unterschied zwischen den schlechtesten und den besten Aussichten, medizinisch gesehen.

Die BBC hielt Clive seine Stelle frei. Die Ärzte äußerten sich nicht dazu, ob er irgendwann einmal wieder zur Arbeit gehen könnte oder nicht.

Mir wurde klar, dass ich viel mehr lernen musste, sowohl die richtigen Fragen zu stellen als auch die Antworten zu verstehen. In der Nähe gab es eine medizinische Fachbuchhandlung. Ich bat den diensthabenden Arzt, mir ein paar Titel zu empfehlen.

»Sie brauchen sich keine Bücher zu kaufen«, sagte er. »Kommen Sie mit.« Und wenig später spazierten wir in die Bibliothek der Medizinischen Fakultät hinein. Er stellte mich vor und bat die Mitarbeiter, mich dort lesen zu lassen. Der *Index Medicus* war unser Ausgangspunkt. Der Arzt zeigte mir, wie man Themen nachschlägt und Aufsätze findet. Ich schlug unter »E« wie Enzephalitis und unter »H« wie Herpes simplex nach und fand ganze Listen von Aufsätzen in Zeitschriften, die ich mir dann aus anderen Regalen holen konnte. Die Sprache dieser Untersuchungen war so komprimiert, dass sie fast unverständlich war. Ich arbeitete mich mit einem medizinischen Wörterbuch durch die Aufsätze hindurch. Patienten oder Testpersonen waren durch ihre Initialen und ihr Alter kenntlich gemacht. Das Interesse der Verfasser richtete sich vor allem auf die Entstehung der Krankheit. Sie schrieben über Symptome, die physiologischen Details, die Ärzten bei der Diagnose behilflich sein konnten, sagten aber wenig oder nichts über Langzeitauswirkungen oder Behandlungsmethoden.

Es war interessant und überraschend für mich, dass die Diagnose gewöhnlich mindestens eine Woche und häufig auch längere Zeit in Anspruch genommen hatte. Die Verzögerung bei der korrekten Diagnose für Clive war also gar nicht so untypisch. Dass seine Krankheit zufällig mit einem Grippevirus zusammentraf, das wie Meningitis aussah, war schlechtes Timing in tragischen Ausmaßen. Aber diese Krankheit war tückisch: treffend Herpes, »schleichender Schaden«, genannt.

Ich erfuhr, dass niemand weiß, warum das Herpes-simplex-Virus, anstatt Lippenbläschen hervorzurufen, alle Jubeljahre mal die Grenzen überschreitet und die Blut-Hirn-Schranke durchstößt, oder warum es eine solche Verwüstung anrichtet. Ich erfuhr nichts darüber, wie oder wo die hirngeschädigten Patienten landeten, wohin sie sich zur Behandlung begaben.

Ich schrieb an die Verfasser, um mich nach K.W., 58, und S.S., 42, zu erkundigen. Wo befanden sie sich jetzt? Ich richtete Briefe an Ärzte in Universitäten und medizinischen Zentren in ganz England, in Amerika und Schweden.

Von vielen erhielt ich freundliche und hilfreiche Briefe. Sie schrieben in ihrem Medizinerjargon. Die Spätfolgen oder »Sequelae« der Krankheit ließen die Betroffenen oft mit lebenslangen »residualen Defiziten« zurück. Sie verwiesen mich auf andere Literatur auf dem Gebiet der Neuropsychologie statt der Neurologie und rieten, sich besser an einen Neuropsychologen oder Neuropsychiater statt an einen Neurologen zu wenden. Die Disziplinen Neuropsychologie und Neuropsychiatrie befassen sich damit, wie sich die Hirnschäden auf die Geistesfunktionen auswirken, und die Literatur war wieder in einem ganz anderen Vokabular abgefasst. Ich schrieb noch mehr Briefe. Diejenigen, die verständlich antworteten, schilderten, wie sich Hirnschäden längerfristig auf die geistige Leistungsfähigkeit auswirken. Wir waren auf dem richtigen Kurs.

Spätfolgen hängen davon ab, wo und in welchem Ausmaß ein Gehirn geschädigt worden ist. Wo der Schaden weit gestreut ist wie bei einer Blockierung der Sauerstoffzufuhr, sterben Zellen in einem ausgedehnten Gebiet in pointillistischer Verteilung ab und beeinträchtigen viele Funktionen; eine weit gestreute Schädigung führt zu einer Abstumpfung von Emotionen und der Persönlichkeit und ist oft durch eine Neigung zur Absonderung gekennzeichnet. Wo die Schädigung separiert ist – mit anderen Worten, es fehlt ein genau definiertes Stück Hirn, und die Stelle der Läsion ist klar umrissenen und eng begrenzt –, liegen die Probleme anders, je nachdem, welche Teile des Gehirns weg sind und was geblieben ist. Bei einer Kopfverletzung, bei der die Vorderseite des Schädels auf eine harte Oberfläche prallt, wird das Gehirn umhergeschleudert und stößt erst gegen die vordere und dann gegen die hintere Seite des Schädelinneren, was zwei Hauptschadensareale ergibt. Oft tritt durch das Drehen und Reißen am Hirnstamm noch ein Prellungsschaden hinzu. Bei der Enzephalitis löst das Schwellen des Hirns gegen das Schädelinnere Schäden an beiden Hirnseiten zu den Schläfenlappen hin aus. Geistige Funktionsstörungen können eine Reihe von physiologischen Gründen als Ursache haben: direkte Beschädigung einer Gehirnstruktur, die für eine bestimmte Funktion wie das Gedächtnis notwendig ist, Beschädigung des Nervengewebes, das an dem Prozess beteiligt ist, oder Beschädigung der Übertragung von Neurochemikalien in diesem System. Eine Funktion kann auch von einer anderen abhängen, die jetzt defekt ist. Zum Beispiel Aufmerksamkeit und Gedächtnis: Es wäre unmöglich, sich an etwas zu erinnern, wenn man von vorneherein nicht imstande ist, es tatsächlich in sich aufzunehmen.

Doch so viel ich auch über das Gehirn erfuhr, und diese Reise stand erst an ihrem Anfang, kein Nachforschen war nötig, um das Herz meines Mannes zu verstehen und wie ihm zumute war.

Trotzdem, auch wenn ich aus der Literatur vieles erfuhr, hatten die Fälle, von denen ich las, mit Clives Fall nur geringe Ähnlichkeit. Zum Beispiel begann er, rückwärts zu sprechen. Im *Index Medicus* fand ich dazu nichts. Es war wie ein unwiderstehlicher Drang, als wäre es die Sprache seiner Wahl. Er sprach schneller rückwärts als irgendjemand das, was er sagte, verstehen konnte. Er hatte seinen Mordsspaß daran, machte es dem Krankenhauspersonal nicht leicht und kicherte, wenn sie ihn nicht verstanden. Er schien sich nicht an meinen Namen erinnern zu können, erkannte ihn aber wieder, wenn er ihn sah.

»Harobed!« sagte er. »O Harobed, I evol uoy!«

»I evol ouy oot, evil C!«, erwiderte ich.

Die Tatsache, dass Clive mit solcher Behändigkeit und Schlagfertigkeit rückwärts sprechen konnte, zeigte, wie intelligent er wirklich war. In seinem Gehirn mochte es finster sein, trotzdem war er ein erstklassiger Rückwärtssprecher. Er machte alle Ärzte total fertig damit.

Wenn ich in meinem schicken Kostüm von der Arbeit im Krankenhaus ankam, berichteten mir ein paar Verbündete auf der Station, was mir den Tag über entgangen war. Und ich überprüfte das Tagebuch in der Hoffnung, irgendeine Neuigkeit zu entdecken, irgendein Zeichen der Besserung.

Clive kritzelte kurze Tagebucheintragungen in einer Orthografie hin, die auf komische Weise phonetisch war: »pipal« für people, »conchaseness« und viele andere Varianten für *consciousness* (Bewusstsein). Ich weiß nicht, ob seine Erinnerung daran, wie man sie richtig schreibt, wirklich verloren gegangen war oder ob er seltsame Schreibweisen übertrieb, um seine Unsicherheit bei einem Wort zu verbergen. Ich denke, er wollte einfach nur etwas Nettes zur Unterhaltung beisteuern. Er schrieb zum Beispiel: »Harobed (rückwärts) ist zu ihrem Bruder und seiner Brut (Verzeihung, Braut) gefahren.«

Ich sollte bald entdecken, dass noch mehr von Clives Gehirn intakt war. Im Krankenhaus gab es nicht viel Auswahl, wohin man mit Clive gehen konnte – zu den Münztelefonen unten, zum Erfrischungsstand, wenn man mal kurz mit der Familie telefonieren oder Kekse kaufen wollte. Der einzige Ort, der sonst noch in Frage kam, war die Kapelle, eine vertraute Umgebung für Clive, der sein ganzes Leben in ähnlichen Räumen mit Singen, Orgelspiel oder als Dirigent zugebracht hatte. Dort setzten wir uns hin, um dem Geschirrgeklapper in der Stationsküche zu entgehen, das Clive rasend machte. Jähe Geräusche ließen ihn aus der Haut fahren. Er war immer schon äußerst empfindlich gegen Lärm gewesen, und seine Erkrankung hatte diese lästige Überempfindlichkeit gegen laute Geräusche sogar noch verstärkt. Sie brachten ihn vollkommen aus der Fassung.

Ich nahm irgendwelche Noten und klappte sie auf, so dass Clive hineinsehen konnte. Dann begann ich, eine der Stimmen zu singen. Er übernahm die Tenorstimme und sang mit mir. Nach etwa einem Takt bemerkte ich plötzlich, was los war. Er konnte noch immer Noten lesen. Er sang ja. Sein Reden mochte ein Durcheinander sein, das niemand verstand, aber sein Gehirn war noch immer in der Lage, Musik umzusetzen. Was für eine Überraschung! Ich konnte es kaum erwarten, mit dieser Neuigkeit auf die Station zurückzukehren. Als er am Ende der Strophe angekommen war, nahm ich ihn in die Arme und küsste ihn aufs ganze Gesicht.

»Liebling, das war wunderbar!«, sagte ich zu ihm. Clive warf einen Blick auf den Einband, um zu sehen, was er gesungen hatte. Es war nur ein altes Gesangbuch, aber er untersuchte es wie ein Paläograf, der ein seltenes Buch berührt.

Als wir auf die Station zurückkamen, dachte ich, meine neue Entdeckung würde sie völlig verblüffen. Doch sie waren im Grunde nur froh, denke ich, dass wir etwas gefunden hatten, was Clive tun konnte, was ihm vielleicht Vergnügen machte. Der Diensthabende sagte, er würde für Clive die Erlaubnis erbitten, Orgel zu spielen. Am nächsten Tag sagte er mir, wo der Schlüssel versteckt war. Das öffnete die Tür zu einem neuen Leben. Clive konnte sich an die Orgel setzen und mit beiden Händen auf der Tastatur spielen, Register wechseln und mit seinen Füßen die Pedale treten, als wäre es leichter als Fahrradfahren. Mit einem Mal hatten wir einen Ort, an dem wir zusammen sein, wo wir uns außerhalb der Station unsere eigene Welt erschaffen konnten. Unsere Freunde kamen zum Singen ins Krankenhaus. Ich ließ einen Stapel Noten am Bett, und Besucher brachten andere Stücke mit. Clive konnte mühelos vom Blatt singen, und es gab etliche Sänger, die zu ihm zum Üben kamen. Sie hatten ihren eigenen privaten Begleiter, der ihnen jeden Nachmittag ab drei kostenlos zur Verfügung stand.

Singen war in vieler Hinsicht leichter als Reden. Es überstieg die Sprache. Und die Dynamik der Musik trug Clive von Takt zu Takt. Im Gefüge eines Stückes bekam er Halt, als wären die Notenlinien Straßenbahnschienen, und es gebe nur eine Richtung, in die man fahren konnte. Er wusste genau, an welcher Stelle er war, denn in jeder Phrase ist ein Kontext durch Rhythmus, Tonart, Melodie gegeben. Es war wundervoll, frei zu sein. Wenn die Musik aufhörte, fiel Clive wieder ins Leere. Aber in den Augenblicken, in denen er spielte, erschien er normal. Ich fragte mich, ob die Musik vielleicht irgendeinen Schlüssel zu dieser Wiederherstellung enthalte. Ich brachte ihm alte Lieblingsstücke mit, Dinge, von denen ich wusste, dass er sie liebte und ohne allzu große Schwierigkeiten spielen konnte. Musik war eine Ruhepause, Urlaub von der Krankheit, ein geschützter Bezirk. Clive spielte, und Menschen sangen, und an solchen Abenden konnte ich für etwa eine Stunde wenigstens so tun, als wären wir zu unserem alten Leben zurückgekehrt.

Die Tagebuchnotizen sind eine seltsame Lektüre. Ich gab Clive Anregungen, worüber er schreiben sollte.

»Schreibe irgendwas Beliebiges«, sagte ich. »Schreibe, wie du dich fühlst.«

»WIE DU DICH FÜHLST«, schrieb er.

»Nein, wie *du* dich fühlst.« *How* you *feel.*

»U feel«, schrieb er.

Ich gab ihm einen Kugelschreiber und diktierte ihm, was an diesem Tag alles passiert war. Wer zu Besuch gekommen war oder, wenn wir gerade zu Hause gewesen waren, was wir gegessen hatten. Unser Speiseplan beschränkte sich nicht mehr allein auf Spaghetti bolognese. Jetzt, wo Clive alles aß – und an den Wochenenden konnte man nichts weiter tun, als mit ihm zu singen und zu kochen –, setzte ich ihm Poulet noir oder Heringe mit Spinat und braunem Reis, gefilte Fisch, Filetsteak und Matzeknödel vor. Er schmückte die Tagebucheintragungen, die ich ihm diktierte, mit seinem Sinn fürs Surreale aus. Das ganze Leben war für ihn eine bizarre und manchmal drollige Erfahrung. Er schrieb hin, was ich sagte, hatte aber keine Erinnerung an das Geschehene und drückte seine Verwunderung über Dinge aus, von denen ich ihm sagte, wir hätten sie unternommen, indem er seine eigenen Bemerkungen hinzufügte.

Am Samstag, dem 8. Juni, kam Clives Bruder Howard aus Neuseeland zu Besuch: »Howard erschien (theatralisch) – und blip! blieb bis Sonntag (wer sie auch sein mag!) Auch Anthony erschien!« Am Tag darauf fuhren wir nach Hause:

> »Howard (oder drawoH) kam wieder, und eine bemerkenswert große Gruppe erschien, aus Gründen, die bislang unbekannt. Graham (und Frau) von der BBC (Produzent), Lindsey und Richard und ihre Tochter (Name unbekannt). Brian (Dr. der Physik) backte Teeplätzchen. Chris sang italienische Arien aus England. Wir alle sangen Mozarts Krönungsmesse ... Deborah sang das Agnus Dei daraus, anscheinend sehr gut (wie sie sagt). Fuhren zurück ins Krankenhaus.

Viele unserer Freunde besuchten Clive weiterhin im Krankenhaus. Sie erschienen in unterschiedlichen Kombinationen nach der Arbeit und sangen mit Clive oder uns beiden in der Kapelle. Meine alte Freundin Sarah kam immer mit ganzen Bündeln

Narzissen, die sie hinten auf ihr Fahrrad geklemmt hatte. Sie alle ermunterten Clive, ihre Besuche in seinem Tagebuch festzuhalten, und setzten eigene Bemerkungen, oft Botschaften hinzu, um mir mitzuteilen, wie sie ihn vorgefunden hatten: »Kristine hat vorbeigeschaut. Clive war sehr gut drauf.« Einige lernten sogar, ihren Namen rückwärts zu nennen. Sie versuchten, Clive zu erklären, was er früher getan hatte:

> Ich bin um 16 Uhr gekommen (TENAJ)
> Andrew kam dich heute besuchen und Jo ebenfalls (Wir sind beide aus deinem Chor).

Dann in Clives Handschrift: »Ich leide an Enzephalitis!! (was immer das auch ist) [Wahrscheinlich gibt es sie gar nicht – ich habe kein Gehirn]. Anscheinend bist du schon 2? Monate hier.« Ein Mitpatient schrieb: »Ich heiße Mike… und komme heute nach Hause – vielen Dank für die Unterhaltungen mit Ihnen und eine weitere Lektion, die ich in meinem Leben gelernt habe. Gott segne Sie und viel Glück.«

Clives geliebter Onkel kam aus Neuseeland angereist. Onkel Geoffrey war Schauspieler und mit vierundsiebzig Jahren aus London dorthin ausgewandert, um in seinem Beruf weiter voranzukommen. Er war wie ein zweiter Vater für Clive gewesen, und manche meinten, sie glichen einander wie ein Ei dem anderen.

Am Sonntag, dem 25. Juni 1985, schrieb Clive: »Eine Zwei und eine Drei ist dasselbe wie mein Onkel Geoff (nicht richtig stellen). Er sagt, ich kam ihn besuchen (falsches Swort). Ich bin nicht verrückt (anscheinend) nach Mein Onkel Bild (Geoffrey).«

Nach und nach wurde ich mit der Anatomie des Gehirns und vor allem den seltsamen Entwicklungen im Gehirn meines Mannes vertraut. Im Juli wurde eine zweite Computertomografie gemacht, bei der die dunklen und hellen Flecken eine genauere Vorstellung von den Bereichen gaben, die als dauerhaft geschädigt angenommen werden konnten, nachdem inzwischen das Anfangshämatom und die Schwellung abgeklungen waren.

Ein Computertomogramm ist jedoch, entdeckte ich später, keineswegs ein präzises Abbild des Gehirngewebes, da es nicht hoch aufgelöst ist und kleinere Schadensbereiche nicht erfasst. Ich wusste bereits vom ersten CT, dass Clive in vielen Bereichen des Kortex, das heißt der Hirnrinde, Schäden davongetragen hatte. Er hatte Läsionen an beiden Seiten (Schläfenlappen), hinten (okzipital), an der oberen Rückseite (okzipital-parietal) und in den Stirnlappen. Man vermutete, dass er auch Schäden am Hippocampus und anderen, tiefer liegenden Strukturen im Inneren des Gehirns erlitten hatte. Aber erst ein Jahr später wurden durch eine Kernspin- oder Magnetresonanztomografie (MRT) die genauen Schadensfelder sichtbar.

Ein Neuropsychiater sagte mir einmal, vom Gehirn eine Aufnahme mit einem Computertomografen zu machen, sei ein bisschen so, als fotografierte man den Mond mit einer alten Boxkamera. Man könne nicht erwarten, viel zu sehen. Aber 1985 gab es die technisch verfeinerteren Kernspintomografen noch nicht in jedem Krankenhaus. Als an Clive schließlich eine MRT vorgenommen wurde, zeigte sie, dass der Hippocampus, ein Bereich des Gehirns, der zur Speicherung neuer Erinnerungen benötigt wird, völlig zerstört war. Sie zeigte Löcher in seinem Gehirn, die so groß waren, dass die Form seiner Schläfenlappen dadurch verändert wurde. Das Institut für Psychologie einer amerikanischen Universität bekundete sein Interesse, sich ein Bild vom Ausmaß der Schäden an Clives Gehirn zu machen, und ließ durch ein Computergrafikprogramm dreidimensionale Bilder seiner MRTs herstellen, auf denen die fehlenden Teile rot markiert waren. Als ich in einem Dokumentarfilm sah, wie viel Rot da war, mehr als ein Jahrzehnt nach seiner Erkrankung, war ich schockiert und verblüfft, dass Clive mit einem so großen Verlust seines Gehirns so gut fertig wurde, wie er das offensichtlich tat. Aber damals in diesen frühen Tagen tappten wir alle im Dunkeln, stellten nur Vermutungen über den Schaden und die Zukunft an und meinten, dass er vielleicht irgendwann einmal sogar wieder arbeiten könnte. Ich denke, seine Ärzte waren sich nicht sicher, was genau passiert war, eine eindeutige Diagnose fiel ihnen schwer. Einen Fall wie Clive hatten sie bestimmt noch nie gesehen. Wir befanden uns alle in einem Zustand des Nichtwissens.

Die Bibliothek öffnete mir die Türen zu der Erkenntnis, dass unter Clives fröhlicher Verwirrung ein ganzer Haufen von Denkdefiziten lauern konnte. Denken und Wissen werden »Erkenntnis« genannt. »Erkenntnisprobleme« zu haben, heißt, dass man nicht geradlinig denken kann. Nach einer Enzephalitis leiden Patienten typischerweise an »Aphasie« – einer Unfähigkeit, die richtigen Wörter zu finden. Ein Schaden an den Stirnlappen wird mit »Disinhibition« oder Verlust der Selbstkontrolle in Verbindung gebracht, bei der man genau das sagt oder tut, was man denkt, ohne den Hemmmechanismus, der einem sagt, dass das keine gute Idee ist. Eine »Anomie«, das heißt eine Wort- und Namensfindungsstörung, war bei Clive bereits offenkundig – er benutzte meinen Namen nicht, tatsächlich hatte er ihn bereits zwei Tage vor seiner Einlieferung ins Krankenhaus vergessen. Clives Stimmungsschwankungen waren ein Syndrom, das als »emotionale Labilität« bekannt ist, durch die Disinhibition verschärft, die Emotionen ungehemmt zutage treten lässt, so dass er jederzeit in Gelächter ausbrechen, weinen oder schreien konnte. Durch diese Art Hirnschädigung werden Menschen manchmal unfähig, Tätigkeiten oder Unterhaltungen zu beginnen oder damit aufzuhören. »Perseveration« bedeutet, dass man etwas immer weiter tut, bis jemand anderer einen unterbricht – wie zum Beispiel sich anzuziehen: Clive zog alle Kleidungsstücke an, die er sah – sein Hemd, seinen Schlafanzug, seinen Pullover, meinen Pullover und so weiter. Post-enzephalitische Patienten neigen dazu, Aggressionen zu zeigen, in äußerster Erregung gewalttätig zu reagieren. Und neben all diesen anderen »Defiziten«, die der Hirnschaden verursacht, weisen die Patienten zudem Gedächtnisverlust auf. Das schien nicht so furchtbar zu sein. Aber damals hatte ich absolut keine Ahnung, was das bedeutet.

Wie die meisten Menschen nahm ich an, dass nach einer Gehirnschädigung ein »Ersatztank« einspringen und dazu trainiert werden könne, die Funktion der »verlorenen« Teile zu übernehmen. Das dachte ich noch eine ganze Zeit. Zwar hatte ich immer noch nur eine vage Vorstellung davon, wo im Gehirn was passiert und wie es nach einer Schädigung weiterginge, aber ich erwartete, dass Ärzte mir sagen würden, was geschehen würde und was nicht, was erreicht werden könne und was nicht. Mir war klar, dass Antworten vielleicht Zeit brauchten, aber ich nahm an, dass uns die Ärzte eine Reihe von Möglichkeiten nennen würden. Ich erwartete ein Behandlungsprogramm, das jemand leitete, der etwas über Gehirne weiß.

Die Nachricht von Clives Krankheit verbreitete sich weiter, und ich erhielt Post von Fremden, die mich drängten, Clive zu einem Gesundbeter zu bringen, ihm Aloe vera zu verabreichen oder Schachtelhalmtee zu kochen. Dachten sie, die Ärzte und ich würden Clive eine Behandlung vorenthalten, wenn es eine gab? Eine Reihe von Briefen handelte von Prominenten, die einen Schlaganfall erlitten und wieder sprechen gelernt hatten. Sie redeten, als wenn alles, was irgendwie »Neuro« war, gleichermaßen gut auf eine Behandlung ansprechen würde. »Bei mir hat's funktioniert… Man weiß nie…« Einige sagten, sie hätten Kerzen angezündet. Ich stellte mir kleine, in der Dunkelheit flackernde Flämmchen vor.

Viele Freunde luden mich zum Essen ein, aber meist sagte ich im letzten Moment ab. Nettes, oberflächliches Geplauder ertrug ich nicht. Was ich mir wirklich in meiner Freizeit wünschte, war, wie ein Stein umzufallen, mich in Schlick zu legen, mit Erde zuzudecken und zu brüllen. Es gibt Länder, in denen man das tun kann, und jeder würde mit einem brüllen oder sich zu einem in den Schlick legen.

5

Verloren im Wohnzimmer

Clive lachte zu jener Zeit noch viel. Die Verwirrung umschloss ihn wie Zellenwände, aber in diesem Nicht-Raum, der keinen Namen hatte und nur ein schmales Luftloch zum Atmen, verarbeitete er alles, was er wahrnahm, äußerst positiv. Er gab sich alle Mühe, mich und alle um ihn herum bei Laune zu halten.

Clives Sinn für Späße war noch unbezähmbarer und schien auf seinem Höhepunkt anzulangen, wenn er bei mir zu Hause war. Es war ein bisschen so, als wären zwei Kinder beisammen. Wir hatten immer ziemlich viel herumgealbert, aber inzwischen war das unsere hauptsächliche Umgangsform. Eines Sonntags im Sommer war ich dabei, Mittagessen zu kochen. Clive war zu Hause. Die Kinder waren zu Besuch. Ich war eben in der Küche und hackte den letzten Rest Gemüse, als Alison hereinkam.

»Wo ist Dad?«, fragte sie.

»Ist er nicht bei dir?«, sagte ich.

Ich lief durch den Korridor.

»Er muss im Schlafzimmer sein. *Liebling!*«

»Da habe ich schon nachgesehen«, sagte sie.

Er war nicht dort. Im vorderen Zimmer schalteten die Jungen den Fernseher aus.

»Dad!«, riefen sie.

Ich drückte die Klinke der Wohnungstür herunter. Sie war noch immer verschlossen. Der Schlüssel war an seinem Platz in meiner Nachttischschublade.

»Dad! Dad! Wo bist du?«, riefen die Kinder.

Das Bad war leer. Ich rannte durch die Küche zurück ins hintere Zimmer. Alison kam gerade heraus.

»Nicht da!«

»Wo *ist* er?« Ich war mit meinem Latein am Ende. Er hatte sich in Luft aufgelöst!

Als Nächstes sah ich im Schlafzimmer auf der anderen Seite des Bettes nach, für den Fall, dass er auf dem Boden lag.

»Liebling!«, rief ich. »Wo *bist* du!« Die Kinder kamen mir ins Schlafzimmer nach.

Plötzlich flog die Kleiderschranktür auf, und wir schrien alle auf, als Clive lachend heraussprang, die Arme in die Seite gestemmt, als wollte er sagen: *»Hier bin ich!«* Er war entzückt über unser Erstaunen, hob mich hoch und schwenkte mich herum, nahm die Kinder in die Arme und verwuschelte ihnen das Haar. Als wir später am Nachmittag nach Lammbraten und Apfelauflauf mit Streuseln und Vanillesoße den Abwasch machten, war er wieder verschwunden. Diesmal fanden wir ihn im Wohnzimmer, wo er sich in die bodenlangen weißen Vorhänge eingewickelt hatte. Am nächsten Morgen sprang er noch ein-, zweimal aus dem Kleiderschrank und erschreckte uns, als er mit brüllendem Gelächter hinter dem Sofa hervorkam. Ich weiß nicht, warum Clive Verstecken spielte – vielleicht machte sein genesendes Gehirn eine verspielte Phase durch. Er schien unbändigen Spaß daran zu haben, uns auszutricksen und sich unserem Zugriff zu entziehen, als wären wir die Eltern und er das zu Streichen aufgelegte Kind.

Manchmal war es meine Aufgabe, Clive zu beruhigen. Am Mittwoch, dem 10. Juli 1985, lautet der Tagebucheintrag in meiner Handschrift: »Mach dir keine Sorgen, Liebling, dir geht es von Tag zu Tag besser, und die Ärzte sind s. zufrieden mit deinen Fortschritten. Bald wirst du wieder bei mir zu Hause sein, und wenn du eine Therapie für dein Gedächtnis und einen langen Urlaub hinter dir hast, wirst du auch wieder bei der BBC arbeiten können.«

Manchmal benutzte ich das Tagebuch als Nachbericht für uns beide:

> *Sonntag, 14. Juli 1985*
> Alison und Edmund kamen zum Mittagessen. Du hattest eine Magenverstimmung. Es gab gefüllten Kürbis und Apfelcharlotte.
> Später, als Deborah abwusch, hast du Alison und Edmund im vorderen Zimmer eingeschlossen und dich im Kleiderschrank versteckt. Als Alison dich fand (nachdem Deborah sie herausgelassen hatte), bist du aus dem Kleiderschrank gesprungen und hast BUU!!! gerufen. Du hattest an dem Spiel solchen Spaß, dass du dich den ganzen Nachmittag immer wieder im Schrank versteckt hast und herausgesprungen bist. Am Abend haben wir dich nach Cassoulet mit Spinat und Pfirsichen mit Sorbet wieder zurückgebracht. Darauf zu Bett.

Die »Magenverstimmung«, von der ich schrieb, war die frühe Erscheinungsform eines atypischen Anfalls, den Clive bald sehr häufig haben sollte. Damals dachte ich, es wäre eine normale Magenverstimmung, aber bald litt Clive an langen, lauten Rülpsanfällen, die oft von Zuckungen im Oberkörper begleitet wurden. Diese Anfälle traten immer dann auf, wenn er ängstlich oder überrascht war, und das heftige Zucken ließ vermuten, dass es durch eine Störung im Nervensystem ausgelöst wurde.

Ungefähr um diese Zeit setzte bei Clive ein Zittern in den Händen ein wie bei jemandem mit der Parkinson'schen Krankheit, und es trat vor allem dann auf, wenn er etwas hochheben wollte – sein Arm fuhr schlotternd weit am Ziel vorbei, als löste der Willensakt, eine Tasse hochzuheben, irgendwie einen Gegenangriff aus, um ihn daran zu hindern. Ich fand heraus, dass ich ihm helfen konnte, indem ich ihn ablenkte. Er konnte die Tasse müheloser hochheben, wenn er mit den Gedanken woanders war. Ebenso setzte das Zittern ein, wenn er Tasse oder Gabel an die Lippen führte, so dass er Getränk oder Speise über den ganzen Tisch verschüttete, was ihn rasch in furchtbare Aufregung versetzte. Von einigen Medikamenten, die Clive nahm, hieß es auch, sie lösten parkinsonähnliche Nebenwirkungen aus.

Sowohl das Rülpsen als auch das Zittern schien meistens dann aufzutreten, wenn er bei mir war. Vielleicht war es in der Anonymität der Krankenstation für ihn okay, absolut nicht weiterzuwissen, aber zu Hause bei der Ehefrau waren die Einsätze höher. Clive hatte höhere Erwartungen an sich, und seine Ängstlichkeit nahm zu.

Die Schwestern sagten ihm immer wieder, er sei im St. Mary's, in Paddington, aber er antwortete nur: »Notgniddap Syramts!« und fand es zum Schreien komisch. Der Name des Krankenhauses war für Clive nichtssagend. Ich bin mir nicht sicher, inwieweit ihm überhaupt klar war, dass er in einem Krankenhaus war. Meine ständige Frage war, wie sie ihn daran hindern könnten wegzulaufen. Oft verließ er die Station und ging die Treppe hinunter. Bisher hatte man ihn immer wieder zurückgebracht, aber ich fand, es war nur eine Frage der Zeit, wann er einfach davonspazieren würde.

Den Anruf, den ich gefürchtet hatte, erhielt ich eines Nachmittags bei der Arbeit.

»Bitte regen Sie sich nicht auf…«, begann die Stationsschwester. Das Krankenhaus hatte mich noch nie im Dienst angerufen, ich wusste also, es war etwas Schlimmes passiert. Clive war verschwunden. Man habe die Polizei verständigt. Wann sie ihn das letzte Mal gesehen hätten, fragte ich. Vor zwei oder drei Stunden, gab die Schwester zu. Ich hatte gerade meinem Chef Bescheid gesagt, dass ich wegmüsse, als das Krankenhaus erneut anrief. Die Polizei habe ihn aufgegriffen, und er warte im Polizeirevier Marylebone auf einen Krankenwagen. Das konnte den ganzen Nachmittag dauern. Er hatte sicher Hunger. Er konnte sich wieder davonmachen. Ich sagte, ich würde ihn selbst abholen und in einem Taxi ins Krankenhaus zurückbringen.

Clive saß in seinem blauen Morgenmantel und den roten Lederpantoffeln bei den Polizeibeamten, war ziemlich müde und hatte Blasen an den Füßen. Er war glücklich und erleichtert, als er mich sah. Offenbar hatten mehrere Leute die Polizei wegen eines Herrn angerufen, der in einem blauen Morgenmantel durch die Marylebone High Street flanierte. Ich fragte mich, ob ihn jemand während dieser letzten Stunden angesprochen hatte. Ich mochte gar nicht darüber nachdenken.

Im Krankenhaus machten die Schwestern einen Riesenwirbel um Clive und zauberten Tee und frischen Buttertoast herbei, weil er das Mittagessen versäumt hatte. Ich fragte, ob sie dem Wachpersonal des Krankenhauses nicht ein Foto von Clive geben könnten. Ich fragte, was sonst noch zu seiner Sicherheit getan werden könne. Sie versprachen größere Wachsamkeit.

Niemand wusste, was Clive als Nächstes sagen oder tun würde. Er war noch immer in seiner euphorischen Phase, und seine ungehemmte Hochstimmung schien vom Krankenhauspersonal akzeptiert zu werden. »Mr. Wearing ist ja so lustig – er ist wunderbar!« Es ging mir über den Verstand, dass sie glauben konnten, dies sei seine normale Gemütslage.

Die Streiche und Witzeleien lenkten jedoch davon ab, sich mit den Folgen der Erkrankung auseinander zu setzen. Wenn jemand lacht, fällt es einem schwer, allzu beunruhigt zu sein. Seine wilden, spaßigen Attacken boten flüchtig Schutz davor, das wahre Ausmaß dessen, was geschehen war, zur Kenntnis zu nehmen, und ich glaube, sie brachten auch Clive Entlastung. Es war, als schlitterte sein Bewusstsein juxend und scherzend an der Oberfläche herum und machte vollen Gebrauch von dem wenigen an bewusster Intelligenz, das ihm verblieben war, damit niemand von uns bemerken sollte, was fehlte. Aber ich spürte sehr wohl, dass er auf dünnem Eis schlitterte und es versteckte Risse gab.

Auf dem Krankenhausgelände grüßte Clive jeden, den er sah, mit einer lächelnden Verneigung, einem aristokratischen Winken oder einem kurzen Händeklatschen.

»Fröhliche Weihnachten und ein glückliches neues Jahr, und

lange möge Ihr Tümpel stinken!«, rief er Vorbeigehenden auf dem Korridor zu. Die Leute erwiderten die Grüße und lächelten zurück. Die Hilfskräfte mochten ihn recht gern, begriffen aber nicht, dass die freundlichen Begrüßungen und Bravorufe für ihre Dienste ganz wahllos von ihm verteilt wurden; dass Clive sich an sie von einem Mal zum nächsten nicht mehr erinnern konnte.

Einmal kamen wir gerade nach einem bisschen Singen in der Kapelle den Korridor herauf, als eine Südamerikanerin, die mit einem Servierwagen auf uns zukam, ihre Arme in die Luft warf und erfreut kreischte: »MIISTER WEARING!!! HELLO, MIISTER WEARING!!!«

Clive schrie entsetzt auf und brüllte sie mit seiner Rammbockstimme an. Dass jemand vollkommen Fremdes aus naher Entfernung plötzlich seinen Namen schrie, war zu viel für ihn. Die arme Frau war natürlich sprachlos. Sie machte ein total erschrockenes Gesicht. Ich legte Clive meinen Arm um die Schultern, um ihn zu beruhigen, ihn zu besänftigen. »Es tut mir Leid«, sagte ich, »aber er erinnert sich nicht an Sie ... Es ist seine Krankheit.« Während wir weiter den Korridor entlanggingen, formte ich mit den Lippen über Clives Schulter hinweg die Worte: »*Sein Gehirn*...« und hoffte, sie würde verstehen.

Etwa einen Tag später gingen wir wie üblich zur Kapelle, um zu singen, aber Clive war gedämpfter Stimmung. Er sagte, er könne heute nicht Orgel spielen, blieb kurz davor stehen und ließ sich auf die vorderste Kirchenbank sinken. Wir saßen nebeneinander. Clives Körper wirkte schwer, und er schien bedrückt zu sein.

»Was ist, mein Schatz?«, fragte ich und ergriff seine Hand.

Clive schüttelte den Kopf und holte tief Atem. Sein Blick war verzweifelt.

»Was denn, Liebling?«

Sein Gesicht war aschgrau. Er sah aus, als würde er sofort weinen.

»Liebling!« Ich hob seine Hand hoch und küsste sie, was normalerweise ein entzücktes Lächeln hervorgerufen hätte, aber es gab kaum einen Anflug davon. »Erzähl's mir. Was ist los?«

»Ich ... kann nicht«, flüsterte er, blickte nach unten und schüttelte den Kopf. »Ich kann's nicht sagen ...« Er schaute auf seine Hände und begann zu weinen. Wenn er früher geweint hatte, hatte er sich immer an mich geklammert. Jetzt war er in sich verschlossen, von Schrecken erfüllt, schluchzend, vernichtet durch das, was er sah. Ich konnte nichts weiter tun, als ihn sehr sanft zu umfassen und ihm zu sagen, dass ich ihn liebte.

Nach einer Weile brachte ich ihn, immer noch weinend, zurück auf die Station. Leute sahen uns hinterher, als wir an ihnen vorüberschlurften. Eine Schwester brachte Clive eine Tasse Tee, setzte sich zu ihm und legte ihm die Hand auf die Schulter.

»Mr. Wearing«, sagte sie. »Was ist denn los?«

Außer den Kopf zu schütteln konnte er keine Antwort geben. Er schluchzte unentwegt weiter und starrte mit einem Entsetzensblick im Gesicht auf irgendeinen Punkt vor sich. Die Schwester schloss die Vorhänge rund um uns, um unseren Kummer vor Schaulustigen zu verbergen.

Clive weinte noch immer, als ich vier Stunden später wegging. Ich führte ihn in diesem Zustand zum Zähneputzen und auf die Toilette. Ich legte ihn ins Bett und zog ihm die Bettdecke bis unter das Kinn. Als er die Augen zumachte, stieß er weiter rhythmische Wimmertöne aus. Ich hörte sie durch den Korridor. Ich hörte sie den ganzen Heimweg über und in meinem Schlaf.

Als ich am nächsten Tag nach der Arbeit zu Clive kam, hörte ich seine Schluchzer schon an der Stationstür. Seine Bettvorhänge waren wieder zugezogen, so dass sie ein kleines Zelt bildeten, nicht gerade viel Schutz. Ich schlüpfte hinein. Die Schwestern hatten ihn angezogen. Sie wollen wohl unbedingt, dass er übers Wochenende woanders ist, dachte ich. Normalerweise überließen sie es mir, ihn anzuziehen. Er saß mit gesenktem Kopf auf dem Bettrand und blickte nach unten, als schämte er sich furchtbar.

Ich setzte mich neben ihn und legte ihm den Arm um die Schultern. Er nahm meine Anwesenheit zur Kenntnis, als ich ihn küsste. Er hörte nicht auf zu schluchzen. Da begann ich, mit ihm zu schluchzen.

So saßen wir da, wir beiden, Seite an Seite. Eine Schwester kam herbei und erzählte, so sei Clive schon den ganzen Tag. Wie sollte ich ihn nach Hause schaffen, fragte ich mich. Würde ein Taxi für zwei weinende Menschen anhalten?

Der diensthabende Arzt kam. Er hockte sich vor uns. Ich hörte zu weinen auf, Clives Schluchzen ging weiter. Der Arzt sprach leise und freundlich mit Clive, während er sich zu ihm vorbeugte und ihm von unten in das weinende Gesicht blickte.

»Mr. Wearing, haben Sie irgendwelche Schmerzen?«

»Nein«, flüsterte Clive und schüttelte den Kopf.

Der Arzt fragte, ob er irgendetwas Clive zu Gefallen tun könne. Wieder schüttelte er den Kopf. Der Arzt fragte Clive, ob er mit mir draußen einen Moment lang reden dürfe. Clive nickte und sagte: »Ja, natürlich.« Ich versicherte ihm, ich wäre nur vor der Tür, wäre gleich wieder zurück, küsste ihn und folgte dem Arzt durch den Vorhang.

Er sagte mir, wie wichtig es sei, dass ich für Clive bei Kräften bliebe.

»Gehen Sie sich doch etwas ausruhen, Mrs. Wearing«, sagte er. »Sie können mein Bereitschaftszimmer benutzen. Schlafen Sie, wenn Sie wollen, das Zimmer steht Ihnen zur Verfügung.« Ich nickte. Mir kamen immer wieder die Tränen, die auf den Boden tropften. Ich weiß nicht, woher all dieses Wasser kam. Ich folgte dem Arzt durch alte viktorianische Korridore, den unteren Teil des Krankenhauses. Ich erinnere mich, dass die Wände blassgrün waren. Das Zimmer war wie eine Zelle, klein und weiß. Er öffnete einen mannshohen Schrank und nahm eine große Flasche Scotch und ein Wasserglas heraus, die er auf die Frisierkommode stellte.

»Bedienen Sie sich, wenn Sie möchten«, sagte er. »Vielleicht fühlen Sie sich dann besser.«

»Danke«, sagte ich.

Er schloss die Tür. Es war still. Ich legte mich steif und stumm auf das schmale Bett. Ich weinte nicht, ich dachte nichts. Um mich herum war das Zimmer dieses anderen Menschen, und da war ich, keineswegs wirklich in dem Zimmer, ich lag nur unbeweglich da, das Zimmer außerhalb von mir. Ich lag lange da, eine lange, lange Zeit und beobachtete, wie sich mein Pullover mit jedem Atemzug hob und senkte. Ich setzte mich auf und sah auf die Uhr. Siebeneinhalb Minuten waren vergangen. Das reichte. Ich musste zurück. Auf Whisky hatte ich keine Lust. Die Tür schnappte zu, und ich schwamm durch grüne Korridore zurück zu Wegweisern, die mich hinausführen würden.

Clive saß noch so da, wie ich ihn vorhin verlassen hatte. Er trug seinen blauweiß gestreiften Sommerblazer aus leichtem Leinen, der neben seinem schluchzenden Gesicht geradezu flott wirkte. Seitdem besitzt Clive ständig so einen Blazer; ich kaufe ihm dieselben Sachen, als wäre die Zeit damals stehen geblieben. Ich hatte die vage Hoffnung, dass die Stationsschwester sagen würde, es wäre das Beste, wenn er dieses Wochenende dabliebe, aber sie sagte es nicht. Ich meinte, ich wüsste nicht, wie wir nach Hause kommen sollten. Ich weinte wieder. Die Schwestern fragten, ob ich nicht eine Freundin anrufen könne. Ich überlegte, welche Freundin ich anrufen könnte, wenn ich weinte. Die erste hatte zu tun, die zweite, eine junge Frau aus dem Chor, die wir nicht gut kannten und die wahrscheinlich überrascht war, als sie von mir hörte, kam tatsächlich und holte uns ab. Erst Anfang dieser Woche hatte sie gesagt: »Wenn's irgendetwas gibt …« Na ja, jetzt gab es etwas.

Wir standen mit ineinander verschlungenen Armen an der Bordsteinkante, Clives kleine Tasche zu unseren Füßen, und warteten auf Annie. Die Leute machten einen großen Bogen um uns, traten gar hinaus auf die Straße. Sie hatten erschrockene Gesichter, als könnten wir sie zum Weinen bringen. Ein Wagen hielt, und Annies besorgtes Gesicht wurde durch Tränen und Windschutzscheibe sichtbar. Wir setzten uns hinten hinein, Clive vernehmlich schluchzend, ich zumeist ruhig, während mir die Tränen auf die Handtasche tropften. Annie musterte uns im Rückspiegel, zwei schluchzende Leute, die in Maida Vale abzusetzen waren. Wir dankten ihr, und ich führte Clive an der Hand in unser Haus, die Treppe hinauf und in die Wohnung.

Die wenigen Minuten, in denen Clive an diesem Wochenende nicht weinte, saß er am Klavier. Nur wenn er spielte, hörte es auf. Ich beobachtete ihn morgens beim Aufwachen. Er regte sich ein bisschen, und dann traten ihm dicke Tränen in die Augenwinkel und begannen, aus den noch geschlossenen Augen unter den Lidern hervorzusickern. Er weinte vom ersten Augenblick des Erwachens bis zu dem Moment, wenn er abends eingeschlafen war. Sein Kopfkissen war nass. Der Wasserverlust machte ihn durstig. Den Salzverlust machte er ungewollt wieder wett, indem er mehrmals Salz und Pfeffer auf sein Essen streute, weil er vergaß, dass er es bereits getan hatte. Anthony erschien. Wir beschlossen, mit Clive einen kurzen Spaziergang zu unternehmen. Er brauchte frische Luft und Bewegung, und der Aufenthalt im Freien würde ihn vielleicht ablenken. Wir spazierten mit ihm zur Kirche an der Ecke. Wir dachten, dort fiele das Weinen nicht so auf, und zudem könnte Clive an der Architektur interessiert sein. Er blickte nicht einmal auf, sondern weinte, während wir außen um die Kirche herumgingen. Wir sahen einen Pfarrer, aber der fragte nicht, ob er helfen könne. Ich hätte gern die Verantwortung für Clives Kummer fünf Minuten lang jemand Offiziellem übertragen, aber wir wurden uns selbst überlassen.

Da Klavierspielen das Einzige war, was seine Tränen aufhielt, ermunterte ich Clive natürlich, immer weiterzuspielen. Er war nicht allzu erpicht darauf, aber Musik war sicher besser als Weinen. Als der Sonntag halb um war, klopfte meine Nachbarin an die Tür. Die beiden Damen von unten waren mit den Nerven fertig von dem dauernden Klaviergetöse und hatten sie gebeten, uns das zu sagen. Ich kam mit Clive zurande, ich kam gerade eben so mit Clives Weinen zurande, aber was sollten wir tun, wenn uns diese einzige wirksame Abhilfe genommen wurde?

Als wir wieder im Krankenhaus waren, brachte ich Clive zu Bett. Es war hart, ihn so zu verlassen. Ziemlich bald schlief er ein. Kleine Tränen hingen an seinen schwarzen Wimpern.

Das Weinen hielt über einen Monat an. Es machte wegen des dauernden Klumpens in seinem Hals das Schlucken von Nahrung kompliziert. Die Tränen waren inzwischen vollkommen aufgebraucht, aber er gab mit jedem Atemzug, den er machte, ein trockenes, seufzendes Schluchzen von sich.

In diesem Monat fuhren wir zu einer weiteren Untersuchung ins Wolfson Brain Injury Centre im Atkinson Morley's Hospital in Wimbledon. Man sorgte dafür, dass wir hin und zurück einen Krankenwagen bekamen, denn er brauchte mich, um ihn zu beruhigen, und ein Taxi über eine solche Entfernung kam überhaupt nicht in Frage.

Clive konnte den größten Teil der Testfragen nicht beantworten. Er schüttelte verständnislos den Kopf und schluchzte bei jedem Atemholen. Der Psychologe überlegte, ob es vielleicht eher ein neurologischer Tick als echtes Weinen sein könnte. Diese Hypothese erschreckte mich. Ich wusste, dass Clive weinte, weil sich seine Verwirrung gelegt hatte, wie es die Professorin für Neuropsychologie am Queen Square vorausgesagt hatte. Er weinte aus Verzweiflung, weil er endlich einen Einblick in seinen eigenen Geisteszustand hatte. Die Leute hatten Clives Euphorie als sein wahres Ich akzeptiert. Doch das stimmte nicht. Wenn aber die Mediziner jetzt seinen Kummer nicht als echt akzeptierten, wo er echt war, was würde das für die Behandlung, die er erhielt, bedeuten? Würde man ihm voll Mitleid oder nur verärgert begegnen?

Wir sollten an einer bestimmten Stelle auf den Krankenwagen zurück nach Paddington warten. Wir setzten uns auf ein Mäuerchen. Clive saß da mit gebeugtem Kopf, stockendem Atem und Entsetzen im Gesicht. Der Krankenwagen kam nicht. Wir warteten eine Stunde und länger. Die Leute, die ins Krankenhaus gingen oder herauskamen, starrten uns an. Niemand ist es gewohnt, einen gut gekleideten, intelligent wirkenden Mann in der Öffentlichkeit weinen zu sehen.

Der Neuropsychologe am Atkinson Morley's hatte davon gesprochen, welche Arten von Gedächtnisverlust typischerweise auf eine Enzephalitis folgen. Er hatte gesagt, die Leute erlitten einen Gedächtnisschwund ohne die Fähigkeit, neue Erinnerungen zu speichern. Informationen, die das Hirn erreichten, würden schmelzen wie Schnee, der auf warmen Boden fällt, ohne eine Spur zu hinterlassen. Während er von diesen Dingen sprach, konnte ich sie damit in Verbindung bringen, wie Clive gewesen war. Sie schienen sein Verhalten treffend zu beschreiben. Aber diese Vorstellung des Nichts war zu entsetzlich, um sie länger als den Bruchteil einer Sekunde gelten zu lassen. Sie brachte mich vor Angst fast um den Verstand. Und jetzt befand sich Clive in so einem ähnlichen Zustand, die ganze Zeit in einem riesengroßen leeren Nichts, in dem er mich sah und die Welt um sich herum wahrnahm und dennoch keinen Halt darin fand. Er hatte offenbar jedes normale Bewusstsein verloren, saß in der tiefsten, dunkelsten Grube, in der er uns alle durch eine kleine Öffnung weit oben auf sich herunterstarren sah, außerstande, sich aus diesem Loch zu befreien und in der Welt zu leben, in der wir lebten. Alles, was ich tun konnte, war, ihn festzuhalten und ihm beständig Worte der Liebe zu sagen, aber ich fürchtete, dass zumindest im Moment nichts dorthin gelangte, wo er war, ganz gleich, wie heftig und riesengroß meine Liebe zu ihm und seine zu mir war. Er schien unerreichbar zu sein.

Ein Gedanke setzte sich in mir fest. Wenn Clive mir sagen, mir irgendwie zu erkennen geben könnte, was in seinem Kopf vorging, könnten die Ärzte und andere ihn als einen gramgebeugten Menschen und nicht als einen komplizierten Fall mit einem Nerventick behandeln, der sich nur als Kummer ausgab. Vielleicht konnte uns Clive sagen, was die Hirnkrankheit ihm angetan hatte. Dann könnte man besser auf ihn eingehen.

»Warum weinst du, Liebling?«, fragte ich ihn. Er schüttelte den Kopf, ohne aufzuschauen. »Sagst du mir, was los ist…?«

»Ich…« Er zuckte die Schultern. »… ich kann nicht«, seufzte er.

Ich tastete in meiner Rocktasche nach einem Kugelschreiber und Notizblock.

»Schreib's auf«, sagte ich und zog die Kappe von dem Kugelschreiber ab. »Schreib mir auf, warum du traurig bist.« Ich drückte ihm Kugelschreiber und Notizblock in die Hand. Er starrte sie an.

»Schreib auf, was dir einfällt, warum du weinst.« Er setzte die Kugelschreiberspitze auf das Papier; es entstand ein Augenblick sichtbarer Anspannung, dann sank er in sich zusammen.

»Ich kann nicht«, sagte er.

»Keine Sorge«, sagte ich, »schreib einfach schnell hin, was in deinem Kopf vor sich geht.«

Seine Bereitwilligkeit, mich zufrieden zu stellen, machte möglich, was als Nächstes geschah. Er schrieb in einer einzigen schnellen Bewegung, dann legte er den Kugelschreiber auf den winzigen Notizblock und schob beides zu mir herüber. In einer verzweifelten Handschrift hatte er hingeschrieben: *»Ich bin vollkommen unfähig zu denken.«* Ich hatte meine Bestätigung. Es war dunkel da drinnen.

Ich hatte es nicht für möglich gehalten, dass ein Mensch so lange weinen könnte. Einmal hörte ich ähnliche Töne in einem Fellini-Film, *La Strada.* Eine junge Frau liebt, wird aber nicht wiedergeliebt. Sie verliert den Lebenswillen. Tag und Nacht stößt sie dasselbe erbärmliche Gewimmer in den Straßen aus. Sie schläft im Freien am Strand, als wartete sie darauf, dass das Meer kommt und sie zudeckt.

Ich schrieb an Freunde, um sie wegen Clives Weinen vorzuwarnen, falls sie ihn im Krankenhaus besuchten, und ihnen Anleitungen zu geben, was sie mit ihm tun könnten, wenn ich nicht dabei war. Ich schrieb ihnen, wo sie die Spielkarten finden könnten, wo der Schlüssel zur Orgel in der Kapelle lag. Ich schrieb, um sie zu ermuntern, zu kommen und mit ihm zu musizieren. Ich schrieb, es mache ihn glücklich. Ich unterlag offenbar dem Irrtum, dass die Augenblicke, in denen er glücklich war – das heißt, nicht weinte –, seinem Gehirn eine Heilungschance gäben. Vielleicht hatte Clive mehr erkannt als ich. Unwissen schützte mich davor, unsere Notlage richtig zur Kenntnis zu nehmen. Ich nahm das Fehlen einer klaren Prognose als Hoffnungszeichen. Ich legte mir alles so zurecht, wie ich es gerne sehen wollte, und ging über die leeren Blicke der Ärzte hinweg. Ich schrieb, die Psychologen machten »grimmige Gesichter«, aber ich, setzte ich hinzu, »kann optimistisch sein. Clive hat Reserven und eine Entschlossenheit, die ungewöhnlich sind«. Das zumindest war richtig.

»[Er] wird noch einige Monate rund um die Uhr betreut werden müssen«, schrieb ich und überlegte, was geschähe, wenn er aus dem Krankenhaus entlassen wurde. Der BBC-Arzt meinte, er könne irgendwann einmal wieder arbeiten, und schlug vor, ich sollte mir sechs Wochen Urlaub nehmen, um ihn fürs Erste zu versorgen. Auch die Behörden verstanden das Ganze falsch. Sie boten uns für zwei, drei Monate drei bis vier Stunden pro Tag eine Hilfe für zu Hause an. Ich fragte mich, was passieren würde, wenn die Zeit um wäre, wie viel besser es ihm dann wirklich ginge. Trotz kommunaler Hilfe blieben mir aber immer noch etwa dreißig Stunden pro Woche, in denen ich eine Pflegekraft für Clive bezahlen müsste. Darum kam ich nicht herum, selbst wenn ich mich die gesamte Zeit, die ich nicht bei der Arbeit war, um Clive kümmerte. Ich dachte, das könnte ich möglicherweise ein paar Monate lang durchhalten – solange er nachts durchschlief, was er noch nicht tat –, und außerdem würde er selbständiger werden, wenn es ihm besser ginge. Die Möglichkeit, dass es ihm nicht bedeutend besser als im Augenblick gehen könnte, war zu schrecklich, um sie in Betracht zu ziehen, selbst für die Mediziner. Besser, man plante für die Genesung.

Es gab leichte Fortschritte. Das Weinen ließ nach, und Clive redete weniger Unsinn, mehr vollständige Sätze. Er begann, sich besser verständlich zu machen, sich an Bezeichnungen für Dinge zu erinnern. Aber immer noch schien niemand zu wissen, was man mit ihm machen sollte. Da man hier selber nicht weiterwusste, überwies das Krankenhaus Clive mit Freuden an alle Neuropsychologen, mit denen ich Kontakt aufgenommen hatte und die ein Interesse gezeigt hatten, sich ihn anzusehen. Ich brachte ihn zu jedem wichtigen psychologischen Institut in London und hoffte jedes Mal, das nächste würde eine Antwort auf Clives Lage wissen. Aber alle diese Besuche schienen nie viel zu erbringen. Die Fachärzte schossen Fragen auf Clive ab, von denen er die meisten absolut nicht beantworten konnte. Und das war alles. Ihre Berichte wurden Clives behandelndem Arzt zugeschickt. In diesem Stadium nahm niemand viel Anteil an mir als der Ehefrau des Patienten. Ich konnte nur am Ende einer Sitzung die Mienen in ihren Gesichtern lesen – betreten, kleinlaut, nicht sehr hoffnungsvoll.

Als mich ein Psychologe endlich an einer dieser Testsitzungen teilnehmen ließ, kam ich dahinter, dass die Materialien zur Überprüfung von Hirngeschädigten für Leute mit viel größeren kognitiven Fähigkeiten entwickelt worden waren. Clive war nicht nur außerstande, richtige Antworten zu geben, er war außerstande, den Fragen zu folgen. Ihm wurde zum Beispiel eine Serie von Bildern und dann eine zweite Serie mit einigen Gemeinsamkeiten zur ersten gezeigt und dann die Frage gestellt, welches Bild er schon einmal gesehen habe. Clive wusste nicht, dass man ihm überhaupt schon irgendein anderes Bild gezeigt hatte. Nichts kam ihm bekannt vor. Er wusste nicht, wovon sie redeten. Er war total aus dem Lot.

Die Psychologen hätten ihre Tests wegschmeißen sollen, womit Clive manchmal drohte, und sich besser auf ihn persönlich einlassen sollen. Man musste ihn nicht besonders lange beobachten, bis er etwas tat oder sagte, was eine beredte Erklärung dafür abgab, was in ihm vorging. Eine Freundin hatte ihm eine Schachtel Pralinen mitgebracht. Ich kam an diesem Tag zu ihm und sah, dass Clive etwas in der einen Hand hielt, das er immer wieder mit der anderen zudeckte, als sei er ein Zauberer, der einen Trick übt, mit dem er etwas verschwinden lassen kann. Er hatte eine Praline in der Hand. Er fühlte das Stück Konfekt regungslos in seiner linken Hand, und dennoch zeigte sich jedes Mal, wenn er die Hand hob, sagte er, eine völlig neue Praline.

»Guck mal!«, sagte er. »Sie ist neu!« Er konnte den Blick nicht davon wenden.

»Es ist dieselbe Praline«, sagte ich sanft.

»Nein ... Guck doch! Sie hat sich verändert. Vorher hat sie nicht so ausgesehen ...« Er deckte die Praline alle paar Sekunden zu und wieder auf, hob sie in die Höhe und betrachtete sie.

»Sieh mal! Sie ist schon wieder anders! Wie machen sie das nur?«

Derart schnell verhüllte die Dunkelheit seinen Geist, dass seine Hand ihm immer eine Praline zeigte, die er noch nie gesehen hatte.

»Was um alles auf der Welt«, fragte er wie gebannt, »geht hier vor?«

Dasselbe geschah mit der Welt um ihn herum. Wenn er für einen Moment wegsah, verschwand alles, was er gesehen hatte, spurlos aus seinem Kopf. Er blickte auf die Stelle, wo er Spielkarten für eine Patience ausgelegt hatte, ohne sich an die Karten erinnern zu können, ohne Erinnerung an das Spiel. In seiner Linken der Rest eines Kartenspiels. Auf dem Bett fremde Karten. Wenn er für einen Moment wegsah, schien sich die Anordnung der Karten verändert zu haben. Der Vorhang wechselte die Farbe. Er fand einen Teil des Kartenspiels in seiner Hand, eine neue Anordnung der Karten auf seinem Bett, verändert, seit er das letzte Mal hingeschaut hatte. Die Tätigkeit des Kartenspielens könnte ihn vielleicht, hoffte er, aus dieser Krise befreien und ihm helfen, wieder zu Verstand zu kommen. Der Schwung von Austeilen und Aufdecken, Austeilen und Aufdecken trug ihn von einem Augenblick zum nächsten. 1,2,3, aufdecken, 1,2,3, aufdecken, die 10 auf den Buben, die Dame auf den König, die 2 auf die 3, mehr geht nicht. 1,2,3, aufdecken, 1,2,3, aufdecken,

1,2,3, aufdecken. Solange er immer weiterspielte und nicht anhielt, um nachzudenken, beruhigte ihn dieser Rhythmus, und die Zeit blieb im Fluss und verlieh ihm einen eigenen Schwung, eine winzige Plattform, die ihn vor dem Abgrund bewahrte.

Da es unmöglich schien, dass er irgendetwas im Gedächtnis behielt, war es, als wenn jeder wache Moment der erste wache Moment war. Clive unterlag dem beständigen Eindruck, dass er gerade eben aus einer Bewusstlosigkeit erwacht sei, weil er in seinem eigenen Inneren keinen Beweis fand, dass er zuvor schon einmal wach gewesen war. Er war aufmerksam, aber verwirrt, erkannte seine Umgebung nicht wieder, wusste nichts von allem, was passiert war und hatte von keiner Zeit vor der gegenwärtigen Kenntnis. Wie jeder, der aus einer Bewusstlosigkeit erwacht, war Clive erpicht darauf zu erfahren, wie lange er in diesem Zustand gewesen war. Und weil keine Antwort haften blieb, stellte er dieselbe Reihe von Fragen immer und immer wieder. Er hatte das ständige Bedürfnis nach Bestätigung, ein Bedürfnis, das nie zu stillen war.

»Wie lange bin ich schon krank?«, fragte er jedes Mal nachdrücklich, sobald er die Erschütterung überwunden hatte, mich ins Zimmer eintreten zu sehen. Ich antwortete, doch kaum hatte die Antwort meinen Mund verlassen, da fragte er schon wieder. Ganz gleich, wie oft ich oder er die Antwort auf seine dringendste Frage wiederholte, sie fand dennoch nicht in sein Inneres Eingang. Er konnte einfach nichts behalten.

»Wie lange bin ich schon krank?«

»Neun Wochen.«

»Neun Wochen …?« Er sagte das immer voller Verachtung, als wollte er sagen, ja, ist denn das die Möglichkeit?

»Ich habe nichts gehört, nichts gesehen, nichts berührt, nichts gerochen. Es ist, als wäre man tot. Wie ist es, wenn man tot ist? Antwort: Niemand weiß es. Wie lange geht das jetzt schon?«

»Neun Wochen.«

»Neun Wochen …?« Er schüttelte den Kopf. »Ich habe nichts gehört, nichts gesehen, nichts berührt, nichts gerochen. Was denkst du, wie es ist, tot zu sein?«

»Ich weiß nicht, Liebling.«

»Nein, niemand weiß es. Ich habe nichts gehört, nichts gesehen, nichts berührt, nichts gerochen. Es ist wie eine einzige lange Nacht, und die dauert jetzt schon … wie lange?«

»Neun Wochen.«

»Neun Wochen … Eine einzige lange Nacht, die wie lange dauert?«

»Neun Wochen.«

»Neun Wochen … Ich habe nichts gehört, nichts gesehen, nichts berührt, nichts gerochen. Es ist einfach so, als wäre man tot. Wie ist es, wenn man tot ist? Antwort: Niemand weiß es. Ich habe nichts gehört, nichts gesehen, nichts gefühlt, nichts gerochen, nichts berührt … Es war wie eine einzige lange Nacht, und die dauert jetzt schon … wie lange?«

An einem Wochenende, an dem er zu Hause war, beschäftigte ihn, wie er das Zimmer fortwährend verändert wahrnahm. Dabei wurde er von einem quälenden Rülpsen geplagt. Es wurde immer schlimmer, bis er schließlich heftig schwitzend zu Boden fiel. Seine Lippen wurden blau, sein Gesicht dunkelrot. Ich rief einen Krankenwagen. Clive hatte sich wieder erholt und schlief, als die Sanitäter eintrafen, aber sie brachten ihn zurück ins Krankenhaus. Ein EEG bestätigte, dass diese Anfälle epileptischer Natur waren.

Je mehr ich über die Neuropsychologie las, desto klarer wurde mir, dass Clive ein Extremfall war. Ich hatte mehr und mehr drängende Fragen. Manchmal ließen die Neuropsychologen mich bei ihren Tests dabei sein.

»Erinnern Sie sich, wie Sie heute Morgen hierher gekommen sind?«, wurde Clive von einem gefragt.

»Nein«, sagte er.

»Wissen Sie, ob Sie mit dem Bus, mit der Bahn oder mit dem Auto hergekommen sind?«

»Ich kann mich nicht erinnern, wie ich in dieses Zimmer gekommen bin!«, sagte Clive ein wenig entnervt.

»Er erinnert sich nicht daran«, bestätigte ich. »Er weiß nicht, auf welcher Etage wir sind.«

»Wissen Sie, ob sie mit der Rolltreppe oder dem Fahrstuhl heraufgekommen sind?«, fragte die Psychologin.

»Ich kann mich nicht erinnern, mich hier hingesetzt zu haben«, sagte er. »Ich weiß nicht, wie lange ich schon hier bin.«

Ich versuchte, ihm weiterzuhelfen, während ich seine Hand mit beiden Händen umfasste.

»Weißt du, in welchem Krankenhaus wir sind?«, sagte ich.

Clive wurde ärgerlicher. »Ich habe nicht die geringste Ahnung! Sind wir in einem Krankenhaus? Bis jetzt habe ich noch nichts gesehen. Ich habe die Augen erst vor ein paar Sekunden geöffnet.«

»Wir sind im Krankenhaus in London«, sagte die Psychologin, um ihn zu beruhigen.

»Tja, Sie sind die erste Person, die ich sehe, und meine Frau hier ist die zweite.«

Während Clive von ihr zu mir blickte, vergaß er ihr Bild.

»Nein, sie ist jetzt die erste Person. Sie sind die zweite«, sagte er, als er sie wieder ansah.

Wir saßen vor einem Spiegel. Clive stand auf, machte ein paar Schritte auf ihn zu, kämmte sich das Haar, trat zurück und setzte sich wieder, alles im Zeitraum von etwa fünfzehn Sekunden. Genau vier oder fünf Sekunden, nachdem er sich gesetzt hatte, fragte ich ihn: »Was hast du eben gemacht?«

»Keine Ahnung«, sagte er.

»Als du aufgestanden bist?«

»Bin ich aufgestanden? Davon weiß ich nichts.«

Der Test mochte vielleicht eine Weile weitergehen, aber für Clive war jede Frage die erste Frage. Andererseits wichen die Gefühle, die sie erregten, nicht augenblicklich, und so steigerten sich Zorn und Frustration. Er fühlte sich gedemütigt, schämte sich, weil er so gar nichts wusste außer der Tatsache, dass er gerade aufgewacht war. Wenn mir klar wurde, dass er kurz vor dem Explodieren war, schlug ich eine Pause vor, und nach einem Moment im Korridor und einer Tasse Kaffee war die Schiefertafel wieder sauber gewischt. Die Psychologin empfahl sodann weiterzumachen.

»Sind Sie bereit zurückzukommen, Mr. Wearing?«

»Zurück? Ich habe Sie noch nie gesehen«, sagte er dann jedes Mal.

Ich machte darauf die beiden formell miteinander bekannt, um die Sache wieder ins Rollen zu bringen. Selbst Psychologen finden es schwierig, immer wieder jemandem vorgestellt zu werden, der ihnen auf ewig zum ersten Mal begegnet.

Im Test namens »Berühmte Gesichter« sah Clive auf die Wand projizierte Dias, die sehr bekannte Leute zeigten. Er konnte nicht einen von ihnen mit Namen nennen, auch wenn ihm einige bekannt vorkamen. Er erkannte Winston Churchill und konnte »Churchill« sagen, wenn ihm jemand »Winston« soufflierte. Er betrachtete ein Bild mit der Königin und dem Herzog von Edinburgh, beide in bürgerlicher Kleidung, und meinte, sie wären Sänger aus London. Er sagte, von John Lennon oder John F. Kennedy habe er noch nie etwas gehört. Es gab eine ganze Menge Gesichter, die auch ich nicht erkannte.

Einige Male geriet Clive in einen absolut verwirrten, manischen Zustand, der im Krankenhaus psychotisch genannt wurde. Gelegentlich war er sich sogar nicht mal mehr sicher, wer ich war, da sein Leben sich auf sich selbst verkürzte und er jede Perspektive verlor. Es war ein Wunder, dass er, da er mit so einem winzigen Fenster mit Blick auf sein eigenes Leben existierte, nicht noch verrückter wurde.

Eines Nachts, als Clive über das Wochenende zu Hause war, erwachte ich von einem merkwürdigen Geräusch. Ich knipste das Licht an und sah, dass er, vollkommen angekleidet, in den Schrank zu gehen versuchte. Im Licht schrak er zusammen.

»Oh, ich dachte, das wäre die Tür!«, sagte er.

»Was ist los, Schatz?«

Clive steuerte auf die Tür zu, um das Zimmer zu verlassen.

»Ich muss nach Hause«, sagte er.

»Du bist zu Hause, Liebling!«

Er ging hinaus zur Wohnungstür. Ich sprang aus dem Bett.

»Sie ist abgeschlossen«, flüsterte ich, um Anthony nicht zu wecken. »Komm wieder ins Bett, Schatz, du bist zu Hause. Dies hier ist dein Zuhause.«

Clive fummelte weiter an dem Schloss herum, aber ich hatte den Sicherheitsriegel vorgelegt und den Schlüssel versteckt. Anthony tauchte aus dem Vorderzimmer auf. Clive bekam einen Schreck.

»Hallo, Dad!«

»Mach dich nicht lächerlich«, sagte Clive. »Du bist nicht mein Sohn!«

»'türlich ist er dein Sohn, Liebling. Es ist Anthony – erkennst du ihn nicht?«

»Meine Kinder sind ganz klein, sie sind winzig. Ich muss zu ihnen nach Hause.«

»Erkennst du mich denn gar nicht, Clive?«, fragte Anthony.

»Natürlich«, sagte Clive.

»Wer bin ich?«

»Benutz deinen Kopf«, sagte Clive, der wütend wurde. »Hört jetzt auf herumzualbern, und lasst mich raus! Ich muss nach Hause zu meiner Frau und den Kindern.«

»Das da ist deine Frau, Dad. Und ich bin dein Sohn.«

Jetzt brüllte Clive.

»Aufhören!! Aufhören!!« Er kämpfte mit der Türklinke.

»Liebling!« Ich legte ihm den Arm um die Schultern. »Komm wieder ins Bett, Schatz. Es ist mitten in der Nacht!«

»Ich muss heim zu meiner Familie!«

»Ich bin deine Frau, Schatz! Erkennst du mich denn nicht?«, fragte ich.

»Du bist meine Freundin!«

»Anthony«, sagte ich, »setz den Wasserkessel auf. Hör mal, Ant kann uns was hübsch Warmes zu trinken machen. Bitte, Liebling, komm einfach, und setz dich einen Augenblick hin.«

»Lasst mich raus«, brüllte er plötzlich und stürzte davon. Und dann rüttelte er an der Wohnungstür, als wollte er sie zertrümmern. Ich hoffte, die Nachbarn bekämen keine Angst. Aber er gab nicht auf, schrie, trat gegen die Tür und versuchte, sie durch Rütteln zu öffnen. Ich überlegte, ob er versuchen würde, die Glasscheibe mit der Faust zu zertrümmern. Er rannte im Korridor hin und her, um nach einem anderen Ausgang zu suchen. Ich war erschöpft, unendlich müde, aber Clive schien übermenschliche Kräfte, endlose Ausdauer und einen eisernen Willen zu besitzen. Er war überzeugt, er habe eine Frau und kleine Kinder, die irgendwo auf der anderen Seite der Stadt auf ihn warteten. Als wir ihn nach der Adresse fragten, zu der er wollte, konnte er sie uns nicht nennen. Als wir ihn nach der Adresse fragten, wo er gerade war, hatte er keine Ahnung. Wir fragten ihn, wie er dorthin gelangen wolle, wenn er nicht wisse, wohin. Er würde es schon schaffen, behauptete er, wir müssten ihn nur hinauslassen. Es war, als wäre er in eine Zeit vor zwanzig Jahren zurückversetzt. Er konnte sich keinen Reim auf unsere vertrauten Gesichter machen.

»Ich *bin* deine Frau, Liebling«, sagte ich zum zigsten Mal.

»Mach dich nicht lächerlich«, sagte Clive.

»Ich *liebe* dich!!«

»Lass mich raus!«

»Aber mich kennst du doch, oder?«, fragte Anthony.

»Du bist mein Bruder!«, sagte Clive. Anthony war jetzt etwa so alt wie Clive damals, als Anthony geboren wurde. Wenn Clive meinte, er lebte wieder Mitte der sechziger Jahre, dann musste der ihm bekannte junge Mann vor ihm sein Bruder sein. Es gab keine andere Erklärung, die Clives Gehirn bewältigen konnte.

Während Clives Verwirrung sich weiter abschwächte und ihm gestattete, die eigenen Wahrnehmungen von der Welt um ihn her zu verstehen und zu verarbeiten, wurden bestimmte Dinge klar.

Seine Fähigkeit zu verstehen, was er sah und hörte, war nicht beeinträchtigt. Aber offenbar konnte er keinen Eindruck länger als einen Wimpernschlag lang behalten. So war es buchstäblich: Wenn sich seine Lider senkten und wieder öffneten, zeigte sich ihm eine völlig neue Szene. Der Anblick vor dem Blinzeln war vollkommen vergessen. Jeder Wimpernschlag, jedes Weg- und wieder Zurücksehen bescherte ihm einen völlig neuen Anblick. Clive war nicht imstande, irgendetwas auch nur eine Sekunde in Erinnerung zu behalten. Er hatte eine derart totale Amnesie, dass sie alles im selben Augenblick auslöschte. Clive lebte wie in einem Taumel. Er konnte nicht den Raum erfassen, in dem er sich befand. Er sah mich, kannte mich, liebte mich, erkannte mich wieder, aber konnte nicht begreifen, warum ich ständig anders aussah.

»Du hast eben gerade nicht Blau getragen!«

»Was habe ich denn getragen?«

»Ich weiß nicht, aber es war nicht blau.«

Wie konnte ein Raum sich innerhalb eines Augenblicks verwandeln? Er blickte auf etwas, wandte sich dann mir zu und wieder zurück und zeigte nach Luft schnappend auf die veränderte Umgebung. Der einzige Segen war, dass diese Erfahrung für jemanden wie ihn, der kein Gedächtnis hatte, immer nur momentan war. Er registrierte nicht, dass es sich wiederholte oder gar dass es ständig auftrat.

Ich versuchte, mir vorzustellen, wie das für ihn war. Etwas, das einem Film mit schlampigem Drehbuch ähnelte: das Glas halb leer, dann voll, die Zigarette plötzlich länger, die Haare des Darstellers einmal zerzaust, einmal glatt. Doch dies hier war das wirkliche Leben, in dem ein Zimmer sich veränderte, wie es physikalisch unmöglich war. Es muss ausgesehen haben, als ginge es mit der Welt zu Ende, als breche alles zusammen.

Eines Samstagnachmittags war ich am Bügeln, während Clive mit verkniffenen Lippen ständig hin und her tigerte. Die kurze Bandschleife mit der Frage, wie lange er schon krank sei, lief unablässig im Kreis. Nach vierundzwanzig Stunden Fragen überlegte ich, wie ich die nächste halbe Stunde überstehen würde. Ich dachte, das ganze Wochenende könnten wir es nicht aushalten, doch während ich vom ständigen Ansturm der Amnesie befreit wäre, wenn ich Clive am Abend des folgenden Tages im St. Mary's ablieferte, gab es für ihn kein Entrinnen. Er wurde von seinem eigenen Hirn gefangen gehalten. Ich hatte das Fernsehen eingeschaltet in der Hoffnung, es könnte seine Fragerei aufhalten oder verlangsamen und das Geräusch wirke dämpfend. Vielleicht würde er sehen, dass ich zuschaute, und versuchen, mich nicht zu stören. Aber sein Verlangen nach Antworten war zu dringlich, um sich für länger als nur kurze Unterbrechungen abwimmeln zu lassen, und die Tatsache, dass der Fernseher lief, konnte ihn noch ärgerlicher machen. Es war eine hauchdünne Linie. Ich wusste, er konnte jeden Moment durchdrehen.

Clive blieb plötzlich stehen, blickte zum Bücherschrank hinauf und schüttelte den Kopf.

»Wie machen sie da?«, fragte er.

»Was denn, Liebling?«

»Wie schaffen sie es, das ganze System derart zu verändern?«

»Keine Sorge, Schatz …«

»Aber sieh doch mal, alles ist anders. Wie machen sie das? Einen Augenblick zuvor war es nicht so.«

»Wie war es denn?«

»Ich weiß nicht, aber nicht so. Es verändert sich andauernd. Alles ist neu.«

Es war klar, dass Clive zwar alles wahrnahm, dass aber nichts in ihn eindrang, kein Eindruck haften blieb. Jedes Mal, wenn er blinzelte und wieder auf den Bücherschrank sah, erblickte er ihn zum ersten Mal. Seine ganze Welt schien sich zu verändern, im ständigen Fluss zu sein.

»Ich verstehe es nicht!«

»Beruhige dich, Liebling. Es ist nur deine Krankheit.«

Ich wusste, dass keine Erklärung haften bleiben würde, dennoch hatte ich die Hoffnung, dass es, wenn ich etwas immer wieder wiederholte, eine Chance gäbe, dass er eines Tages in der Lage wäre, es aufzunehmen.

»Guck doch! Siehst du? Es ist anders!«, sagte er und zeigte auf das Sofa. »Da!« Er blickte wieder auf den Bücherschrank. »Sieh doch, so war er vorher nicht. Es ist nicht zu glauben! Ich verstehe es nicht. Was ist hier los?«

»Mein Schatz …« Ich stellte das Bügeleisen hin. »Es ist nur so, dass dein Gedächtnis dir Streiche spielt.«

»Es ist nicht mein Gedächtnis, ich war nicht bei Bewusstsein. Ich weiß überhaupt nichts darüber.«

»Jetzt bist du bei Bewusstsein …«

»Ich bin erst vor ein paar Sekunden aufgewacht. Ich habe bis jetzt nichts mitbekommen. Und das ist was anderes! Was geht hier vor? Wie steuern sie das?«

Ich hatte wieder zu dem Bügeleisen gegriffen und wollte mich wieder dem Stapel Wäsche zuwenden in der Hoffnung, das würde ein Gefühl von Normalität wiederherstellen, aber Clive konnte das augenscheinliche Desinteresse nicht ertragen.

»NEIN! Lass das doch!« Er riss mir das Bügeleisen aus der Hand und kippte das Bügelbrett um. Das Eisen flog knapp an unseren Füßen vorbei.

»ERZÄHL MIR EINFACH, WAS ZUM TEUFEL HIER VOR SICH GEHT!!!« Er war inzwischen verzweifelt wie jemand, der um sein Leben kämpft, und packte mich an den Schultern. Wir lagen beide fast am Boden. Ich war besorgt, dass das Eisen den Teppich verbrannte. Ich streckte die Hand danach aus und spürte die Hitze in der Nähe.

»Vergiss das. Hör zu, ich sage dir, alles hat sich verändert … Ich bin AM LEBEN!!!«

»Liebst du mich?« Das Bügeleisen stand noch immer flach auf dem Teppich.

»Natürlich liebe ich dich …« Ihm versagte die Stimme; er war zerknirscht, entwaffnet. Ich küsste ihn auf die Schulter, weil sie sich in der Nähe meines Mundes befand.

»Du bist mein, und ich bin dein«, sagte ich.

»O wunderbar …«

»Liebling, soll ich dir eine Tasse Kaffee machen?«

»Ja, eine Tasse Kaffee, das wäre herrlich. Sie könnte mich wach machen!«

Ich rutschte ein Stück zur Seite, um das Bügeleisen in Sicherheit zu bringen, und stand auf. Er erhob sich zusammen mit mir.

»Nein, geh nicht!«, sagte er.

»Dann komm mit in die Küche.« Untergehakt machten wir uns dreibeinig auf den Weg. Das brachte ihn zum Lachen. Gut, das berühmte Wearing-Gekicher.

»Wir sind eins«, sagte er.

Während ich den Kaffee machte, schlenderte Clive zurück ins Wohnzimmer. Ich hörte *The Generation Game* im Fernsehen. Plötzlich sah ich sein Spiegelbild im Küchenfenster, wie er durch die Tür lugte, um zu sehen, wer in dem Raum war.

»Ich bin's, Schatz!«, sagte ich. Er stieß einen erstaunten Laut aus, lief auf mich zu und schloss mich fest in die Arme.

»Das *dachte* ich mir! Komm, und sieh mal!«

»Ich mache dir gerade einen Kaffee …«

»Ach, lass das jetzt. Du musst kommen und dir das ansehen!« Er griff nach meiner Hand, zog mich aus der Küche und hastete durch den Korridor zum Wohnzimmer, wo noch immer der Fernseher lief. Auf einem Förderband zog eine Reihe von Gegenständen an dem Kandidaten vorbei.

Clive blickte sich verwirrt um.

»Möchtest du dich setzen, Schatz?«, fragte ich ihn.

»Nein«, sagte er. Er wirkte erschöpft. »Ich weiß nicht«, sagte er. »Ich glaube, wir sind im falschen Zimmer.«

Wir standen mittendrin, Hand in Hand, verloren in unserem eigenen Wohnzimmer.

Während Clive immer mehr außer Kontrolle geriet, hatte ich immer weniger eine Ahnung, wo uns das hinführen würde. Der Hirnschaden hatte Clive überempfindlich gegen Geräusche gemacht, und weil man sein Bett am weitesten entfernt von den

Türen aufgestellt hatte, um ihn am Herumirren zu hindern, lag er jetzt genau gegenüber von der Stationsküche, in der das Hilfspersonal einen Großteil der Zeit damit zu verbringen schien, Metallgegenstände gegeneinander zu schlagen. Der Lärm machte Clive rasend. Wenn sie damit anfingen, begann er zu toben und wütend aus der Station zu stürzen oder jeden anzuschreien, der mit ihm redete. Nichts wurde geändert, weder der Lärm beim Abwaschen noch der Standort von Clives Bett.

Eine Freundin war es, die erkannte, wie gefährlich sich die Dinge während seiner Besuche zu Hause zuspitzen konnten. Als sie eines Sonntagnachmittags bei uns war, geriet er außer sich darüber, dass sich seine Umgebung ständig veränderte.

»Warum machen sie das mit mir?«, schrie er, kreidebleich vor Angst und Wut. »Ich habe noch keinen Arzt zu Gesicht bekommen! Ich bin wach. Ich habe nichts gesehen, nichts gerochen, nichts berührt… Es ist, als wäre man tot!! Wer hat das getan? Wer hat das mit mir gemacht?« Der Schmerz, so lebendig zu sein, so klar all die riesigen Lücken in seinem Wissen wahrzunehmen, war für ihn schier unerträglich, der Anblick für jeden in seiner Nähe zu viel.

Unsere Freundin und ich unterhielten uns gerade. Clive, außerstande, einer Unterhaltung zu folgen, verschwand im Schlafzimmer. Ich ging ihm nach, weil ich nicht wollte, dass er sich ausgeschlossen fühlte, und ich die Unterhaltung bedauerte. Er schnappte sich von einem Stapel Noten, die auf der Frisierkommode lagen, eine Partitur von Strawinskys *Rake's Progress* und setzte sich damit ans Cembalo. Clives musikalische Fähigkeiten waren intakt, nur seine Urteilsfähigkeit hatte Schaden gelitten. Diese vielschichtige Orchesterpartitur war nicht dafür gedacht, auf einem kleinen häuslichen Cembalo gespielt zu werden, und Clives Versuch, die vielen Notensysteme zusammen und in raschem Tempo zu spielen, war zum Scheitern verurteilt. Nachdem er einige Takte beherzt vom Blatt gespielt hatte, stand er auf und schleuderte die Noten quer durchs Zimmer.

»Wer hat das mit mir gemacht? Worauf sind sie aus? Jemand versucht, mich zum Schweigen zu bringen! Was geht hier vor??«

Ich versuchte, ihn zu beruhigen: »Liebling, es ist alles in Ordnung, es ist alles in Ordnung«, aber das machte ihn nur noch wütender, und er rannte schreiend auf mich los: »NEIN, DAS IST ES NICHT, ES IST NICHT ALLES IN ORDNUNG!!!« Ich erinnere mich nicht, wie es passierte, dass er mich zu Boden schlug, aber ich erinnere mich, dass ich am Boden lag, dass er mir ins Gesicht schrie und seine Hände meine Handgelenke so fest zusammendrückten, dass ich fürchtete, blaue Flecken zu bekommen. Ich sah unsere Freundin sichtlich geschockt in der Tür stehen.

»Clive!«, sagte sie. »Ich mache eine Tasse Tee. Bring Deborah in die Küche, damit sie sich hinsetzen kann.«

»Wir kommen gleich«, sagte ich zu ihr mit normaler Stimme vom Fußboden her, während Clive mir noch immer mit irrem Blick ins Gesicht schrie.

»Warum machen sie das mit mir?«, kreischte er. »Warum machen sie das?«

Unsere Freundin fuhr uns zurück ins Krankenhaus und berichtete der Oberschwester, was sie gesehen hatte. Von der Oberschwester erfuhren wir, dass Clive in letzter Zeit gegen das Stationspersonal gewalttätig geworden war. Sie hatten angenommen, gegen mich würde er es nicht werden. Kurze Zeit nach diesem Vorfall sagten mir die Ärzte, ich sollte ihn über die Wochenenden nicht mehr nach Hause holen. Sie berieten mit der psychiatrischen Abteilung über geeignetere Medikamente.

Mit der Sozialarbeiterin des Krankenhauses traf ich mich regelmäßig. Als meine Stiefkinder irgendwann einmal in den ersten Monaten von Clives Erkrankung vorschlugen, ich sollte mit ihr Kontakt aufnehmen, verstand ich nicht, welchen Nutzen sie uns bringen sollte. Sie stellte sich als eine unglaublich nette, mütterliche Frau namens Shirley heraus. Sie hatte eine vollklingende

Stimme wie Fenella Fielding und machte mir immer eine Tasse Tee mit Zucker zur Stärkung. Auf der Station bekam ich keinen Tee, bis auf einmal, als ich weinte. Sie ermutigte mich, über alles und jedes zu reden. Einmal besprachen wir, wohin Clive zu einer weiteren Behandlung gebracht werden könnte, und tauschten uns über die neuesten Erkenntnisse und Empfehlungen der Spezialisten aus. Shirley fragte mich stets, wie es mir ging. Sie schien es wirklich wissen zu wollen, und ich hatte das Gefühl, ich könnte es ihr sagen. Diese Treffen waren mein Sicherheitsventil. Ich hatte das Gefühl, ich könne mich ihr auf eine Weise öffnen, wie ich es bei Freunden oder der Familie nicht gern tat. Und Shirley gab mir Rückendeckung. Nie vermittelte sie mir das Gefühl, ich nähme zu viel von ihrer Zeit in Anspruch. Das medizinische Personal stand immer unter Zeitdruck. Shirley hatte ein ausgesprochenes Interesse an den neuesten Forschungen über Hirnschäden, sie schätzte meine Meinung und gab mir das Gefühl, ich gehörte zum Team. Sie ließ mich weinen. Ich erzählte ihr, dass ich mir Babys in Kinderwagen ansähe und mich mittlerweile fragte, ob ich selber welche bekäme. Einmal stellte ich Shirley verzweifelt die Frage, ob sie meine, es gäbe irgendeinen chirurgischen Eingriff, durch den man das Notwendige erhielte, damit ich Kinder von Clive bekommen könne. Shirley riet mir, jetzt nicht an diese Dinge zu denken, wo so viel anderes durchzustehen sei. Freundlich erinnerte sie mich an Realitäten, half mir, Wahrheiten ins Gesicht zu sehen. Sie bot mir einen Stuhl an, ließ mich reden und langsam süßen Tee trinken, und wenn ich weinte, machte sie noch mehr Tee mit extra viel Zucker. Nie forderte sie mich auf zu gehen. Sie hatte einen Aktionsplan. Wir machten Fortschritte. Shirley half mir, einen Weg durch diese ersten schrecklichen Monate zu finden.

Als Clive bei aller Verwirrung noch fröhlich war, hatte ich begonnen, mir ein Szenarium für unsere nahe Zukunft auszudenken. Die Woche über würde er ein Reha-Zentrum besuchen – wenn er sich erst einmal genügend erholt hatte und ein Zentrum ihn aufnahm. Ich würde für den Transport und einen entsprechend ausgebildeten Pfleger sorgen, der ihn dorthin und wieder zurück begleitete. Ich stellte mir vor, es gäbe bestimmt einen ehrenamtlichen Service, auf den man in Fällen wie diesem zurückgreifen könne. Die Stunden zwischen Clives Rückkehr von der Reha und meiner Rückkehr von der Arbeit würde ein Team von Pflegern ausfüllen – Psychologiestudenten, dachte ich, wären imstande, die Rehabilitation, die er erhielt, zu stärken und könnten ihre Fachkenntnisse anwenden. Diese Helfer könnten sich mit Clive in dessen eigener Sprache unterhalten, ohne ihn zu bevormunden, und wären so interessiert an seinem Fall, dass sie vor den Schwierigkeiten nicht zurückschrecken würden. Diese Regelung würde bedeuten, dass mein Leben nur aus Arbeit und Clives Betreuung bestünde, aber, dachte ich, das würde ja nicht lange dauern – nur bis es Clive besser ginge oder erheblich besser als jetzt, sobald dieses geheimnisvolle Wundermittel – die Rehabilitation – anschlüge. Ich war der Meinung, eine Zeit intensiver Reha bei irgendwelchen erstklassigen Psychologen würde der Sache bestimmt ein erheblich anderes Gesicht geben. Ich dachte, das Gehirn werde seinen »Schock« überwinden, neue Verbindungen würden wachsen und verlorene Funktionen sich wiederherstellen. Meine Kenntnisse in der Neuroanatomie und der Chemie und Psychologie des Gehirns waren noch immer rudimentär. Die vorsichtigen Prognosen der Ärzte gingen so weit auseinander, dass ich glauben konnte, was ich wollte. Der Gedanke, dass Clives Zustand sich nicht bessern könnte, war für mich unvorstellbar.

Anfangs hatte das Wolfson-Rehabilitationszentrum für Hirngeschädigte am Atkinson Morlay in Wimbledon Clive einen Platz in ihrem Tagesbetreuungsprogramm angeboten. Es gab eine Warteliste von einem Jahr, für die man hätte Stabhochspringer sein müssen, um sie zu überwinden, aber ich vertraute so stark auf den Druck, den ich notfalls über die Medien ausüben konnte, dass mir nie in den Sinn kam, dass es ein Problem geben könnte. Ich verbrachte meine Tage damit, Journalisten auf viel weniger interessante Geschichten als diese anzusetzen. Ein anderer Haken bei genauerer Prüfung war der Transport. Kein Behindertentransportdienst war bereit, jemanden von Maida Vale im Norden Londons nach Wimbledon im Londoner Südwesten zu fahren. Das war einfach zu weit. Das Rote Kreuz bot nur Sondertransporte, keine regelmäßigen Fahrten. Behindertendienste waren auf Menschen in Rollstühlen eingestellt. Nichts dergleichen schien es für Leute mit kognitiven oder Verhaltensproblemen zu geben. Selbst Beihilfen wurden am Anfang verweigert. Die Sachverständigen lehnten Clive den Zuschuss für Gehbehinderte ab, weil er gehen konnte. Dass seine Behinderung ihn dazu verleiten könnte, auf die Straße zu laufen, dass er (für sich und andere) eine Gefahr darstellte, schien in ihren Berechtigungskriterien nicht vorzukommen. Ich nahm die Dienste eines kostenlosen Anwaltsbüros in Anspruch, das auf Behinderte spezialisiert war, und auf dessen Beschwerde hin wurde Clive der Zuschuss für Gehbehinderte gewährt, weil er, obwohl formaljuristisch gehfähig, zu »zielstrebiger Bewegung« nicht imstande war. Ich überlegte, ob ich Clive selber zum Wolfson fahren und wieder abholen sollte, aber das hätte bedeutet, meinen Job aufzugeben oder für die Dauer seiner Reha Urlaub auszuhandeln, ohne die Garantie, dass er, wenn die Reha beendet wäre, nicht doch noch Pflege benötigen würde. Außerdem hätte ich jemanden gebraucht, der auf der Fahrt in beide Richtungen bei Clive saß, ein tüchtiges männliches Wesen, das ihn, falls nötig, unterwegs auf die Toilette führen konnte. Und ich war jetzt der Geldverdiener. Wie konnte ich da meine Arbeit aufgeben?

Wenn ich die Arbeit aufgäbe, würden wir die Wohnung verkaufen, in eine Sozialwohnung ziehen und von Beihilfen leben müssen. Wie würden wir in beengten Verhältnissen mit dünnen Wänden zurande kommen, wenn Clive die ganze Nacht tobte und schrie (was er in letzter Zeit getan hatte)? Das Wolfson konnte keine stationäre Reha bieten, aber vielleicht war es das, was Clive brauchte. Und vielleicht brauchte auch ich es, um ein

Wochenende mit ihm zu überstehen. Er musste einen Rehaplatz bekommen und irgendwie dorthin gebracht werden.

Ich muss damals eine Art Dampfwalzenmentalität gehabt haben, die alle Barrieren als unbedeutend abtat. Wenn Clive einen festen Platz in einem richtigen Rehabilitationszentrum bekäme, würde ich alle Hindernisse beiseite räumen, damit er ihn in Anspruch nehmen und sich der verordneten Behandlung unterziehen könnte.

Ich begann, mit Shirley auf die Entlassung hinzuarbeiten. Wir setzten sogar ein Datum fest, auf das sich alle verpflichteten: 24. Juni 1985. In mein Tagebuch schrieb ich für diesen Tag: »Clive kommt nach Hause.« Zwei Pfleger wurden beauftragt, nach der Entlassung sich abwechselnd um Clive zu kümmern. Sie würden ihm das Maximum an Zeit zuwenden, das erlaubt war, vier Stunden täglich, fünf Tage pro Woche, drei Monate lang.

Die beiden Pfleger, Linda und Patrick, begannen, Clive im Krankenhaus zu besuchen, damit er sich an sie »gewöhnte«, wobei man so gut wie außer Acht ließ, dass er außerstande war, sich an jemanden oder irgendetwas zu gewöhnen.

Es wurde Juni, und immer noch wurde so geredet, als stünde die Entlassung unmittelbar bevor, dass Clive zu Hause wohnen und schließlich in irgendeiner Funktion an die Arbeit zurückkehren würde. Ich denke, eigentlich glaubte ich es selbst nicht. Etwa Mitte Juni traf ich zufällig eine Freundin.

»Du bist lange nicht mehr ausgegangen«, sagte sie. »Lass uns doch mal irgendwann einen zusammen trinken.«

»Das wäre herrlich«, sagte ich, »aber es muss diese Woche passieren.«

»Warum?«, fragte sie.

»Weil dann Clive nach Hause kommt, und danach werde ich nicht mehr ausgehen können.«

»Oh«, sagte sie. »Für wie lange?«

Ich überlegte einen Moment. »Äh … für immer vielleicht.« Ich hatte es noch nie in Worte gefasst.

Die Entlassung wurde jedoch in letzter Minute verschoben. Clives aggressives Verhalten war eskaliert, und das Krankenhaus entschied, eine Entlassung sei nicht möglich.

Zwei Tage nach dem Termin, an dem wir gemeint hatten, Clive könne vielleicht nach Hause kommen, hatten wir eine Verabredung. Das Folgende ist Clives Bericht über diese zwei Tage. Die Bemerkungen in Klammern sind von ihm, und mit der fehlerhaften Rechtschreibung treibt er seinen Schabernack.

Dienstag, 25. Juni 1985
Debrhoa holte mich am Labend ab. Wir fuhren haim, und weil ich schon Abendrot hatte, aß ich nur etwas Suppe und ein bisschen Joghurt. Wir gingen zu Bedt, und (du) Clive weinte immerfort, weil ich dachte, ich wäre Deborah (lustig) lästig, aber ich irrte mich (ich gebe das nicht zu, aber meine Frau besteht darauf). Meine Frau sagt, ich wäre krank gewesen, und ich bin immer noch lieb und nickt lästig.

Mittwoch, 26. Juni 1985
Um 7.45 Uhr standen wir auf, gingen ins Bad, und dann aßen wir Müsli und Grapefruit. Deborah fuhr mich zu Andy, dem Friseur im Swiss Cottage, der mir die Haare schnitt und mich föhnte. Mir machte es Spaß, in dem Sessel rauf- und runterzufahren, und so pumpte er mich noch ein bisschen rauf und runter. Dann fuhren wir zum Wolfson-Rehabilitationszentrum und trafen zum zweiten Mal den Psychologen Mr. Tyerman. Wir kamen mehr als eine halbe Stunde zu spät, weil sich Deborah immerzu verfuhr und zweimal in Surbiton und New Malden landete. Mr. Tyerman meinte, ich (CW) sei sehr komisch. Aber er sagte, es wäre besser, wenn ich zuerst ein paar Monate eine »Therapie« im Middlesex Hospital machte und danach für etwa sechs Monate ins Wolfson käme. Er sagte, ich würde viel größeren Nutzen aus seiner Therapie ziehen, wenn es mir etwas besser ginge, um damit anzufangen. Er wird sich dann mit den Feinheiten befassen, meine Zwirn-

funktionen wieder in ihren Originalzustand zu versetzen, so dass ich an die Arbeit zurückkehren kann. Dann aßen wir zu Mittag, und Deborah brachte mich ins St. Marie's Hospital zurück.

Das Wolfson, das Clive einen Platz angeboten hatte, strich ihn von der Liste, als man ihn in seiner neuen aggressiven Phase sah. Wie die meisten Zentren für Hirngeschädigte nahmen sie keine Leute mit Verhaltensproblemen auf, die herumlaufen konnten. Mit Aggressionen konnten sie nur fertig werden, wenn der Patient an den Rollstuhl gefesselt war und höchstwahrscheinlich niemanden verletzen konnte. (Mit einem Mal erwies sich der Umstand, dass Clive stark, körperlich gesund und gehfähig war, als Manko und schloss ihn von den wenigen Rehabilitationseinrichtungen, die es gab, aus.)

Die beiden Pfleger setzten ihre Besuche noch eine Weile fort, weil wir noch immer auf eine Heimkehr hofften. Zusammen mit anderen Besuchern hinterließen sie Clive Mitteilungen in seinem Tagebuch.

Dienstag, 16. Juli 1985
Linda und Patrick waren heute Morgen zu Besuch. Wir sind Heimpflegehelfer, die Sie bei sich zu Hause besuchen werden, wenn Sie aus dem St. Mary's Hospital, Praed St., W2, entlassen werden.

Im Laufe der Zeit hatte ich immer stärker das Bedürfnis, etwas Konkretes für Clive zu tun. Er schien auf der Station schlichtweg dahinzusiechen.

Ich nahm mir frei, setzte mich zu Hause hin und nahm mit allen Hinweisen, die ich hatte, Kontakt auf mit den Experten, denen ich geschrieben hatte, mit Organisationen, die dazu da waren, Menschen nach einer Behinderung zu helfen, mit sozialen Diensten, Regierungsstellen. Unser Bett war ein Meer aus Papieren, wissenschaftlicher Literatur, Broschüren, Telefonverzeichnissen, Fragenkatalogen. Nach drei Tagen war mir klar, dass ich mitten in einem dichten, dunklen Wald steckte, ohne Landkarte oder einen Weg hinaus. Es gab einfach nichts, wohin ich mich wenden konnte.

TEIL ZWEI

Gefangene des Bewusstseins

6

Leben ohne Gedächtnis

August 1985

»Wie lange bin ich schon krank?«

»Vier Monate.«

»Vier Monate?!... Meinst du F-Ü-R oder V-I-E-R (ha-ha)?«

»V-I-E-R.«

»Tja, ich bin die ganze Zeit nicht bei Bewusstsein gewesen! Was meinst du, wie es ist, nicht bei Bewusstsein zu sein für ... wie lange?«

»Vier Monate.«

»... vier Monate! Für Monate?!... Meinst du F-Ü-R oder V-I-E-R?«

»V-I-E-R.«

»Ich habe nichts gehört, nichts gesehen, nichts gerochen, nichts gefühlt, nichts berührt. Wie lange?«

»Vier Monate.«

»... vier Monate! Es ist, als wäre man tot. Ich bin die ganze Zeit nicht bei Bewusstsein gewesen. Wie lange geht das jetzt schon?«

»Vier Monate.«

»VIER!! Meinst du F-Ü-R oder V-I-E-R?«

»V-I-E-R.«

»Ich habe die ganze Zeit keinen Arzt zu Gesicht gekriegt. Ich weiß nichts über diesen Fall. Ich habe erst vor etwa einer Minute die Augen aufgemacht.«

Nach nur einer Woche fragte ich mich, wie ich diese Witzelei länger ertragen sollte. Mir graute heimlich davor, dass ich mit

SEPTEMBER						
S	M	T	W	T	F	S
1	2	3	4	5	6	7
8	9	10	11	12	13	14
15	16	17	18	19	20	21
22	23	24	25	26	27	28
29	30					

25 Sunday

237 — 128

~~I WOKE AT 8.50am AND BOUGHT A COPY OF THE OBSERVER~~

I WOKE AT 9.00am | I Had already Bought a copy of the OBSERVER.

THIS (OFFICIALLY) CONFIRMS THAT I AWOKE AT 9.05 am THIS MORNING.

I woke again at 2.06pm. (This time properly) and 2.09pm
" " " " 2.10pm (" " ") " 2.11pm
" " " " 2.14pm. (" " finally) " 2.18pm
✓✓ " " " " 2.16pm. (" " ") " 2.26pm
" " " " 2.26pm. (" " ") " 2.27½pm
" " " " 2.29pm (" " completely.) " 2.35pm
3.15 ~~2.40pm~~ ~~2.55pm~~ ~~3.05~~ 3.09
5.00 I FINALLY AWOKE | 3.19 3.25 3.27 3.32 Conscious 3.37, 3.39 3.44½ 4.42

Bank & Public Holiday, England & Wales; Bank Holiday, N. Ireland

26 Monday

238 — 127

~~AT 9.40pm I awoke for the 1st Time, despite any previous claims.~~ NOT FULLY CONCIOUS!

I WAS FULLY CONCHASE AT 10-35pm, AND AWAKE FOR THE FIRST TIME FOR MANY, MANY WEEKS. PROPER CONCHASENESS AT 1.19am.

diesem Scherz auch noch würde leben müssen, wenn die Antwort auf seine ewige Frage nicht mehr vier Monate, sondern vier Jahre lautete. Ich versuchte, möglichst gar nicht daran zu denken oder mir erträglichere Szenarien auszumalen. Dieser Trick funktionierte nicht.

Nach zwei Wochen fand ich es legitim, zu »fast fünf Monate« überzugehen, um dem Witz die Pointe zu nehmen. Mehr konnte ich nicht tun, um den Dialog zu steuern, aber die Geduld aufzubringen, auf den Witz jedes Mal so zu reagieren, als hörte ich ihn das erste Mal – damit Clive nicht das Gefühl bekäme, ich ignorierte ihn –, ging manchmal über meine Kräfte.

Nach einem ganzen Tag mit Clive fand ich es schwerer und schwerer, mit seinen Fragen umzugehen und mich zur richtigen Antwort zu zwingen. Wenn wir im Auto saßen, hatte ich auf den Verkehr zu achten oder ich brachte die Antwort einfach nicht mehr heraus. Das war hart für ihn.

»Wie lange schon???«

»Warte einen Moment, ich fahre doch gerade, lass mich nachdenken.«

Clive entschuldigte sich dann jedes Mal und blickte zerknirscht hinunter auf seine Hände. Aber im Nu hatte er vergessen, dass ich ihn gebeten hatte, still zu sein, und es ging von neuem los.

»Liebling, ich bin gerade eben aufgewacht! Ich sehe dich! Ich sehe alles ganz normal! Wie lange war ich nicht bei Bewusstsein?«

Clive war ständig an einem fremden Ort von fremden Menschen umgeben, ohne dass er wusste, wo er sich befand oder was mit ihm geschehen war. Mich zu erblicken war jedes Mal eine gewaltige Erleichterung – zu wissen, dass er nicht allein war, dass ich mich noch um ihn kümmerte, dass ich ihn liebte, dass ich da war. Clive war ständig schrecklich verängstigt. Aber ich war sein Leben, ich war seine Rettungsleine. Jedes Mal, wenn er mich sah, lief er auf mich zu, fiel über mich her und umklammerte mich schluchzend. Es war ein stürmisches Wiedersehen. »Ich dachte, ich wäre tot«, sagte er dann, »als hätte ich überhaupt keine Gedanken.«

Wenn ich von Clives Seite wich, war die Wirkung meines Wiedererscheinens nach einem Gang aufs Klo, einem Wort mit einer Krankenschwester nicht weniger heftig als bei meinem ersten Erscheinen an diesem Tag. Wenn er mich in der Tür auftauchen sah, war er wie vom Donner gerührt, warf die Arme in die Luft, umklammerte mich und weinte vor Erleichterung. Dann erzählte er mir, jetzt sei alles okay, er sei am Leben, wach, und alles sei jetzt normal. Meistens weinte er und umklammerte mich, immer und immer wieder. Clive lebte in einem tiefen Abgrund, und dann erschien plötzlich wie aus dem Nichts, ohne jede Warnung ich, seine Frau, oben an dessen Rand, unmittelbar bei ihm in dem Zimmer. Manchmal schoss sein rechter Arm in die Luft, und er sang einen hohen Ton, eine kleine Kadenz, dann hob er mich hoch, schwenkte mich herum und lachte, hielt dann inne, hielt mich im Arm und sah mich an, musterte mein Gesicht, lachend, prüfend, um zu sehen, ob ich begriffen hatte, dass er jetzt wach war, am Leben, und mich wirklich sah.

»Ich kann dich sehen!!!!«, verkündete er dann triumphierend. »Ich sehe jetzt alles ganz deutlich!!!«

Es war schwer, zum zigsten Mal bei einem einzigen Besuch ein aufgeregtes und erfreutes Gesicht zu machen, aber in ihn verliebt zu sein, half mir dabei. Ich freute mich immer, ihn zu sehen, ihn im Arm zu halten und zu küssen. Nie fehlte jenes Kribbeln im Bauch. Bevor er krank wurde, redeten wir sofort drauflos, wenn wir zusammen waren. In der Küche, wenn er über die Arbeit gebeugt war, bei Mahlzeiten klebten wir grundsätzlich aneinander. Wenn wir uns am Ende eines Tages oder auf der Straße oder bei einer Probe trafen, eilten wir immer voller Leidenschaft und Zuneigung aufeinander zu.

Es war sicher schmerzlich, Clive so betrübt und verzweifelt zu sehen, doch ihn nach einem Gang auf die Toilette für einige Minuten im Arm zu halten, stand völlig im Einklang mit unserer Beziehung.

Trotz seiner schweren Amnesie blieb Clive seine Grundintelligenz erhalten. Wir hatten unseren Clive nicht verloren. Oft war er bei klarem Verstand, und seine Wahrnehmung war ungetrübt. Von gelegentlichen kurzen Zwischenfällen abgesehen, in denen er voller Wut und Enttäuschung war, war er ganz normal. Das machte seine Lage natürlich umso erschreckender. Als wir uns ein Bild davon zu machen begannen, was er behalten und was verloren hatte, bestätigte der Psychologe, dass er von seiner Gedächtnisfunktion mehr eingebüßt hatte, als es irgendjemand je für möglich gehalten hätte. Er klammerte sich an Mikrosekunden, die verrannen, ohne die geringste Spur zu hinterlassen. Die Tests, die die Psychologen zunächst vorgenommen hatten, waren nicht dafür geeignet, einen Gedächtnisverlust in solchem Ausmaß zu erfassen, deshalb mischte ich mich manchmal ein und stellte Fragen, die ihn klarer zutage treten ließen.

Es ist vielleicht niemandem möglich, sich eine solche Sekundenbruchteilerfahrung vorzustellen und einen intelligenten Menschen, der in ihr gefangen sitzt. Sein Jetzt wurde augenblicklich ausgelöscht, seine Vergangenheit war leer, und er hatte nur die nebelhafteste Vorstellung von seiner Autobiografie.

Clive besaß keine temporäre Erinnerung mehr, das heißt keine Erinnerung an Geschehnisse. Wenn man ihn nach seinem Leben vor der Krankheit fragte, wurde das Ausmaß seiner Amnesie bereits klar, allerdings wussten wir ohne ein klares Bild seiner Gehirnschädigung nicht, wie weit er, wenn überhaupt, genesen konnte. Clive hatte die Teile des Gehirns eingebüßt, die dafür nötig waren, sich an irgendetwas Bestimmtes aus seinem früheren Leben zu erinnern. Der Mechanismus, mit dem sich jemand etwas vor das »geistige Auge« führt, fehlte. Aber er konnte sich, wie das bei der Amnesie der Fall ist, an Allgemeines erinnern. Später lernte ich zwischen den verschiedenen Gehirnfunktionen zu unterscheiden, die für Erinnerung, Erkenntnis und allgemeines Wissen zuständig sind. Clive wusste zum Beispiel, dass er verheiratet war, obgleich er sich nicht an die Hochzeit erinnern konnte. Er hätte mein Äußeres nicht beschreiben können, obwohl er mich sofort erkannte, wenn er mich sah. Er wusste, dass er Musiker und Dirigent war, konnte sich aber an kein einziges Konzert erinnern. Klar war auch, dass Clives Gedächtnisverlust »retrograd« war und einen großen Teil seines Lebens vor der Erkrankung ausgelöscht hatte. Er wusste von seinen Kindern, stellte sie sich aber viel kleiner vor und war sich nicht sicher, wie viele er hatte. Er wusste nicht das Jahr oder das Jahrzehnt. Er war erstaunt, als er sah, dass die *Times* keine Familienanzeigen mehr auf der Titelseite hatte, und meinte, sie koste noch vier Pence, den Preis vor der Einführung des Dezimalsystems.

Er wusste seinen eigenen Namen und die Namen seiner Geschwister und Verwandten. Er wusste Fakten aus seiner Kindheit, wo er aufgewachsen war, wohin er im Krieg evakuiert worden war, wo sich der Luftschutzbunker befand, welche Abiturfächer er gehabt hatte. Er wusste, dass er mit einem Chorstipendium aufs Clare College in Cambridge gegangen war und sich gegen das King's entschieden hatte, weil »alle dorthin wollten« und er sich lieber von der Masse unterscheiden wollte. Danach verschwamm seine Vorstellung von seiner Autobiografie. Er erkannte die Gesichter von Menschen wieder, die er bereits einige Jahre kannte. Es war gut, dass wir schon sechseinhalb Jahre zusammen waren, sonst hätte er sich vielleicht auch an mich nicht erinnern können. Aber die Fähigkeit, irgendwelche neuen Eindrücke zu registrieren, irgendeine Erinnerung seit der Krankheit zu speichern, war nicht vorhanden. Nach und nach wurde deutlich, dass alles und jeder Ort auf Dauer unbekannt und jeder Mensch, den er nicht von früher kannte, für immer ein Fremder war.

Clive war dem Ufer nahe, blickte aufs Ufer, hatte aber nichts, um sich daran festzuhalten, sich in der Zeit zu verankern. Keine Information, kein optischer Eindruck, kein gesprochenes Wort hinterließ eine Wirkung. Tausendmal konnte er etwas sehen oder hören, und jedes Mal war, soweit es ihn betraf, das erste Mal. Nie konnte er sein Bedürfnis befriedigen zu erfahren, wie lange er nicht bei klarem Bewusstsein gewesen war und welche Wirkung es auf sein Leben gehabt hatte. Ganz gleich, wie oft er fragte, die

Antworten vermochte er nicht aufzunehmen und zu speichern. Jede Frage war die erste, und jede Antwort für ihn neu. Für immer trat er in ein erstes Bewusstseinsstadium ein, jeder Augenblick ereignete sich für ihn in den ersten Momenten des Erwachens; woraus er zu was erwachte, lag einfach außerhalb seines Verständnisses. In der ersten Zeit des Fragens war er ewig im Zweifel und begierig auf die Antworten, ohne jemals zu wissen, dass er schon eine Antwort bekommen hatte.

Wir schauten uns nach Behandlungsmöglichkeiten um, einem Rehabilitationsprogramm für Hirngeschädigte, das ihn aufnähme. Aber konnte eine Rehabilitation haften bleiben, wenn sonst nichts haften blieb? Clive konnte sich nicht an den Satz erinnern, der dem, den er gerade sagte, vorausgegangen war. Eine Unterhaltung, Fernsehen oder Lesen überstiegen seine Fähigkeiten. Ich erfuhr, dass Menschen mit Gedächtnisverlust eine gewisse Restlernfähigkeit besitzen, die implizit ist; sie können mit Hilfe einer Art Konditionierungsprozess lernen. Ein Mensch kann lernen, auf gewisse Reize zu reagieren, auch wenn er denkt, er erfährt den Reiz oder das Stichwort zum ersten Mal. Ein Beispiel: Seit das Krankenhauspersonal Clive immer einen kleinen Plastikbecher mit Wasser zu seinen Medikamenten reichte, wartete er darauf, hob den Becher und sagte jedes Mal: »Ist dies Champein oder echte Pein?« Amnestische Menschen können sich auch mittels »priming« (Assoziation) Dinge in Erinnerung rufen, das heißt, wenn sie eine Vokabel oder Wendung hören, die mit einer zweiten verknüpft ist, löst Erstere die Nennung der zweiten aus. So konnte Clive, wenn ich zum Beispiel »St. Mary's« sagte, »Paddington« ergänzen, obwohl er keine Ahnung hatte, was es bedeutete.

In den ersten Monaten, als Clive noch sehr verwirrt und selbst der Sprache nicht mächtig war, arbeitete die Krankenhauslogopädin eine Weile mit ihm. Ich saß bei einer ihrer Sitzungen dabei.

»Was ist ein Baum?«, fragte sie. »Tragen Sie ihn als Kleidungsstück, spielen Sie Fußball mit ihm, oder pflücken Sie Obst von ihm?« Clive hatte keine Ahnung. Manchmal beklagte er sich, Worte hätten ihre Bedeutung geändert. Als er gebeten wurde, das Wort »Augenlid« zu erklären, antwortete er: »Ich kenne das Wort nicht, bestimmt benutzt es ein bedeutender Experte.«

Aber langsam und stetig stellte sich sein Wortschatz wieder her, und bald konnte er trotz seiner starken Gedächtnisschwäche vieles von sich selbst preisgeben, wie bei der folgenden Übung, bei der er gebeten wurde, Beispiele zu nennen:

etwas Mutiges
Rugby

etwas Tragisches
der Tod der eigenen Frau

etwas, das in den Ohren wehtut
ein hoher falscher Ton

etwas Unerfreuliches
ich

etwas Bitteres
ich

etwas Liebevolles
meine Frau

etwas, das erneuert werden muss
Versprechen

etwas Starres
feste Meinung

etwas, das die Form wechselt
Maler

etwas, das versichert werden sollte
mein Leben

etwas, das geplant werden muss
eine Stadtentwicklung

etwas, das wiederholt werden muss
gute Musik

etwas Komisches
meine Ernsthaftigkeit

etwas, das enden könnte
mein Herz

etwas, das süß schmeckt
Honig

etwas Erloschenes
mein Talent

etwas Gefährliches
mein Humor

etwas Unechtes
mein Humor

etwas, das Sie gern tun
küssen

etwas, das abhängig macht
küssen

etwas, das breiter als hoch ist
meine Dummheit

Diese Übung enthüllte ebenso Clives Erkenntnis wie seine tiefe Scham darüber, was er »dumm« nannte. Ich wünschte mir, ich könnte ihm begreifbar machen, wie geliebt und geschätzt er war, wie lebenswichtig für mein Dasein, wie sehr ich ihn achtete, ganz gleich, wozu er imstande war oder nicht. Vielleicht wurde mir erst in dem Moment, als ihm so viel weggenommen war, völlig klar, was für ein fantastischer Mensch er einmal gewesen war.

Die ersten Eintragungen in sein Tagebuch machte Clive auf meine Veranlassung hin. Aber am Sonntag, dem 7. Juli 1985, machte er seine erste spontane Eintragung: »Heute: 1. BEWUSSTWERDUNG… DAS ERSTE MAL bei Bewusstsein.« Wahrscheinlich war Clive hier zum ersten Mal in der Lage, sich das seltsame Phänomen des augenblicklichen und totalen Vergessens klar zu machen, das nach seiner Einlieferung ins Krankenhaus aufgetreten war.

Es war nur gut, dass die neue Wachheit einen so winzigen Augenblick umfasste. Etwas länger, und sie hätte ihn vielleicht zermalmt, diese Erkenntnis, dass er nichts hatte, keinen bewussten Beleg für sein Leben vor diesem Augenblick. Wenn er genügend Zeit gehabt hätte, Luft zu holen, das Nichts zu erkennen und seine Auswirkung zu registrieren, hätte er vielleicht den ganzen Tag geschrien. Es wäre eine absolut vernünftige und verständliche Reaktion gewesen.

Stattdessen erlebte er ein Dasein von einem Moment zum nächsten, in dem kein Augenblick Verbindung zum nächsten hatte. Er besaß keine Kontinuität. Augenblicke speicherten sich nicht lange genug, als dass er seine Lage in irgendeiner Weise hätte einschätzen können.

Clive machte alle zwei bis drei Minuten eine Eintragung in sein Tagebuch. Man hat das manchmal als ein neues Erwachen im Abstand von zwei oder drei Minuten interpretiert. In Wirklichkeit markierte die Zeitspanne zwischen jedem Eintrag nur die Zeit, die es dauerte, die Notiz niederzuschreiben. Dazu gehörte die Entscheidung, die Tatsache seines Erwachens aufzuschreiben, einen Kugelschreiber aus der Tasche zu holen und zu schreiben; dann ein Durchlesen früherer Einträge, diese auszustreichen, weil er sicher war, dass er nicht bei Bewusstsein gewesen war, als er sie niederschrieb. Wenn er zum letzten Eintrag kam, blickte er auf seine Uhr und sah, dass die Zeitangabe nicht korrekt war, also berichtigte er sie, indem er den letzten und einzig wahren Eintrag durch Unterstreichen bekräftigte. Schließlich setzte Clive wieder die Tülle auf seinen Kugelschreiber, steckte ihn ein und blickte sich um, um sich erneut in dem Zimmer zurechtzufinden. Diese Vorgänge mochten die wenigen Minuten zwischen zwei Einträgen in Anspruch nehmen. Die Dauer des »vollen Bewusstseins« war tatsächlich erheblich kürzer.

In seiner Hand hatte er gewöhnlich einen Stapel Spielkarten, den er mischte, ehe er eine Patience fortsetzte, die auf dem Bett ausgelegt war. Hier erblickte er ein Tagebuch. In seiner Handschrift wurde falsch behauptet, er sei wach, wo er doch in Wirklichkeit erst vor zwanzig Sekunden aufgewacht war und mit Sicherheit wusste, dass er seit dem Aufwachen nichts in dieses Tagebuch geschrieben hatte. Er musste die Eintragung berichtigen. Er suchte in seiner Tasche nach einem Kugelschreiber, um die früheren Einträge auszustreichen, stellte auf seiner Uhr die richtige Zeit des Aufwachens fest und protokollierte sie mit noch stärkerer Hervorhebung, um diesen letzten Eintrag als den echten auszuweisen. Dann steckte er seinen Kugelschreiber weg – nicht nötig, ihn in der Hand zu behalten, weil er jetzt völlig wach war. Dieses war das einzige echte Wachsein, und alles funktionierte jetzt normal. Das Leben konnte weitergehen. Er mischte die Karten.

Clive notierte den Augenblick des ersten wirklichen Erwachens wie Gefangene, die Striche auf die Zellenwand machen, um seinen Platz in der Zeit festzulegen und ein Zeugnis denen zu hinterlassen, die den gleichen Weg gegangen sind, damit sie wissen, wann er aus der Vergessenheit wieder aufgetaucht ist. Die Einträge richteten sich hauptsächlich an mich: »9.04 Uhr VOLLKOMMEN WACH, LIEBLING. BITTE KOMM MIT DER GESCHWINDIGKEIT DES LICHTS.«

Wenn er sein Tagebuch nicht in der Nähe hatte, war der Impuls, den plötzlichen und momentanen Umstand, dass er anscheinend nach Jahren der Bewusstlosigkeit gerade eben erwacht war, zu kommentieren so stark, dass Clive in dieser Zeit seine Notizen auf jede verfügbare Fläche schrieb, darunter auch auf Wände und Möbel.

Er erwacht, er erwacht, er notiert den ungeheueren Vorgang, wieder zum Leben zu erwachen. Der Akt, einen Satz niederzuschreiben, schafft Schwung, jedes Wort trägt ihn zum nächsten – aber der Akt, den Kugelschreiber zu heben und sich umzublicken, löscht die Wörter aus seinem Gedächtnis. Er schaut nach unten und liest die Behauptung, wach zu sein, offenkundig in seiner Handschrift, und er hält einen Kugelschreiber in seiner Hand. Er sieht eine ganze Seite solcher unrichtiger Einträge. Zurückblätternd findet er Tage, Wochen und Monate mit identischen Bekundungen eines neuen Erwachens, die meisten durchgestrichen.

Sein Finger auf der letzten Seite der Eintragungen zeigt ihm das Datum des Tages an, aber er kann sich nicht erinnern, eine einzige Eintragung gemacht zu haben. Ein Blick auf seine Armbanduhr zeigt ihm eine Zeit nur zwei Minuten nach der zuletzt notierten, aber *jetzt* erlebt er das wahre Erwachen, *jetzt* ist er zum ersten Mal wirklich wach. Er muss den Eintrag korrigieren. »15.34 Uhr JETZT zum ersten Mal *über die Maßen* wach.«

Obgleich Clive verwirrt war, blieb ihm die Fähigkeit, sich relativ weitschweifig zu etwas zu äußern. Er war bestrebt, seine tieferen Gefühle auszudrücken, und noch hatten ihn nicht die Erkenntnisse betroffen, die ihn später lähmen sollten. In den ersten paar Monaten war die Verwirrung ein Schutzmechanismus, der Clive wie mich davor bewahrte, die grauenhafte Wirklichkeit seiner Lage zu begreifen.

Am 19. Mai 1985 schrieb er: »Ich vermisse meine Frau, aber sie ist trotzdem hier und wunderbar herzlich und fröhlich – voller Freude und Liebe.« Und in der Bemühung, das Thema Liebe weiter auszuführen, das ihn trotz seiner Amnesie dermaßen fesselte, schrieb er weiter: »Das Leben in Freude und Schönheit ist ein vollkommener Ausdruck der größten menschlichen Eigenschaften, die Gott im Laufe vieler Jahrhunderte entwickelt hat.«

Gelegentlich richtete sich Clive mit einem Tagebucheintrag nicht an mich, sondern an die Wissenschaftler/Ärzte, die seiner Vermutung nach mit seinem Fall beschäftigt waren. Diese Botschaften fragten, innerhalb der Grenzen seiner Wortfindungsschwierigkeiten und aus seiner singulären Perspektive, wie es dazu käme, dass seine Umgebung ständig im Fluss war: »Welches sind die Techniken der Veränderungen, die in diesen und anderen erstellten Berichten enthalten sind. Und lassen Sie mich wissen, wie lange Ihre Untersuchung durchgeführt wird.« Aus der Formulierung »die Techniken der Veränderungen« können wir schließen, dass Clive nicht glaubte, dass er das Problem war, sondern dass es von etwas außerhalb von ihm verursacht wurde. Immer wieder wies er auf seine Umgebung hin in der Erwartung, dass auch ich sah, dass sie sich ständig veränderte.

Während er die Spielkarten in seiner Hand mischte und auf die Patience schaute, die auf dem Tisch vor ihm ausgelegt war, sagte er immer wieder: »Und die Karten! Ich habe sie nicht ausgelegt. Ich habe sie noch nie gesehen. Ich begreife es nicht… Die Welt ist *übergeschnappt*!!!«

Clive fand Trost in den Karten. Er legte schon sein ganzes Leben lang Patiencen. Seine Familie hatte in den Luftschutzbunkern Patiencen gelegt, um sich von den Detonationen der Bomben abzulenken, die auf Birmingham fielen. Clive hatte es sich angewöhnt, immer dann eine Runde zu spielen, wenn er ruhig bleiben musste oder nach einer abendlichen Vorstellung zur Ruhe kommen wollte. Unter dem Klatschen von Spielkarten auf Resopal war ich oft eingeschlafen. Auch im Krankenhaus setzte er das Spiel fort, aber der Anblick einer neuen Kartenanordnung jedes Mal, wenn er gezwinkert oder weggeschaut hatte, war erschreckend. Er versuchte, hinter dieses Geheimnis zu kommen. Er beschloss, die Karten zu beobachten, ihre Bewegungen systematisch zu verfolgen, um zu begreifen, was vor sich ging, so wie man vielleicht einen Zauberer beobachtet, fest entschlossen, hinter den Trick zu kommen.

Er griff zu seinem Bleistift und dem Notizblock und notierte die aktuelle Anordnung der Karten. Er benutzte Symbole für die Farben und Zahlen oder Buchstaben für Figurenkarten. R oder B bedeuteten rot oder schwarz (black). Manchmal notierte er die Reihenfolge der Karten in einer Kolonne. Doch damit löste er nicht das Rätsel. Dann probierte er, um jeden in die Irre zu führen, der ihn zu betrügen versuchen sollte, eine viel subtilere Methode aus: einen Geheimcode. Er übersetzte die Charakteristika jeder Karte in eine musikalische Note und stellte jede Kartenkolonne als Melodie in einem Notensystem dar, das er sorgfältig auf seinen Notizblock zeichnete. Clive war es gewohnt, Musikstücke rasch und gut lesbar aufzuschreiben, und dies war eine Möglichkeit, die Kartenanordnung in eine Sequenz einzugliedern, die fälschungssicher war. Jedem Saboteur wäre es gelungen, Clives Handschrift zu kopieren, aber es wäre viel schwieriger gewesen, seinen musikalischen Notationsstil nachzuahmen. Irgendwann einmal schrieb er einen Schlüssel zu dem Code auf. Die Notenhöhe wurde von der Zahl auf der Karte abgeleitet, womit festgelegt war, an welcher Stelle im Liniensystem die Note saß; Figurenkarten wurden als den Zahlen nachfolgend interpretiert. Die Farbe, rot oder schwarz, bestimmte die Notenlänge – halbe oder Viertelnote. Symbole für Kolonnen standen unter den Noten wie ein darunter gelegtes Wort.

Die Melodie stellte die Anordnung einer Patience in einem bestimmten Augenblick dar. Mit dieser Methode versuchte Clive, Halt in der Zeit zu finden. Wenn die Karten der Melodie entsprachen, und wenn die Melodie zweifelsfrei von ihm stammte, dann hatte sich die Anordnung der Karten nicht verändert, auch wenn sie ihm neu vorkam.

Aber wenn er keine Erinnerung an die Melodie oder die Kar-

FINAL SOLUTION – MUSICAL PHRASE

Red card = 𝅗𝅥 Black = ♩
Σ = Empty column of cards.

Notes indicated by numbers on cards.

Cards J Q+K are in bottom line as Σ.
I awoke at 10.06 precisely (a.m.).

MY SELFISHNESS IS STUPID.

ten hatte, wie konnte dann die Patience oder die Handschrift der Melodie zustande gekommen sein?

Er konnte sehen, dass die Handschrift und der Notationsstil seine waren. Sein Name stand auf einem Schild am Kopfende des Bettes. Immer und immer wieder führte er dieselbe Übung durch, aber jede Melodie, die er geschrieben hatte, auch wenn sie offenbar echt war, war ihm neu. Was steckte hinter all dem?

Er machte Notizen über seine Verwirrung mit weiteren Details der exakten Platzierung der Karten/Noten:

> D und F standen übereinander.
> G und A standen weiter links als E und F.
> Also war der erste [»erste« durchgestrichen und »vorletzte« eingesetzt, da die Amnesie seinen Satz auslöscht, ehe er damit fertig ist] Takt langsamer (und die letzte Note dort am längsten).
> ♦E ♣F ♥G ♣D ♠F ♠G ♠A ♠E
> Eine verbindliche Darstellung der Geschwindigkeit von Schlusskadenzen. 8.15 Uhr.

Aber das war nur um Punkt 8.15 Uhr verbindlich. Dreißig Sekunden später, und er konnte sich nicht mehr erinnern, die Reihenfolge der Karten aufgeschrieben zu haben (was er inzwischen um der Schnelligkeit willen ohne Notenlinien tat, indem er Buchstabennamen als Kurzschrift zur Beschreibung der Melodie benutzte). Es gab nur eine einzig mögliche Erklärung, nur eine Möglichkeit, wie die Karten ohne sein Eingreifen ihre Lage ändern konnten, nur einen Weg, wie diese Melodie, die nicht von seiner Hand war, entstanden war.

Und Clive schrieb: »GÖTTLICH INSPIRIERT. Karten NICHT von mir ausgelegt.«

Kartenspiele wurden für Clive wichtig, weil er damit sowohl die Zeit totschlagen als auch einen Halt in der Zeit finden konnte. Ständig langte er nach ihnen oder klopfte auf seine Taschen, weil er nach ihnen suchte. Schnell wurden sie lappig oder bekamen

(Laid out of side / Sidels 1,3,4. NOT 2)

correct

Red Bl ↓R Bl

A23 4 3 & 4 5 A2

1st line. E ♢ 3 F ♧ 4 G ♡ 5 D ♤ 2

Red Black R Bl

2nd line. Bl Bl Bl Bl

G ♤ 5 A ♤ 6 E ♤ 3 . (gap.) . . F ♤ 4

[redacted]:

D and F were over each other

G and A were further to the left

lateral than E and F:

So [redacted] was shown (and got into three layers)

♢ E ♧ F ♢ G ♢ D

♤ G ♤ A ♤ E ♤ F .

An authoritive view of the speed of final cardmoves. 8.15am.

HEAVENLY INSPIRED.

Cards NOT laid out by me.

Eselsohren. Ich brachte ihm neue Kartenspiele mit. Bald quollen sie aus jeder Tasche seiner Pyjamas oder Morgenmäntel. Wenn er mit Jackett und Hosen voll angekleidet war, konnte er acht oder neun Kartenspiele bei sich haben. Dadurch wirkte er plump, wenn er lief. Weitere Spiele steckten in seinem Mantel, seinem Kulturbeutel und waren in und um seinen Nachttisch herum versteckt.

Er hortete auch Seifenstücke und andere Toilettenartikel. Wenn er mit oder ohne Kulturbeutel ins Bad ging, nahm er jedes Seifenstück mit, das da lag, weil er annahm, es könnte ihm gehören. Einmal zählte ich nicht weniger als siebenundzwanzig Seifenstücke in seinem Besitz.

Auf den ersten Blick sieht sein Tagebuch aus wie eine Chronologie des Nichts. Wenn Aussagen so viele Male wiederholt werden, verlieren sie am Ende oft jede Bedeutung. Doch so wie Clive nach Anhaltspunkten suchte, um den seltsamen Vorgang, gerade eben zu erwachen, zu erklären, so enthielten seine Notizen Hinweise darauf, wo er war, wie er dachte, wie er den Gedächtnisverlust erlebte. Sie sagen mehr über ihn aus als die Ergebnisse jeder neuropsychologischen Untersuchung.

Mit jedem Tagebucheintrag erhalten wir einen Augenzeugenbericht aus einem Leben ohne Erinnerung:

> 5.10 Uhr morgens. Beschwusst.
> 5.22 Uhr [verschlüsselte Beschreibung der Spielkartenanordnung; in Klammern bemerkt er (»in Reserve«), welche Karten als letzte am Ende aus seinem Kartenspiel hinzugefügt werden sollten]
>
> Ergebnis des *ERSTEN* RICHTIGEN SPIELS.
> ENDLICH WACH UM genau ----- [ein Durcheinander aus aufeinander folgenden Uhrzeiten, die allesamt später durchgestrichen sind] Uhr morgens.
> Zeitung kam um 8.40 Uhr

Medikamente kamen um 8.45 Uhr
UND ICH ERWACHTE richtig UM 8.47 Uhr
Und vollständig um 8.49 Uhr

Und wurde mir des Problems, mich zu verstehen, bewusst.

In diesem ersten Jahr führte Clive sein Tagebuch sehr akribisch, jeder Eintrag stand unter dem vorigen, so wie er Forschungsnotizen niederschrieb, die Zahlen links angeordnet und Schlüsselwörter in Großbuchstaben. Das Tagebuch lag offen auf dem Tisch, seine Seiten waren von Notizen mit Tinte und fest aufgedrücktem Bleistift von all den Aus- und Unterstreichungen über und über bedeckt, da jeder Eintrag korrigiert werden musste, weil jede Entdeckung, gerade eben erwacht zu sein, alle früheren diesbezüglichen Behauptungen zunichte machte. Erst dieses Erwachen ist das wahre Erwachen. Lasse alle früheren Behauptungen außer Acht, sagte er damit. Streiche die Zeit aus, streiche die früheren Erklärungen aus. Streiche die Zeit aus, DIES ist der erste bewusste Moment. DIES ist das einzige wahre Erwachen.

Das ständige Berichtigen ging weiter, denn der Beweis musste glaubwürdig sein. Bei so vielen Ausstreichungen und Bekräftigungen bogen sich die Seiten vom Buchrücken weg, und das Papier wurde weich und pockennarbig, als wäre es gehämmert worden. Clive erinnerte sich nicht, dieses Buch jemals gesehen zu haben, griff aber viele Male am Tag instinktiv danach. Er wusste nicht, was er dort hineingeschrieben haben könnte, schrieb aber denselben Satz immer und immer wieder hin. Wenn er nur einen Augenblick mit dem nächsten verknüpfen könnte, wäre die Kontinuität wiederhergestellt. Alles hat sich jetzt verändert, schrieb er. Dies hier ist anders. Ich sehe klar. Er hielt die Tatsache in seinem Buch der Augenblicke fest, seinen Bericht darüber, wie er seine Bewusstwerdung erlebte. Dieses Niederschreiben, dieser letzte neue Beleg war sein erster Fuß auf trockenem Boden.

Viele Tagebucheinträge richtete er an mich. »D----- «, schrieb er, wie er Karten zum Valentinstag zu schreiben pflegte. D für Darling oder D für Deborah war zunächst nicht klar. »D----- – BITTE KOMM! BITTE FLIEGE HER MIT DER GESCHWINDIGKEIT DES LICHTS!«

Schließlich wurde mir klar, dass er sich nicht an meinen Namen erinnern konnte, ihn aber wiedererkannte, wenn er ihn hörte oder geschrieben sah. Er musste sich nicht unbedingt an meinen Namen erinnern. Er kannte mich, er erkannte meine Stimme am Telefon, meinen Atem, die Berührung meiner Hand. Ich küsste ihn, wenn er schlief, und er küsste mich wieder. Er wusste, dass ich es war. Wir waren miteinander verflochten, sein Ich, mein Ich. Ich war Teil von ihm.

Freunde hielten in dem Tagebuch fest, worüber sie mit Clive gesprochen hatten. Er hatte offenbar Freude daran, sich mit Leuten über sein Thema, die Musik, zu unterhalten, obwohl er selber wenig beisteuern konnte. Er war wie ein Kind, das so tut, als führe es eine Unterhaltung, indem es die richtigen Laute von sich gibt, die aber keinen logischen Sinn haben. Wenn ich ins Krankenhaus kam, las ich, wer da gewesen war und worüber man gesprochen hatte. Am Dienstag, dem 20. August 1985: »Robert M. kam dich besuchen. Du hast gerade mit einer Krankenschwester gesprochen.« Robert hatte offensichtlich Clive den Kugelschreiber in die Hand gedrückt und ihn gebeten, noch etwas dazu zu schreiben. »NOCH ETWAS«, schrieb Clive. »Ich bin wach. (C. Wearing) Noch etwas.« In Roberts Handschrift folgte:

> Du sagtest, ich sei der erste Mensch, mit dem du eine Unterhaltung geführt hast. Wir sprachen über deine Krankheit und die Auswirkungen, die sie auf dein Gedächtnis hat. Wir sprachen auch über das Promenadenkonzert, in das ich heute Abend gehe – Musik von Nielsen, Williamson, Liszt und Sibelius. [An dieser Stelle notiert Robert einen Takt Sibelius] Und über die Art, wie du Monteverdi verjazzt, wenn du in der

Kapelle Orgel spielst, und wie du die Sänger rüffelst (sehr freundlich), wenn sie falsch singen!

Am Donnerstag, dem 5. September 1985: »George, Caroline und Shonni waren am Abend da, und wir haben darüber geredet, wie schrecklich Fußball-Hooligans sind.« Am Montag, dem 9. September: »Kristine kam heute Abend vorbei. Eine halbe Stunde sprachen wir über die verschiedenen Stilrichtungen in der frühen französischen Musik, die technischen Details des Stimmens innerhalb eines Chores und die Rolle, die der Dirigent spielt. Ein großartiger Abend.«

Eines Abends saßen wir mit Freunden im Foyer des Krankenhauses. Der einzige Ort, wo sich Besucher mit Clive hinsetzen konnten, befand sich unmittelbar beim Haupteingang. Dort standen ein paar harte Stühle an der Wand. Clive winkte Vorbeigehenden zu. Einige winkten zurück.

Großen Mut machten mir die Dinge, an die sich Clive bei unseren Plaudereien erinnerte. Plötzlich fielen ihm wieder die Initialen eines Freundes in Cambridge ein, mit dem er immer Squash gespielt hatte, T.J.P. – Trevor. Als ich Clive daran erinnerte, dass Trevor Schatzmeister der Musikgesellschaft sei, die er gegründet hatte, fiel ihm sogar ihr Name wieder ein. »Musica Europa Ltd!«, platzte er heraus. Ich dachte, dies sei ein Zeichen, dass sein Gedächtnis zurückkommt.

Die Dramen um Leben und Tod im Krankenhaus machten selten Eindruck auf Clive, weil er sich in ein Kartenspiel nach dem anderen vertiefte, bei dem Mischen und Austeilen präzise getimt waren. Aber eines Tages Anfang Oktober 1985 schrieb er plötzlich:

Beendete Mischen, teilte aus und spielte.
1. Austeilen führte zu nichts
13.24 Uhr Ging zum zweiten über
13.27 Uhr NOTFALL IM SCHRANK

13.28 Uhr	NOTFALL Nebenan
13.34 Uhr	NOTFALL VORBEI
	RIESIGES PROBLEM KUMMER
	Bitte vergib mir O Herr meinen dummen Egoismus
14.17 Uhr	Unbeendetes Kartenspiel weggeräumt
14.24 Uhr	Kartenspiel unfertig beendet

Als ich später an diesem Nachmittag zu Clive kam, sah ich, dass das Bett neben seinem leer war. Der Herr, der immer gelächelt und Clives Verzweiflung, Angst und Zorn mit großer Freundlichkeit und Geduld ertragen hatte, war nicht mehr da. Ich fragte eine Schwester, ob er woandershin verlegt worden sei. Nein, er sei gestorben, sagte sie mir. Wie seltsam es für ihn gewesen sein muss, dies Leben zu verlassen, während Clive ein paar Schritte weit entfernt Karten spielte. Wie seltsam für Clive, die Geräusche eines Sterbenden hinter einem Vorhang mitzubekommen, einiges zu begreifen, doch sich an nichts zu erinnern.

Im ersten Jahr war Clives Reaktion darauf, »gerade eben zu erwachen«, dass er fragte: »Wer hat das mit mir gemacht? Wer hat mich so lange bewusstlos gemacht? Wieso habe ich in diesem bestimmten Augenblick mein Bewusstsein verloren?« Seine offensichtliche Bewusstlosigkeit führte er immer wieder auf Sabotage zurück. Es hätte seine eigene Hypothese, eine logische, darüber sein können, was wohl geschehen war, um nach Jahren der Bewusstlosigkeit plötzlich aus diesem Zustand zu erwachen. Es hätte auch, erfuhr ich, Paranoia sein können, die als direktes Resultat einer Schädigung der Amygdala, einer kleinen mandelförmigen Hirnregion, auftreten kann.

Clive, stets forschender Gelehrter, prüfte immer wieder nach, ob es irgendwelche Anhaltspunkte für dieses plötzliche Erwachen gebe. Er klammerte sich an Überschriften in der *Times*, die wir täglich bekamen. Am Mittwoch, dem 23. Oktober 1985, schrieb er: »Dies ist das erste Mal, dass ich seit vielen Monaten wach bin. Vermutlich sind mein Schlaf und meine Ernährung so eingeteilt worden, dass ich mich ruhig verhielt und mich jemand kontrollieren konnte. Wer? Das ist das Problem!« Da unbekannte Mächte ihn so völlig und so lange zum Schweigen bringen wollten, müsse er, schloss er, ohne sein Wissen Besitzer schwerwiegender Informationen gewesen sein. Er sah in seine Zeitung, um zu erfahren, was an diesem Tag geschehen war, das nun Ursache für sein Erwachen sein könnte. Mir schien das eine ziemlich scharfsinnige Begründung zu sein – natürlich musste er fragen, warum jetzt? Warum bin ich in diesem bestimmten Augenblick wieder bei Bewusstsein, nachdem ich so lange bewusstlos war? Es musste sich um etwas Wichtiges handeln. Die Antwort würde aller Wahrscheinlichkeit nach in den Zeitungen dieses Tages stehen. Er hatte seine Sherlock-Holmes-Fähigkeit, Schlussfolgerungen zu ziehen, nicht eingebüßt. Und in diesen Gedankengang war Clive so vertieft, dass er zu größerer Sprachbeherrschung und längeren Konzentrationsphasen fähig war.

Am 27. Oktober 1985 schrieb er in sein Tagebuch:

> Eine *seltsame* Art Krankheit scheint an dieser Lücke in meinem Leben schuld zu sein! Wurde mir diese Krankheit von anderen Leuten aufgezwungen? Die einzige Möglichkeit, das herauszufinden, ist eine gründliche Überprüfung aller Zeitschriften, Zeitungen und anderen veröffentlichten Materialien, die während der letzten sechs Monate erschienen sind. Die Ergebnisse einer Ermittlung werden die Gründe dafür offen legen, warum ich »jetzt am Leben« bin – trotz anscheinend unwahrscheinlicher Verbindung zwischen den Themen.

In den folgenden paar Wochen schrieb Clive die Schuld bald einem Prozess in Old Bailey, bald König Hussein von Jordanien, dem Politiker Sir Geoffrey Howe und Mrs. Victoria Gillick zu, einer katholischen Mutter von zehn Kindern, die eine öffentliche Kampagne gegen die Schwangerschaftsverhütung bei Minderjährigen anführte.

(7 months in hospital)

NOVEMBER

S	M	T	W	T	F	S
					1	2
3	4	5	6	7	8	9
10	11	12	13	14	15	16
17	18	19	20	21	22	23
24	25	26	27	28	29	30

and blind! deaf! dumb!

7.55am.

5.52pm!

I AM AWAKE!! (and probably RIGHT!)

OCTOBER 1985

10.45a.m.

Week 42

16 Wednesday

289 — 76

THE ISSUE OF THE TIMES TODAY GIVES ALL NECESSARY INFORMATION (I THINK).

AWAKE AND CONSCIOUS for the first time.

I have been unable to see properly for a very long time. But: Today's Times paper gives a rather clear indication for my tragedy. Whoever has been plugging me has gone! Secondly, I suspect that the results of the meetings are the cause of my problems! I WAS RIGHT

FULLY AWAKE 10.43 10.50am: I WAS RIGHT + THE TIMES CONFIRMS IT!!!

I Agree at 10.45a.m! I AWOKE FULLY AT 10.55a.m! Obviously I am free of fading suddenly! Properly awake at 11.08a.m! I was a victim of Israelian policy! And my thinking was correct. It is obviously advantageous to ?Tunisia that I am not using my powerful understanding! 11.10 am

11.22 NEARLY FULLY AWAKE FOR THE FIRST TIME (despite what has been said above) 30 weeks loss!

11.40 ACTUALLY FULLY AWAKE (Real FIRST). 1.30 END of lunch. 1.30 Patience Cards. 1.48 FULLY AWAKE.

1st Game over at 1.55. 2nd (Patience) 2.05. 3rd 2.10 3.30pm (Fully Conscious for the First Time). 1st CARD GAME FOR YEARS. PATIENCE

AT 4.20pm (AT LAST). REALLY AWAKE AT 5.55pm

and certainly awake at 6.35 (now's time!) 7.20, 7.40, 7.52

Your wife, Deborah came. We sat + talked in the chapel.

Fully awake at 12.20 am!

WAKE-UP DAY at 4.05pm. Clive made a video: an Very interview + aria from The Magic Flute.

17 Thursday

290 — 75

4.45a.m. FULLY AWAKE for the first time (despite earlier claims).

Vision is also complete (for the 1st time) slightly improved by 5.00a.m. 5.05am, 5.08am 5.18am Tried to snooze! Fully conscious 5.35a.m. (actually 5.40am). I suspect that a system of keeping me deaf and blind on purpose has been switched off. See heading report in The Times (16.10.85.) 6.06am is really the first fully awake moment. Fully conscious at 6.14a.m. (Whoever attacked me has stopped). See The Times 16.10.85.

" awake 6.45 FULLY AWAKE for the first time at 7.30 + Rang home first of all

Breakfast 7.10–7.35, When I was actually awake (1st time) (Confirmed written line). 7.36 Better awake

7.55 Best, and 7.59 Better, now actually awake (despite 7).

10.09 am Much more awake than ever this year. But better at 10.14 am

2.25 pm I AM AWAKE for the FIRST TIME. (really clear at [illegible])

Card Game for fun. 1st REAL GAME over at 2.49 pm. (Real = observed). 2.49 pm 1st TIME AWAKE

* 1st Cup of tea! 2.53pm! 1st TIME CONSCIOUSLY AWAKE 3.05pm 3.10pm 1st game over 3.15pm Fully Awake!

3.20 3.27. 1st FULLY CONSCIOUS 3.28 (Public at 3.35). AND TOTALLY AWAKE 3.47 pm.

4.26 pm I AWAKE NOW 4.28 pm or more really 4.55pm AWAKE!

5.05 pm AWAKE ✓ 5.10pm FULLY AWAKE AND CONSCIOUS AT 5.28pm What the Hell has happened?

5.45 ANYTHING WRITTEN ABOVE IS WITHOUT ANY PROPER THOUGHTS AND UNDERSTANDING!

Juliet came and we had a long talk about music. Andrew came today – I have met people before

Manchmal packten ihn Ängste um seine Sicherheit, und wenn er dafür sorgen wollte, dass die Übeltäter wegen seiner Krankheit zu einer Strafe verdonnert würden, rannte er aus der Station, lief durch die Krankenhauskorridore und rief, jemand solle doch bitte die Polizei benachrichtigen. Ich fragte mich immer wieder, ob seine Ängste Nahrung erhielten, wenn jeder ihn ignorierte oder ihm seinen Willen ließ. Er war nicht dumm. Er merkte es, ob Leute ihm glaubten oder nicht.

Ich stellte eine Tafel neben sein Bett, auf die ich in großen Buchstaben beruhigende Sätze schrieb. Ich war nicht sicher, ob er irgendwelchen Trost in diesen Angaben finden würde, die ihm erklärten, wo er war, was mit ihm passiert war. Wenn er sie ständig sah, würden sie vielleicht eine beruhigende Wirkung haben, vielleicht würde er meine Worte mit seinen inneren Gedankengängen verbinden, in denen er wiederholt Vermutungen darüber anstellte, was ihm widerfahren sein könnte. Er las meinen Hinweis, doch der schenkte ihm keine Beruhigung. Vielmehr griff er zu der Kreide und kritzelte seine Bemerkungen um meine herum: 17.08 Uhr zum ersten Mal wach. 17.11 Uhr zum ersten Mal wirklich wach. 17.14 Uhr erstes klares Bewusstsein. 17.18 Uhr JETZT zum ersten Mal wach. Wenn er auf die Tafel schaute, sah er seine eigenen falschen Behauptungen, die ständig korrigiert werden mussten, und meine Mitteilung, die keinen Sinn ergab und die er in seine eigenen Tagebuchnotizen einbaute.

THE GUARDIAN, Dienstag, 29. Okt. 1985
Fiasko bei SPIONAGEfall setzt Minister unter Druck – bezieht sich auf den Fall, der mich betrifft! Der Regierung wird an einigem davon die Schuld zuzuschreiben sein, nehme ich an. Das Unterhaus wird diese Angelegenheit auf der Stelle untersuchen!

Christopher Payne, Geoffrey Jones und fünf andere Soldaten wurden für »NICHT SCHULDIG« befunden und auf freien Fuß gesetzt. Das war Englands längster und kostspieligster Spionageprozess!!!

WO WAR ICH UND WARUM? [7 Monate!]
Mitteilung in meinem Zimmer: DONNERSTAG, 31. OKT. 85
Seltene Gehirnkrankheit / mit Gedächtnisverlust / 7 MONATE.
Der »Spionageprozess« wird im *Guardian* vom Dienstag, dem 29. Oktober 1985, erläutert.

Fiasko bei SPIONAGEfall / setzt Minister / unter Druck (Schlagzeilen)
Der Fall ist Englands längster und kostspieligster Spionageprozess!!!
Kosten: 4? Millionen ?! 119 Tage. Alle sieben freigesprochen!
ZAHLR Stimmen als Entschuldigung!!
Ich hatte eine »seltene Gehirnkrankheit / mit Gedächtnisverlust / 7 MONATE«!!!!!!

Clives Sorgfalt im Notieren der Zeilenumbrüche war typisch für seine Gründlichkeit. Und nie hatte er es bei einer Nachforschung so nötig gehabt, einer Sache auf den Grund zu gehen wie jetzt.

Im Laufe der Monate wurde Clive immer launischer und aufbrausender. Er lebte in einem Augenblick ohne jede Vergangenheit, an der er sich festhalten konnte, und mit nicht einmal so viel Gegenwart, um Atem schöpfen zu können. Seine Panik, keine Vergangenheit zu besitzen, löschte selbst jene wenigen Momente der Gegenwart aus, die ihm verblieben. Unter den gegebenen Umständen war er, glaube ich, unglaublich beherrscht, und das, obwohl der Teil des Gehirns, der zur Selbstbeherrschung befähigt, in Clives Fall nicht mehr vorhanden war. Wenn allerdings jemand vom Krankenhauspersonal oder ein Besucher, der es nicht besser wusste, etwas Falsches sagte, konnte Clive ausflippen, schreien, davonlaufen oder um sich schlagen.

Spätestens da hätte mir klar sein sollen, dass Prince's Ward, eine Station für Allgemeinmedizin, Clive nicht länger gewachsen war. Trotzdem war es ein Schock für mich, als mir im Oktober 1985 eine Schwester mitteilte, dass Clive in die Psychiatrie verlegt würde. Ich fuhr nach Hause, legte mich ins Bett und weinte. Clive war nicht geisteskrank. Er war normal, nur sein Gedächtnis funktionierte nicht. Vor meinem inneren Auge malte ich mir fürchterliche Bilder über die Zustände in der Psychiatrie aus. Würde es seine Qualen verschlimmern, wenn er sich unter Leuten wiederfand, deren Verhalten ihm Angst machte?

Eine Krankenschwester brachte Clive über die Straße in die psychiatrische Abteilung, den Paterson Wing, während ich bei der Arbeit war. Ich hatte eine Reisetasche für seine Sachen ins Krankenhaus gebracht. Er wurde in der geschlossenen Abteilung für Neuzugänge untergebracht. Dort bestand zumindest nicht mehr die Gefahr, dass er weglaufen würde. Das Gebäude lag direkt neben dem Red Star Parcel Office des Bahnhofs Paddington und nicht weit vom Kanal und der Überführung der Edgware Road entfernt. So gesehen waren die Sicherheitsmaßnahmen ein gewisser Trost.

Clive hatte ein Zimmer für sich allein. Auch das war ein Schritt nach vorn. Und er konnte seine eigenen Kleider tragen und musste nicht den ganzen Tag im Pyjama zubringen. Mir jedenfalls schien es so, dass ihm das einiges an Würde zurückgab. Aber Clive beklagte sich über einen Generator vor seinem Fenster, der unaufhörlich den Ton B summte. Oft hörte man andere Patienten schreien, brüllen, heulen oder auf etwas einschlagen. Gelegentlich taten sie es alle gleichzeitig – schwer zu ertragen für jemanden wie Clive mit seinem empfindlichen Gehör und mitfühlenden Herzen. Der Komponist Luciano Berio, Clives Freund und Kollege, hatte einmal angeregt, dass alle Menschen in Florenz zur selben Zeit den Ton B erklingen lassen sollten, egal womit – Autohupe, Stimme, Küchengerät, Instrument –, um den Maggio Musicale zu feiern. Clive hatte dieser Idee Beifall gespendet. Aber das B, das der Generator von sich gab, war höllisch, denn man konnte sich ihm nicht entziehen. »Mein Gehör könnte dadurch Schaden nehmen«, sagte er immer wieder.

Das Personal hier war es gewohnt, mit Verhaltensstörungen umzugehen. Allerdings muss auf Patienten, die eine Schädigung des Gehirns erlitten haben, anders eingegangen werden als auf Geisteskranke, weil das Verhalten zwar ähnlich, die Ursache der Erkrankung aber vollkommen anders sein kann.

Bald nach Clives Einlieferung in den Paterson Wing lernte ich seinen neuen behandelnden Arzt und einen jüngeren Kollegen kennen. Sie erklärten, die Verlegung sei nur vorübergehend, für vierzehn Tage, um in der Zeit eine geeignetere Unterbringung für Clive zu finden. Er war ihrer Obhut unterstellt worden, weil man sonst nicht mehr mit ihm fertig wurde.

In den letzten sieben Monaten war für Clive kein geeigneter Platz gefunden worden. Dies würde sich ändern, schienen sie andeuten zu wollen. Ich fragte mich, wie.

Ich war bei der Arbeit, als Shirley, die Sozialarbeiterin, mich anrief. Sie zögerte, mir etwas mitzuteilen. Sie sprach mit ihrer sanftesten Stimme. Das Krankenhaus, sagte sie, denke über Clives Verlegung in die Psychogeriatrie nach. Sie werde der Sache auf den Grund gehen und mich über weitere Entwicklungen auf dem Laufenden halten.

Ich hatte eine Reihe von Grünpflanzen auf meinem Fensterbrett im Blick, als sie das sagte. Taxis fuhren unten vorbei, und Leute mit dicken Taschen voll früher Weihnachtseinkäufe hasteten in alle Richtungen, künftige vergnügliche Familienunternehmungen im Sinn. Psychogeriatrie. Wie würde Clive mit alten Leuten mit Demenz, dem Gestank von Urin umgehen? Ich hatte von Leuten gehört, die an ihre Stühle gefesselt waren. Würden sie auch Clive an einem Stuhl festbinden? Wie konnte er an so einem Ort überleben? Wie kamen wir denn dorthin? Wie kämen wir wohl damit zurande? Ich sank auf das Fensterbrett und schaute durch die Grünpflanzen aus dem Fenster.

»Debbie?« In der Stille drang Shirleys Stimme aus dem Telefonhörer zu mir. Es war mir egal, dass sie die Koseform meines Namens benutzte. Meine Sekretärin kam mit einem Stapel Memos herein, die ich zu unterschreiben hatte. Sie legte sie auf den Schreibtisch und sah mich mit großen Augen an, und ich gab ihr mit Zeichen zu verstehen, dass sie bitte die Tür schließen möchte.

»Debbie-Liebes, sind Sie okay?«, hörte ich wieder Shirleys Stimme. Ich wünschte mir, ich wäre sonstwo – zu Hause, nein, nicht zu Hause, das war voller Dinge, die mich an Clive vor seiner Krankheit erinnerten.

»Das … das kann doch nicht alles sein«, sagte ich. Ich hatte ein Büschel fleißige Lieschen gepackt und hielt es zerdrückt und entwurzelt in der Hand.

»Wir schauen mal, meine Liebe. Ich suche weiter. Und Sie auch. Nur bis wir woanders etwas finden. Überhaupt«, sagte sie, »steht noch gar nicht fest, ob sie ihn überhaupt nehmen. Vielleicht ist er zu jung.«

»Na klar ist er zu jung!«, sagte ich. »Er ist so jung. Er ist eher so was wie mein kleiner Sohn.«

»Machen Sie sich im Augenblick darüber keine Sorgen. Ich rufe Sie an, wenn ich mehr weiß. Wir müssen einen Bericht erstellen. Dazu werden ein paar Tage nötig sein. Okay? Dann kommen Sie her, und wir reden bei einem Tee darüber.«

Sie legte auf, und ich legte den großen, grauen Telefonhörer auf das Fensterbrett, um einen Moment Pause zu haben, bevor andere Telefonate kamen. Ich blickte hinaus auf den düsteren Himmel über dem Cavendish Square. Ein paar Tage. Zwei Wochen. Geriatrie … Diese Worte hallten über einem weit entfernten Summton wider.

Meine Sekretärin klopfte zaghaft an und spähte herein. »Ich bringe Ihnen etwas Tee«, sagte sie, »und ein bisschen KitKat.« Sie war ein prima Kerl.

Ich stand auf und griff zum Telefon, dem Kugelschreiber. Dies würde man mit meinem Mann nicht machen. Ich würde ihn davor beschützen und mich vor all die Hunderte oder vielleicht Tausende von Leuten stellen, die ebenso wie er links liegen gelassen wurden. Ich würde sein Elend bekannt machen. Wenn er im Scheinwerferlicht stand, würden sie es nicht wagen, ihn an einen so hoffnungslosen Ort zu bringen. Wenn es in England keine besseren Hilfsangebote für Menschen wie Clive gab, würde ich die Gesundheitsbehörden dermaßen beschämen, dass sie eine entsprechende Versorgung ins Leben rufen würden. Wenn die Augen der Welt auf Clive gerichtet waren, glaubte ich, würde sich etwas ändern. Man würde noch einmal nachdenken.

Ich wusste, was zu tun war. Ich war Pressesprecherin. Ich würde an die Öffentlichkeit gehen. Clive, so schien es, wurde als bloße Statistik, als lästig angesehen. Ich hatte das Gefühl, als wäre man bereit, seinen Fall unter den Teppich zu kehren. Aber er verdiente es, gehört zu werden, er verdiente es, dass man auf seinen Fall näher einging. Als Erstes wollte ich versuchen, mit einem Dokumentarfilm im britischen Fernsehen die Behörden zu zwingen, sich dem Problem zu stellen. Clive, das spürte ich, würde langfristig besondere Zuwendung benötigen. Die Psychologen sagten, er sei der schlimmste Fall, den sie kannten. Außerdem war er besonders interessant, weil er sich sein musikalisches Können und seine ungewöhnliche Eloquenz im Kommentieren seiner eigenen Lage bewahrt hatte. Ein Dokumentarfilm würde auf seine Notlage und auf die seiner Schicksalsgenossen aufmerksam machen. Hatte ich erst einmal eine genauere Untersuchung seines Falls erreicht, konnten wir die nötige Debatte führen und einen Ausweg aus dieser Situation suchen. Der Dokumentarfilm würde zu anderen Spielern, Kämpfern und zu einem ganzen Kader an ähnlich Betroffenen führen.

Und so begann ich, Vorschläge für einen Fernseh-Dokumentarfilm zusammenzutragen. Ich war voll im Schwung, als Shirley mich anrief und mir mitteilte, die geriatrische Abteilung habe Clive aufgrund seines Alters einen Platz verweigert. Ich war erleichtert, denn es bedeutete einen zeitweiligen Aufschub. St. Mary's würde ihn behalten müssen, bis eine andere Betreuung gesichert war. Ich machte mit meinen Dokumentarfilmplänen dennoch weiter. Es war klar, dass Clive und all die anderen hirngeschädigten Menschen Hilfe nötig hatten.

Wir setzten unsere Bemühungen fort, Clive weiteren Ärzten vorzustellen. Ich erinnere mich, dass ein Doktor sagte, er habe noch niemanden mit einer so dicken Akte gesehen. Ich war bereit, Clive überallhin zu bringen, falls man ihm helfen konnte. Weite Strecken zu fahren, konnte allerdings ziemlich riskant sein. Selbst unterwegs auf die Toilette zu gehen, war kompliziert. Ich konnte nicht mit ihm in die Herrentoilette gehen, und da ich gewöhnlich zur gleichen Zeit auf die Damentoilette musste, blieb mir keine andere Wahl, als ihn alleine gehen zu lassen. Unser Wiedersehen hinterher war in der Regel weniger dramatisch als im Krankenhaus, aber er war nach wie vor überrascht, wenn er mich sah.

Auf einer zweispurigen Straße, die in Richtung Osten aus London hinausführte, sagte Clive, er müsse mal. Ich sah ein Parkplatzschild und das Zeichen für Toiletten und hielt an. Es war eine lange Parkbucht mit einer Containertoilette. Clive streckte die Hand aus, um die Wagentür zu öffnen, aber ich sagte ihm, er solle warten, bis ich herumkäme und ihn hinausließe. Er wartete nicht, sondern öffnete die Tür. Dabei flog ein Blatt Papier mit unserer Fahrtroute vom Armaturenbrett nach draußen. Ein Windstoß wehte es davon, und Clive jagte hinterher, trotz meiner entschiedenen Mahnungen, es bleiben zu lassen. Er sprang hinter dem Zettel her und ich hinter ihm, um ihn zu fassen zu bekommen. Der Wind trug das Blatt immer ein kleines Stückchen vor ihm her, und er war immer ein kleines Stückchen vor mir. Das Blatt flog den Seitenstreifen entlang.

»*NEIN, CLIVE!*«, schrie ich. »*LASS ES!*« Er war ganz auf das weiße Blatt Papier konzentriert, das in der Luft umhertanzte, und beachtete mich nicht. Vielleicht wollte er galant und mir eine Hilfe sein, indem er es wieder einfing.

»Ich kriege es«, rief er. Er war ein schneller Läufer, ein Flügelspieler beim Rugby, als er zur Schule ging. Er wollte es vielleicht auf einen Versuch ankommen lassen.

»*HALT!!!*«, schrie ich so laut ich konnte. »*STEHEN BLEIBEN! HALT!!!*«

Unmittelbar am Straßenrand holte ich ihn ein. Ich stürzte mich auf ihn, packte ihn von hinten und schlang meine Arme um seine Taille. In diesem Augenblick sah er, wo er war, den starken Verkehr, in den er jeden Moment hineingerannt wäre. Er reagierte seinen Schreck an mir ab und rüttelte mich an den Schultern.

»*Was machst du denn, du dämliches Weib?*«, schrie er. »*Was denkst du dir denn dabei?*«

Ich sah verschwommene weiße Gesichter, die uns hinter den Scheiben vorbeifahrender Wagen anstarrten, Zentimeter entfernt. Clive erinnerte sich nicht, was geschehen war, sah jedoch, dass wir unmittelbar in Gefahr waren. Er schrie immer weiter.

»*Du blödes Weib! Was tust du denn? Was denkst du dir eigentlich dabei??*«

»*Liebst du mich?*«, unterbrach ich ihn mit lauter Stimme. Er hielt inne und sah mich einen Augenblick an, als erkenne er plötzlich, wer ich war. Die Wut wich aus seinem Gesicht, er stieß Luft aus und lockerte den Griff.

»Ja, natürlich«, sagte er zerknirscht. Wir konnten weiterfahren.

Ich zog ihn vorsichtig von der Straße weg und hoffte, er sähe nicht das herumflatternde Blatt Papier, hoffte, er hätte vergessen, dass es irgendetwas mit uns zu tun hatte. Ich ließ ihn ins Auto einsteigen und fuhr zur nächsten Tankstelle wegen der Herrentoilette.

Liebe war stets mein Mittel, zu Clive durchzudringen, ganz gleich, wie die Umstände waren. Liebe ließ ihn auf der Stelle innehalten. Liebe führte ihn zu dem zurück, was wichtig war. Ja, er mochte nicht die geringste Ahnung haben, was gerade vor sich ging oder wo er war oder was ihm in seinem ganzen Leben widerfahren war, aber eines wusste er ganz sicher – er wusste, dass er mich liebte, er wusste, dass ich ihn liebte, er wusste, dass wir eins waren, und er wusste, dass dies wichtiger als alles andere war.

Wir fanden eine Tankstelle.

»Warte auf mich!«, mahnte ich ihn immer wieder, als er in der Herrentoilette verschwand. »Warte hier auf mich!« Ich dachte, wenn es das Letzte sei, was er vor dem Hineingehen hörte, würde vielleicht meine Stimme in seinem Kopf ein Echo hervorrufen. Vielleicht würde er den Satz vor sich hin sprechen, bis er wieder draußen wäre.

So rasch ich konnte, eilte ich in die Damentoilette, obwohl er fast immer vor mir herauskam. Aber diesmal war er nicht draußen und wartete auf mich. Langsam geriet ich in Panik. Vielleicht hatte ich ihn verpasst, und er war bereits weiß der Himmel wo. Ich blickte mich verzweifelt um. Ein hoch gewachsener Mechaniker in einem schmierigen Overall steuerte in meine Richtung.

»Ähm … entschuldigen Sie«, sagte ich.

Er blieb stehen und sah auf mich herunter. Ich überlegte, was um alles auf der Welt ich sagen sollte.

»Könnten Sie bitte mal nachsehen, ob mein Mann in der Herrentoilette ist? Er leidet an Gedächtnisverlust, und ich habe ihn nicht herauskommen sehen.«

»Kein Problem«, sagte der Mann gelassen. »Vielleicht hat er den anderen Ausgang benutzt.«

»*Den anderen Ausgang?!*« An meinem Gesicht muss er gesehen haben, dass dies eine schreckliche Nachricht war.

»Keine Sorge«, sagte er. »Ich finde ihn schon.«

»Er ist ein bisschen größer als ich, dunkles Haar, schwarzer Mantel, Kamelhaarschal.«

Es verging eine ganze Weile. Schließlich tauchte der Mechaniker grinsend mit Clive im Schlepptau auf.

»Er war in unserer Werkstatt«, sagte der Mann in sich hineinlachend, »und lief einfach immer hin und her. Sie haben die Wagen inspiziert, nicht wahr, Sir?«

»Ach ja?«, sagte Clive, der, obgleich er keine Erinnerung daran hatte, offensichtlich viel Spaß gehabt hatte und sich in Gesellschaft dieses vergnügten Mechanikers wohl fühlte.

Nach dieser ereignisreichen Tour kam das Krankenhaus zu der Einsicht, dass ich lange Fahrten nicht mehr allein mit Clive unternehmen sollte, und schickte ab da eine Krankenschwester mit. Das verringerte ein wenig den Druck, der auf mir lastete.

Trotzdem wollte Clive sich während der Fahrt weiterhin nur mit mir und nicht mit der Krankenschwester unterhalten. Die Autofahrten waren deshalb nicht weniger ermüdend, aber ich hatte wenigstens die Gewähr, dass ein zweiter Erwachsener die Ausgänge der Herrentoiletten im Auge behielt.

Die weiteste Fahrt führte uns nach Yorkshire zu einem Heim für Menschen mit Lernbehinderungen. Wie in den meisten Heimen, die wir besuchten, waren alle Bewohner wesentlich selbständiger als Clive. Mit Bestürzung nahm man dort zur Kenntnis, dass er ständig, Tag und Nacht, im Auge behalten werden müsse und dass es viele Tätigkeiten gebe, die er gar nicht würde ausführen können. Man wollte die Schwere seiner Behinderung fast nicht glauben, bis die Zuständigen ein bisschen Zeit mit ihm verbracht hatten.

Wenn man Clive etwa die Frage: »Wie geht es Ihnen?« stellte, konnte das Wut und Enttäuschung bei ihm hervorrufen. Er wusste nicht, wie es ihm ging. Er wusste nicht, wer ihn das fragte. Er wusste nicht, ob er gerade stundenlang durchs Land gefahren war, um dorthin zu gelangen, wo er gerade war, oder ob er schon die ganze Zeit dort war. Wenn die Person in seiner Umgebung keine Dienstkleidung trug, hatte er keine Ahnung, ob sie Arzt, Pfleger, Freund oder Nachbar war. Alles, was er wusste, waren sein Name, sein Beruf und seine Liebe zu mir.

Immer wieder stellte das Pflegepersonal Clive die Frage, wie es ihm gehe, ob ihm sein Zimmer gefalle, ob er noch Klavier spiele, ob er einen guten Tag gehabt, ob ihm das Essen geschmeckt habe.

»Haben Sie sich das Rugbyspiel angesehen, Mr. Wearing?« Sie waren erstaunt, wenn Clive aufsprang, sie anschrie oder den vollbeladenen Kaffeetisch umstieß.

Ich fuhr Clive zu Dr. Barbara Wilson, einer Fachärztin für Neuropsychologie am Charing Cross Hospital. Es ist reichlich kompliziert festzustellen, welche Hirnfunktionen in welchem Ausmaß beeinträchtigt sind. Umfassende Tests sind dazu erforderlich. Barbara ging so lieb mit Clive um, dass er imstande war, sich auf die Fragen einzulassen und positiv auf alles zu reagieren, was sie ihn zu tun bat. So gelang es ihr, ein detailliertes Bild davon zu erstellen, wie sein Gehirn funktionierte.

Als wir eines Tages in Barbaras Sprechzimmer saßen, forderte sie Clive auf, ihr alle Wörter mit »S« zu nennen, die ihm einfielen. Er habe eine Minute Zeit. Sie drückte auf ihre Stoppuhr. Offenbar war er in der Lage, den Sinn einer Aufgabe länger zu behalten, als ich erwartet hatte. Vermutlich weil er sich konzentrierte und seine Gedanken nicht abschweifen konnten.

»Super …«, begann er, »Salami … Sandwich … saublöd … Salami … äh … Salami … äh, super … Salami … Sonntag … Sandwich … Sand … Salami.« An bestimmten Wörtern hing er fest.

Die nächste Aufgabe war, Tiere zu nennen.

»Alle Tiere, die Ihnen einfallen und die mit ›S‹ beginnen«, sagte Barbara. »Sechzig Sekunden.« Sie drückte wieder auf ihre Stoppuhr.

»Sechzig …«, sagte Clive.

Barbara hielt die Uhr an. »Tiere, Mr. Wearing, die mit ›S‹ anfangen.« Sie setzte die Uhr wieder in Gang.

»Schlange … äh … Schlange …«

Ich dachte, Clive wäre dadurch überfordert. Dann hellte sich sein Gesicht auf.

»Salamihund!«, sagte er triumphierend.

Das war zu viel für mich. Die ganze aufgestaute Anstrengung, ihn dorthin zu fahren, zu parken, aufs Klo zu gehen … Ich musste einfach lachen. Doch wie konnte ich das vor meinem armen Mann, der nicht wissen konnte, dass das, was er gesagt hatte, komisch war. Ich hielt mir die Hand vor den Mund, aber ein paar Pruster entwischten. Clive sah mich verdutzt und fragend an.

»Ist alles in Ordnung, Liebling?«

Ich schüttelte mich vor Lachen. Ich biss mir auf die Lippen. »Äh-häh.« Ich versuchte, mich zusammenzureißen.

»Tiere, die mit ›S‹ beginnen, Mr. Wearing«, fuhr Barbara fort. »So viele wie Ihnen in sechzig Sekunden einfallen.«

»›S‹!... Äh... Schlange!... äh... Salamihund!«

Ich rannte aus dem Zimmer. Ich rannte den Korridor entlang, beide Hände vor dem Mund. Ich rannte in die Damentoilette und lehnte mich an die Wand, und das ganze Gelächter platzte aus mir heraus. Ich schüttelte mich und lachte, bis ich weinte und mir der Bauch wehtat, und dann weinte ich lachend noch ein bisschen länger. Jedes Mal, wenn ich die Toilette verlassen wollte, fing es von neuem an. Schließlich berappelte ich mich wieder, weil ich an unsere Lage denken musste, und mir wurde ziemlich jämmerlich zumute. Ich ging langsam zurück. Als ich ins Zimmer trat, sprang Clive von seinem Platz auf.

»Liebling!!!!!!!!!!!!«, stieß er keuchend hervor, lief auf mich zu und umarmte mich fest. Barbara machte dann weiter, zeigte ihm eine Reihe von Zeichnungen und fragte ihn, was sie seiner Meinung nach darstellten. Clives Antworten waren zum Schreien komisch. Er betrachtete eine Zeichnung, die wahrscheinlich eine Vogelscheuche darstellen sollte, und sagte zu Barbara, es sei »ein Gegenstand der Anbetung fremder Völker mit einem seltsamen Glauben«. Ich musste sofort wieder aus dem Zimmer rennen. Ich musste mich kaputtlachen über ihn.

Die traurigste Antwort gab Clive, als Barbara ihn bat, alle Komponisten zu nennen, die ihm einfielen. Innerhalb einer Minute konnte er nur vier nennen – Mozart, Beethoven, Bach und Haydn, die Komponisten, die er in seiner Kindheit am besten gekannt hatte. Nach fünfundzwanzig Jahren getreuen Studiums des Lebens und der Werke von Orlando di Lasso war ihm selbst dieser Name entfallen.

Jetzt bemühte ich mich, nicht in Tränen auszubrechen. Emotionale Labilität, das heißt müheloses Lachen und Weinen, kann ein Anzeichen für eine Schädigung des Stirnlappens sein. Clive hatte den Hirnschaden, aber die Symptome hatten wir beide.

7

Leben ohne Clive

Eines Abends ging ich von der U-Bahn nach Hause. Es wurde dunkel, und ich hatte kaum die Wohnungstür geöffnet, als sich das vordere Zimmer mit blitzendem Blaulicht füllte. Ich schaute aus dem Fenster und sah zwei Löschfahrzeuge an der Ecke stehen. Ich beschloss, nach draußen zu gehen und nachzusehen, weil mein Auto irgendwo dort geparkt war und es ihnen vielleicht im Weg war. Der Feuerwehrwagen stand mitten auf der Straße in der zweiten Reihe. Feuerwehrleute sprühten Schaum auf den Asphalt. Ich trat an einen von ihnen heran und bot ihm an, meinen Wagen wegzufahren, indem ich eine Handbewegung zu dem blaumetallic Audi machte.

»Ist das Ihrer?«, fragte er und sah mich und seinen Kollegen an.

»Ja«, sagte ich.

»Also, den fahren Sie nirgendwohin. Wegen Ihrem Wagen sind wir nämlich hier. Er verliert Benzin.«

Ich wollte gerade sagen, dass mir das bekannt sei, als mir der Gedanke kam, dass das Ganze vielleicht nicht ungefährlich war. Im Grunde hätte ich längst etwas dagegen unternehmen sollen.

»Wie haben Sie das erfahren?«, fragte ich.

»Zum Glück hat es jemand gesehen und uns gerufen«, sagte er.

»Ah, ja…« Du liebe Güte. Es hatte schon ein ganzes Weilchen nach Benzin gerochen, und immer wenn ich damit fuhr, roch auch ich nach Benzin – meine Kleider, mein Haar. Ich hatte eine kleine feuchte Stelle unter dem Wagen bemerkt, die auf Pfützen einen psychedelischen Film hinterließ.

»Ich meinte, ich würde etwas riechen«, sagte ich.

»Ach, waren Sie es, die uns gerufen hat?«

»Äh … nein«, sagte ich.

»Wenn jemand vorbeigegangen wäre und eine Zigarette weggeworfen hätte, wäre das Ganze in die Luft geflogen – BUMM!«, sagte er.

»Mit all den anderen Wagen hier«, mischte sich sein Kollege ein, »hätte es ziemlich böse ausgehen können.«

Die Leute in der Reparaturwerkstatt zeigten mir den rostigen alten Benzintank. An einer Ecke hatte der Rost ein großes Loch gefressen. Es war ein Wunder, dass das ganze Ding nicht explodiert war.

Ich dachte darüber nach, dass sich der Wagen unter mir in seine Bestandteile auflöste. Ich hatte es gerochen, hatte die feuchten Stellen am Boden gesehen, aber nicht begriffen, dass es etwas Ernstes war, hatte keine Abhilfe geschaffen. Warum hatte ich die Realität nicht fest im Griff? Hatte diese Realitätsferne mich davon abgehalten, Clive die ärztliche Hilfe zu holen, die er benötigt hatte? Alle Fälle von Enzephalitis, über die ich in der Bibliothek gelesen hatte, wurden erst nach einer ähnlich langen Zeit richtig diagnostiziert, und ich rief mir ins Gedächtnis, dass auch zwei erfahrene Ärzte sie nicht erkannt hatten. Trotzdem hatte ich das Gefühl, ich hätte es sehen sollen, ich hätte ihn selbst ins Krankenhaus fahren sollen, damals, als er von zu Hause weggelaufen war. Oder an dem Morgen, als er völlig verwirrt aufgewacht war und der Arzt ihn aufgefordert hatte, »Neunundneunzig« zu sagen, und Clive nur »Ja« hatte antworten können. Ich hatte es zugelassen, dass der Arzt Clive abhörte, redete, horchte und ging. Warum hatte ich nicht begriffen, was geschah?

Einige Wochen nach Clives Erkrankung musste ich selber zum Arzt. Beide Ärzte, die Clive behandelt hatten, waren im Sprechzimmer, als ich hineinging. Sie saßen da und sahen mich ruhig über den Schreibtisch hinweg an. Sie erkundigten sich nach Clive. Ich erzählte ihnen von den Schwierigkeiten, etwas Passendes für die Weiterbehandlung zu finden. Sie fragten, ob sie etwas tun könnten. Ich sagte, sie könnten vielleicht Ausschau nach irgendwelchen Pflegeeinrichtungen halten. Dann entstand eine Pause. Ich sagte, ich wäre wegen meines Abstrichs gekommen. Sie starrten mich an, während sie diese Information in sich aufnahmen. Dann wurden sie sehr viel lockerer.

»Den mach ich«, sagte die Frau.

»Also, du musst doch in die Oper«, sagte der Mann. »Ich kümmere mich schon drum.«

»Wen hätten Sie denn lieber, Mrs. Wearing?«, fragte die Frau.

Ich hätte es lieber von der Frau machen lassen, aber ich wollte sie nicht aufhalten. Beide standen auf, plauderten, zogen Rollos herunter. Die Frau schnappte sich ihren Mantel und die Tasche, bereit für ihren freien Abend.

Die Anforderungen dieses neuen Lebens machten mich stark. Clive verließ sich mittlerweile auf mich. Ich musste ihn mit einer Heftigkeit verteidigen, von der ich gar nicht wusste, dass ich sie besaß. Ich vergaß meine Schüchternheit. Meine Stimme wurde lauter. Ich musste für Clive meine Stimme erheben. Die neue Stärke übertrug sich auf alles, was ich tat. Ich stellte plötzlich fest, dass ich eine Bahn nach der anderen schwimmen konnte, bisher hatte ich nur immer an den seichten Enden der Schwimmbecken herumgeplanscht. Ich war nie dorthin geschwommen, wo ich nicht mehr stehen konnte.

Am 29. August 1985 schrieb ich in Clives Tagebuch: »Deine Frau, Deborah, zeigte dir, wie stark ihre Bizepse sind, nachdem sie die Autobatterie nach unten getragen und ganz allein wieder in den Wagen eingebaut hat. Das Einzige, was sie nicht schaffte: Sie bekam den Autositz nicht wieder hinein.«

Ich traute mir zwar einiges zu, aber Autopflege war noch nie meine Stärke gewesen. Am Samstag, dem 31. August, forderte ich Clive auf, Folgendes zu schreiben:

Deborah!!! √√√ √√√ kamm ein bisschen zu speet und tellyphonierte mit main Hosspittall um ihnen tsu sagen sie zollten mir kain Abendrot geben, unt alls ich die Bootschafft kriegte, hatte ich schon meine Wurst angeschnitten. Deborah kommt und fuhr mit mir in einem TAXI nach Hause, weill unser Wagen nicht anspringen wollte (CW). Sie gab mir frische gegrillte Sardinen mit gestampfter Kartoffel, die sie in der Partselle ihres Vaters ausgegraben hatte, und BREITE Bohnen gefolgt von Pfirsichen (Für-sichen).

Clive konnte inzwischen die meiste Zeit orthografisch völlig richtig schreiben, aber wenn ich einen Tagebucheintrag diktierte, schrieb er so, um mich zu amüsieren und alle Fehler zu kaschieren, die er eventuell gemacht hatte. Ich ermunterte ihn weiter, in seinem Tagebuch festzuhalten, wie er sich fühlte, aber er machte nur einen Ulk daraus, wahrscheinlich weil er keinen Zugang zu genügend inneren Informationen hatte, um zu wissen, wie er sich fühlte.

Am Montag, dem 2. September, schrieb er: »Wie fühlst du dich. Tja Wie fühlst du dich. Niedergedrückt ins Tagebuch.« (How U feal. Well How do U feel. Down in the Direy.) Am Dienstag, dem 3. September, schrieb ich: »HEUTE IST UNSER ZWEITER HOCHZEITSTAG!« Und er schrieb nach meinem Diktat:

Vier furren haim mit Michael Vyner und Terry Edwards. Ich spielte Cemballooh und *si* Klavier und Terry Ps-ang. Dann öpffneten vier eine Bottul Scham-Pein, Bollinger 73, die vier alls Hochzeitspräsens bekomm hattn. Vier gaabn auch ettfass unser Nachtbarinn.

Dann aßen wir Steak, Kartoffeln und Brokkoli und sahen uns die 9-Uhr-Nachrichten an. Dann nahmen wir ein Taxi zurück.

Bevor er krank wurde, küsste Clive mich nicht gern vor anderen Leuten. Wir gingen normalerweise Arm in Arm oder Hand in

Hand, aber das war alles. Gelegentlich schlang ich meine Arme um ihn und küsste ihn auf der Straße.

»Nicht hier!«, sagte er dann. »Wir sind in der Öffentlichkeit!« Vielleicht küsste man sich im Birmingham der vierziger, fünfziger Jahre nicht. Doch sobald wir allein in einem Aufzug waren, küsste mich Clive. Es war unser kleiner Spaß. Dann sprangen wir, kurz bevor sich die Türen öffneten, zur Seite und stellten uns unschuldig hin. Nach seiner Erkrankung vergaß Clive seinen Grundsatz, sich nicht in der Öffentlichkeit zu küssen, und wenn er Musik hörte, konnte er sogar auf der Straße tanzen. Die Ärzte deuteten dies als Enthemmung und führten es auf die Stirnlappenschädigung zurück. Ich sah es lieber als einen Durchbruch an.

Nach unserem Hochzeitstags-Abendessen mochte ich Clive am liebsten nicht wieder ins Krankenhaus zurückbringen. Letztes Jahr zu dieser Zeit hatten wir unseren Hochzeitstag mit großen Hoffnungen auf Dirigiererfolge und eine zweite Familie gefeiert. Nun fuhr ich allein mit der Bakerloo-Bahn nach Hause und betrat die Wohnung, in der Clive gerade eben noch geredet und gelacht hatte. Das Geschirr stand noch in der Spüle, und seine Noten lagen noch auf dem Cembalo, wo er sie hatte liegen lassen. Er war da und doch nicht da. Wir waren beisammen getrennt. Seine Bücher füllten die Regale, seine Kleider hingen in seinem Kleiderschrank. Ich war mitten unter ihm. Warum also war er nicht hier?

Eines Abends klingelte das Telefon. Ich saß im Dunkeln auf dem Fußboden und legte den Hörer an mein Ohr.

Eine Stimme sagte: »Hallo, Liebes! Ich bin's!« In dem Moment wurde mir schwindlig, und ich verlor den Bezug zu dem Zimmer vollkommen.

»Hallo??«, sagte die Stimme wieder. Ich hatte das Gefühl zu ertrinken und versuchte, mich wieder an die Oberfläche zurückzukämpfen. Es war Clives Stimme und mit der Begrüßung, die er immer gebrauchte. Wie konnte das sein? Ich hatte nicht erwartet, ihn jemals wieder so etwas am Telefon sagen zu hören.

»Hallo?«, flüsterte ich.

»*Liebling!!*« Er lachte vergnügt. Wir sprachen miteinander. Am Schluss legte ich auf. Ich rief die Station an, um herauszufinden, was passiert war, um sicherzustellen, dass er dort war. Eine Schwester hatte für ihn die Nummer gewählt.

Weil ich die Stille nicht ertragen konnte, ließ ich das Radio und den Fernseher in verschiedenen Zimmern laufen. Ich mochte es nicht, wenn Licht brannte. Alles war zu hell. Wenn Besucher eine Deckenlampe einschalteten, musste ich sie bitten, sie wieder auszumachen. Ich brauchte Dunkelheit, um mich geborgen zu fühlen. Schwarz war die Farbe meiner Wahl. Falls ich Kleider in irgendeiner anderen Farbe anzog, musste ich mich sofort wieder umziehen. Ich konnte keine Musik hören, außer wenn Clive spielte. Keine Konzerte, kein Radio 3, keine Bänder oder Platten, weil jede Aufführung falsch klang. Es gab nur eine einzige richtige Aufführung von einem Werk, und das war seine. Clives Auffassung von Musik war mir so vertraut, dass ich ein Werk hören konnte und genau wusste, wie Clive es angepackt hätte. Keine Aufführung kam dem auch nur irgendwo nahe.

Ich begann jedoch, Popmusik zu hören. Clive war nicht da und konnte sich nicht darüber ärgern. Ich hatte keine Ahnung, wie sich alle diese Bands nannten, aber ich ließ die Sender mit voller Lautstärke im Wagen laufen. Als ich einmal eine Frau mitnahm, sagte sie, ihr werde übel vom Holpern des Autos, weil ich im Rhythmus der Musik auf das Gaspedal trat und damit den Wagen zum Schlingern brachte. Mir machte das nichts, ich hatte gar nicht bemerkt, dass ich es tat. Ich stamme aus einer Familie walisischer Seeleute. Wir sind kabbelige Meere gewöhnt.

Draufgängerisch und pseudotapfer gab ich mich hauptsächlich, wenn es um Clives Lage ging und wenn ich mich für ihn einsetzte. Bei der Arbeit rackerte ich mich schonungslos ab. Doch allein war ich energielos, abgestumpft oder niedergedrückt. Eines Sonntagabends war die London Sinfonietta im Fernsehen und spielte ein Stück, das sie mit Clive hatten machen wollen, aber er war nicht da und wäre es nie wieder. Ich weinte laut und hätte es gern jemandem erzählt, wünschte mir, dass jemand anderer verstünde, was dieser Aufführung fehlte, wenn man die Sinfonietta ohne ihn sah. Normalerweise weinte ich nicht vor anderen Leuten: Mein Kummer war still, nach innen gerichtet, lähmend. Aber an diesem Abend war es anders. Ich rief meine Freundin Caroline an und versuchte weinend, mit ihr zu reden. Ich kann nicht sehr gut zu verstehen gewesen sein, aber sie begriff. »Schalte den Fernseher aus, Deborah«, sagte sie. »Schalte ihn aus… Ich komme rüber.« Und sie ließ bei sich zu Hause in Kentish Town alles stehen und liegen und nahm sich ein Taxi. Und als sie bei mir eintraf, hatte ich schon einigermaßen wieder Mut gefasst, nur weil jemand anderer vielleicht meinen Kummer verstehen würde.

Wir schalteten den Fernseher aus und tranken Tee, und schließlich sah alles nicht mehr so schlimm aus. Caroline musste wieder zurück, weil sie ihren Mann, George, mit einem halbfertigen Abendessen zu Hause zurückgelassen hatte, und dann war ich wieder allein.

Ich brauchte viele Jahre, um mich an das leere Bett zu gewöhnen. Ich ging dazu über, einen großen legeren Pullover von Clive über meinem Pyjama zu tragen. Das war einer, den er schon mit Anfang zwanzig getragen hatte, lang und warm und von skandinavischer Machart. Ihn um mich zu haben, war wie Clive um mich zu haben.

Immer wieder wurde ich von meiner Firma gefragt, was ich benötigte. Nichts, sagte ich. Nichts ist von Bedeutung, wenn man das Eine, das man unbedingt haben möchte, nicht haben kann. Aber man erkannte, wie schwierig es für mich war, Clive überall herumzutransportieren. Öffentliche Verkehrsmittel wären nicht ungefährlich gewesen. Die Direktoren, die Finanzmittel für Personalbeihilfen verwalteten, waren ungeheuer freundlich. Sie ließen mich wissen, dass sie mir ein Auto schenken wollten.

Die Direktoren schrieben mir wie Onkels. »Mr. G----- und ich sind für Sie immer telefonisch erreichbar«, schrieb Mr. S-----. Freundlichkeit brachte mich immer fast zum Weinen.

Von der Spende der Firma kaufte ich einen guten gebrauchten Vauxhall Astra. Clive mochte den Wagen und meinte, mein Fahrstil habe sich verbessert. Vorher war stets er gefahren, deshalb war ich nicht sehr gut im Einparken und Spurhalten. Ständig starrte ich auf die weißen Linien in der Straßenmitte und hatte den Eindruck, ich wäre ihnen zu nahe gekommen und müsse das wieder ausgleichen. Die Tatsache, dass Clive jetzt mein unterschiedlicher Fahrstil auffiel, zeigte, welchen Eindruck es auf ihn machte. Kein Wunder, dass er mich nie hatte fahren lassen.

Das Personal in der Psychiatrie hatte im Gegensatz zu dem auf der allgemeinmedizinischen Station gewisse Verpflichtungen, sich um die Familie des Patienten zu kümmern. Man ging davon aus, dass die nächsten Angehörigen von jemandem im Paterson Wing wahrscheinlich selbst Hilfe nötig haben würden. Und so forderten die Schwestern mich dazu auf, mir einen Stuhl heranzuziehen und zu reden, und das tat ich öfter. Es war eine Wohltat, mit Profis reden zu können. Ich musste mir keine Sorgen machen, sie mit meinen Problemen zu belasten.

Manchmal war der Schmerz so groß, dass ich nicht wusste, wie ich ihn eine weitere Stunde oder die nächsten fünf Minuten ertragen sollte. Ein paar Mal rief ich die Telefonseelsorge an. Die Nummer war besetzt.

Ich sah im Telefonbuch nach, konnte aber für das, was ich hatte, keinen Notdienst finden. Es war wie bei einem Trauerfall, nur verschaffte mir die Zeit keinen Abstand; sie zog mich nur immer tiefer in meinen Verlust hinein. Für Clive gab es keinen

Ausweg, und für mich auch nicht. Einmal rief ich eine Stelle an, die Trauerhilfe gab, aber dort wurde mir gesagt, ich erfüllte nicht ihre Kriterien, weil Clive am Leben sei.

Was mich am Morgen zwang aufzustehen, war die Notwendigkeit, für Clive und meine Familie da zu sein. Aber wenn ich von der Arbeit nach Hause kam und sich die Wohnungstür erst einmal hinter mir geschlossen hatte, sah ich keinen Sinn mehr, irgendwie weiterzumachen. Ich legte mich einfach auf den Boden, zerdrückte mir wahrscheinlich mein Kostüm, und die Ecke meiner Aktentasche bohrte sich mir ins Gesicht.

Vom Fußboden aus sieht man die Welt aus merkwürdigen Winkeln. Der Spalt unter der Wohnungstür war sehr breit. Manchmal wehte mir Luft von draußen in die Augen. Staub aus dem Teppich reizte meine Lunge, und das dichte Wollgewebe kratzte mich an der Wange, als ich den Kopf drehte. An der Scheuerleiste hingen kleine Teppichhaare. Durch das Fenster sah ich nichts als Himmel, Himmel, Himmel. Ich hörte meine Nachbarn unten und oben ihr Leben führen, Geschirr auf Abtropfbrettern klappern, den Hund von unten, als er zum Auslauf und Bellen in den Garten gelassen wurde. Manchmal läutete das Telefon, und die Stimme einer meiner Eltern oder einer Freundin redete in das leere Zimmer. Ich konnte dort liegen und die Decke und den Teppichflaum betrachten, bis die Farben verblichen und das Mondlicht hereinschien.

Ich lag nicht ständig auf dem Fußboden. Es kam in Wellen. Ein 7/11-Laden an der Ecke hatte die ganze Nacht offen. Ich ging hinunter und kaufte mir einen mit Zucker bestreuten Sahnewindbeutel, eine Biskuitrolle mit Eiscreme, ein paar Packungen Kartoffelchips, Schokoriegel, einen Becher Reispudding und eine Büchse Ravioli, ein paar Käse- oder Rosinenbrötchen und verzehrte diese Leckereien vor dem Fernseher. Ich aß, weil ich einen Schmerz im Hals fühlte, als stecke ein Messer darin. Etwas in mich hineinzuschlingen mochte meiner hungrigen Seele vorübergehend Erleichterung verschaffen, und so stopfte ich Trostnahrung zusätzlich zu ausgedehnten Mahlzeiten in mich hinein.

Manchmal war ich wie ein Strich in der Landschaft, und dann ging ich wieder auf wie ein Ballon. Oder ich lief drei- oder viermal die Woche ins Sportstudio, um mich abzuhärten und gegen den Schmerz anzukämpfen.

Ich fragte mich immer, ob Clive die Veränderungen an meinem Äußeren jemals bemerkte. Ich erschien in seiner Tür in vielen verschiedenen Formen von mager bis dick, mit langem rotem oder kurzem mausgrauem Haar, wild oder ordentlich, in Nadelstreifen oder Räuberzivil. Er war immer erfreut, mich zu sehen.

Es schien, als bekäme ich nicht genug Sauerstoff. Die Leute dachten, ich stieße tiefe Seufzer aus, aber ich versuchte lediglich, genügend Luft einzusaugen, um meine Lunge zu füllen. Ich bekam Schwindelanfälle, selbst beim Fahren. Ab und zu musste ich an Tankstellen anhalten, weil ich dachte, ich würde am Steuer ohnmächtig werden. Es war Höhenangst in Bodennähe.

Clives neue Nachbarn glichen niemandem, mit dem er jemals Zeit verbracht hatte. Er teilte die Station mit Menschen, die schwer geisteskrank waren. Einer lief nur halb bekleidet herum und beschmierte die Toilettenwände mit seinem Kot. Es gab viel Gejammer und Geschrei. Clive warf einen Blick auf seine Gefährten und sagte leise zu mir: »Bin ich auch so gewesen?«

»Nein, mein Schatz, ganz und gar nicht.«

»Puh!!! Gott sei Dank!«, sagte er dann und wischte sich die Stirn.

Es gab da eine Mutter, die ihren Sohn jeden Tag besuchte, obwohl sie zwei verschiedene Busse nehmen musste und immer mit Einkäufen für ihre anderen Kinder beladen war, die sie zu Hause lassen musste. Ich war der Meinung gewesen, mein Leben sei schwierig, aber wenigstens hatte ich einen Job, ein Auto und Menschen um mich, die mir halfen. Ich hätte ihr anbieten sollen, sie regelmäßig im Auto mitzunehmen. Ich hätte ihr zumindest diese ganze Warterei auf Busse ersparen können.

Ich mochte die anderen Patienten. Einmal gab es dort einen Jungen mit einer Gitarre, und einige von uns begannen, Beatles-

Songs mit ihm zu singen. Die gehörten nicht zu Clives üblichem Repertoire, aber er sang bereitwillig die Stimmen mit. Die Angestellten beäugten uns durch die Glaswand. Ihre Schützlinge, die sich normalerweise zankten, sangen mit einem Mal.

Wenn ich Clive in der Einrichtung zurückließ, machte ich gewöhnlich unten auf der Straße Halt und sah zu seinem Fenster mit den blauen Gardinen zwischen all den anderen Fenstern mit blauen Gardinen hinauf. Seines war das mit der Topfpflanze. Das Summen des Generators hielt Tag und Nacht an.

Clive war noch immer in der Lage, im Parterre einen öffentlichen Münzfernsprecher aufzusuchen, und sein Langzeitgedächtnis gestattete es ihm, die Vermittlung um ein R-Gespräch zu bitten. Er erinnerte sich an seine Telefonnummer zu Hause, die auch nach unserem Umzug dieselbe geblieben war. Er kannte sie also inzwischen vierzehn Jahre.

Ich stand am Anrufbeantworter und hörte seine BBC-Stimme die Nachricht seines Erwachens verkünden. Von Nachricht zu Nachricht änderte sich seine Stimme, mal war sie erregt und fröhlich, mal wütend oder verzweifelt. Oft endete es in einem hoffnungslosen, flehenden Geflüster, das den Tränen nahe war.

> *Hallo, Schatz, ich bin's, Clive. Es ist fünf Minuten nach vier, und ich weiß nicht, was hier vor sich geht. Ich bin zum ersten Mal wach und habe noch mit niemandem gesprochen. Ich möchte nur mit dir reden. Komm bitte, Liebling. Bitte komm. Komm her, so schnell du kannst, mit einem Hubschrauber, wenn nötig. Ich möchte nur dich sehen, niemanden sonst. Bitte komm, Liebling, bitte komm! BITTE KOMM!!…* [Klick. Piep.]

> *Hallo, Schatz, ich bin's, Clive. Es ist neun Minuten nach vier, und ich bin wach. Ich weiß nicht, was los ist, aber ich möchte mit dir sprechen. Komm her, so schnell du kannst. Bitte komm, Liebling, bitte komm! Bitte komm, bitte komm! Ich liebe dich. Bitte komm, BITTE KOMM!…* [Klick. Piep.]

Liebling? Hallo, ich bin's, Clive. Es ist Viertel nach vier, und ich bin jetzt zum ersten Mal wach. Es ist alles erst vor einer Minute passiert, und ich möchte dich sehen. Komm sofort her, Liebling, komm mit der Geschwindigkeit des Lichts. Bitte komm, bitte komm, bitte komm. Ich möchte dich einfach sehen und mit dir reden und dahinterkommen, was zum Teufel los ist. Bitte komm, Liebling, bitte komm, bitte komm – Ich möchte mit niemandem außer mit dir reden, Liebling – Ich liebe dich – bitte komm, BITTE KOMM!…
[Klick. Piep.]

Liebling? Ich bin's, Clive, es ist achtzehn Minuten nach vier, und ich bin wach. Ich habe gerade vor ungefähr einer Minute die Augen geöffnet, und ich sehe zum ersten Mal alles normal. Ich habe mit noch niemandem gesprochen, ich möchte nur mit dir reden, also bitte komm her so schnell du kannst. Ich liebe dich, Liebling, bitte komm, bitte komm. Tu was immer du tun musst [er meinte: Nimm ein Taxi, benutze jedes Verkehrsmittel, ganz gleich, was es kostet], *es ist mir egal, es ist mir alles egal, nur du nicht, Liebling. Bitte komm, bitte komm, BITTE KOMM!! BITTE komm …!!* [Klick.]

Ein rätselhafter Eintrag findet sich in Clives Tagebuch:

Um *[21.07 Uhr durchgestrichen]* 22.00 Uhr WAR ICH WACH.
Telefon GING <u>nicht.</u>
Um 22.10 Uhr versuchte ich noch einmal zu telefonieren.

Da sich das Telefon ein paar Stockwerke unter Clives Station befand, weiß ich immer noch nicht, wie er es geschafft hat, das, was er getan hatte, lange genug im Gedächtnis zu behalten, um es aufzuschreiben, es sei denn, er hatte sein Tagebuch mitgenommen. Vielleicht hatte er gebeten, das Stationstelefon benutzen zu dürfen.

Ich hatte bedauert, nicht seine ganze Vergangenheit zu kennen. Jetzt hatte niemand, nicht einmal Clive, Zugang zu seiner Gegenwart.

Am Montag, dem 23. Dezember 1985, schrieb ich in Clives Tagebuch:

Hallo Liebling!
Als ich ankam, fand ich dich allein unten. Du wolltest mit mir telefonieren. Keiner wusste, dass du weggegangen warst.
Ich bat um eine Unterredung mit Dr. B-----, der zu der Zeit hier Dienst auf der Station hatte, aber er war schon nach Hause gefahren. Niemand hier nimmt mich ernst. Ich werde handeln müssen.
Alles Liebe von deiner Ehefrau
Deborah

In gewisser Weise war Clive noch immer meine Vertrauensperson, der Mensch, dem ich alles erzählte.

Eines Samstags im Dezember sollten die Europa Singers wie üblich Weihnachtslieder im Foyer des National Theatre singen. Ich dachte, es wäre eine gute Idee, Clive mitzunehmen. Es würde ihn vielleicht in weihnachtliche Stimmung versetzen. Er würde Gesichter sehen, die er kannte, er würde vielleicht sogar mit dem Publikum mitsingen. Als wir ankamen, sang der Chor eines unserer alten Lieblingslieder, und ich führte Clive auf eine der Emporen hinauf, damit wir einen guten Blick auf die Sänger in ihrem festlichen Rot und Grün hätten. Aber ich hatte nicht die Wirkung bedacht, die es auf den Chor haben könnte, ausgerechnet an diesem Tag Clive zu sehen. Als wir uns über die Balkonbrüstung beugten, bemerkten uns unsere Freunde einer nach dem anderen. Statt uns freudig anzustrahlen, wie ich es erwartet hatte, füllten sich ihre Augen mit Tränen. Hinterher erfuhr ich von ihnen, dass es für sie schon schwer genug war, diese traditionelle Europa-Singers-Tour ohne Clive zu unternehmen. Ihn plötzlich im Publikum zu sehen, war zu viel. Sie mussten sich furchtbar zusammennehmen, um weitersingen zu können.

Ich holte unseren Karton mit dem Christbaumschmuck und das Silberbäumchen hervor und richtete die Wohnung her, damit Clive Weihnachten zu Hause verbringen konnte. Der Kühlschrank war bis oben voll, die Obstschale auf dem Tisch quoll über. Ich wachte nachts auf und fand Clive in seinem Morgenmantel, einen Nussknacker in der Hand und den Papierkorb angefüllt mit Pellen, Kerngehäusen und Nussschalen.

»Du hast doch nicht etwa das ganze Obst und die Nüsse gegessen!«, sagte ich.

»Nein«, sagte Clive, und soweit er wusste, hatte er es natürlich nicht getan. Diese Nüsse, wer immer sie gegessen hatte, waren bereits verzehrt, ehe er zu Bewusstsein gekommen war. Er hatte in dieser Zeit offenbar kein Sättigungsgefühl. Ich hatte gelesen, das sei ein Anzeichen für eine Schädigung einer Gehirnregion namens Hypothalamus. Ich musste versuchen, alles Essbare für die Zeit zu verstecken, in der ich schlief. In einer anderen Nacht fand ich ihn in der Küche, da hatte er eine Großpackung Erdnussbutter bereits zur Hälfte verdrückt, der er mit einem Esslöffel zu Leibe rückte.

Am Weihnachtsmorgen fuhr ich mit Clive zur Westminster Cathedral. Da er dort fünfundzwanzig Jahre lang gesungen hatte, meinte ich, er würde sich dort wie zu Hause fühlen. Aber er war es nicht gewohnt, unter den Gemeindemitgliedern zu sitzen, und wieder bekamen seine früheren Sängerkollegen einen ziemlichen Schock, als sie ihn dort sahen, während sie im langsamen, feierlichen Zug durch das Kirchenschiff auf uns zuschritten. Mehrere von ihnen nickten mir unmerklich zu. In ihrer ernsten Tracht und mit den feierlichen Kathedralengesichtern, die sie aufgesetzt hatten, konnten sie nicht mehr tun. Den ganzen Gottesdienst hindurch fragte Clive in einem fort: »Welchen Tag haben wir heute? Es ist doch nicht erster Weihnachtsfeiertag, oder?« Ich war mir bewusst, dass die Leute um uns herum gedacht haben müssen, es sei eine sonderbare Frage, doch Gott sei Dank waren auch Menschen darunter, die uns kannten.

Hinterher gingen wir in ein verstaubtes Steakrestaurant in

Victoria Mittag essen. Ein einziger Tisch war besetzt. Wir hatten nicht vorbestellt. Ich hatte nicht gewusst, wohin wir an diesem Tag essen gehen würden. Es war egal. Wer geht schon an einem Tag wie Weihnachten, wo alle Leute etwas vorhaben, in ein leeres Steakhaus an der Victoria Street?

Ich erkannte augenblicklich, dass die Familie an dem anderen Tisch im selben Boot saß wie wir. Ein älteres Paar saß der Tochter im mittleren Alter gegenüber. Sie trug ein kleines Hütchen ganz oben auf ihrer Frisur und hatte ganz offenkundig irgendeine Art geistiger Behinderung. Sie unterhielten sich flüsternd, aßen kultiviert und gingen respektvoll mit den Kellnern um. Die Kellner hatten sonst nichts zu tun, und so umschwirrten sie den Tisch wie Fliegen, schoben Öl- und Essigfläschchen hin und her, erboten sich, noch mehr Brot zu bringen und füllten Gläser. Ich sah an den verwelkten Rücken der Eltern und am matten Grau ihrer Haare, dass sie sich fragten, was mit ihrer Tochter geschähe, wenn sie tot wären. Wer würde dann Weihnachten mit ihr feiern? Die Tochter war herausgeputzt und wünschte sich bestimmt einen Mann und ein eigenes Zuhause. Alle drei waren sie ein bisschen aufgeregt, weil sie auswärts aßen, und ein wenig traurig darüber, dass sie in so einem leeren Lokal saßen, aber andererseits ist leer das Beste, wenn man nicht möchte, dass Leute zuschauen, oder wenn man keinen Lärm wünscht. Es ist wichtig, dass die Umgebung still ist, damit man sich beim Denken hören kann. Störungen beim Denken behebt man nicht mit Hintergrundgeschnatter oder »Jingle Bells«. Ja, es war das richtige Lokal für uns alle. Wir saßen weit genug voneinander weg, so dass sie unsere Unterhaltung nicht mithören konnten. Vielleicht haben sie nicht einmal bemerkt, dass wir etwas gemeinsam hatten.

Der Speisezettel der Kettenrestaurants änderte sich nie: Steak nach Jägerart, Steak in Pilzsoße, Steak im Korb. Ich las Clive ein paar Gerichte vor. Wir bestellten das gegrillte Rumpsteak. Die Soßenflaschen waren allesamt abgewischt worden – das sah man, weil sie noch feucht waren –, und silberne Stechpalmen standen auf Zierdeckchen herum. Staub schien auf allem zu lagern, als wären die Tische schon vor Jahren gedeckt worden. Es herrschte eine unheimliche Stille. Durch das angelaufene Fenster wirkte die Außenwelt seltsam. Es gab keinen Verkehr, nur den einen oder anderen leeren Bus, der zwischen Victoria Station und Westminster verkehrte.

Das Endlosband unserer Unterhaltung lief weiter wie gewöhnlich, aber insgeheim machte ich mir Sorgen, was Clive als Nächstes tun werde. Vielleicht würde er anfangen, laut zu rülpsen, und sich in einem Anfall zusammenkrümmen oder laut losschreien, falls er ärgerlich wurde, oder aus dem Restaurant rennen, falls Musik eingeschaltet würde. Er könnte zu den Kellnern absonderliche Dinge sagen. Er könnte sich über den Steakpreis aufregen und seiner Empörung Luft machen oder hinaus auf die Straße laufen. Er könnte sein Essen auf den Boden werfen. Er könnte tanzen.

Wir tranken jeder ein Glas Rotwein. Auf dem Wein schwamm eine Staubschicht. Clive stieß unentwegt an, weil er nicht wusste, dass wir es bereits getan hatten. Man hatte das Gefühl, wir tränken den Staub in unsere Herzen hinein. Das Steak war zäh. Die andere Familie brach auf, und wir saßen allein an unserem Tisch am Fenster. Clive meinte, er müsse schnell aufessen, obwohl ich ihm sagte, er solle sich keine Sorgen machen. Wir fuhren heim, und Clive sah an den Kreuzungen nach links und rechts und sagte zu mir: »Okay links! Okay links! Alles klar!«

Ich sah mir Weihnachten im Fernsehen an. Clive lief hin und her und sagte: »Lass doch das Fernsehen, erzähl mir lieber, wie lange ich schon krank bin.« Er schlief nicht viel, sondern lief nachts hin und her und fragte, wie lange, wie lange, wie lange, erzähl mir einfach, wie lange schon. Und die Minuten und Stunden waren alle gleich, pausenlos immer wieder dieselbe Frage, die sich in meinem Inneren wie Sägespäne anhäufte. Mit jeder Stunde schienen wir uns weiter aufzulösen.

Clive ging es schlechter. Seine Tobsucht eskalierte. Das Gebrüll, die Drohungen und Ausbrüche waren schrecklich. Ihm wurden stärkere Medikamente verabreicht. Es änderte nicht viel. Je mehr sie ihm gaben, desto mehr neigte er womöglich dazu, gegen die Mächte anzukämpfen, die ihn umnebelten. Er wünschte sich nichts dringender, als aufzuwachen. Clive bekam eine hohe Dosis Melleril, ein starkes Beruhigungsmittel, das manchmal auch »flüssiger Totschläger« genannt wurde. Aber es schien nicht viel zu bewirken.

Clive hatte keine Erinnerung daran, wo er sich befand, und trotzdem schützte ihn die Amnesie gegenüber seiner Umgebung nicht vor Hospitalismus. Seine Gesprächsbeiträge wurden immer bescheidener, bis er kaum mehr als ein paar kurze leere Phrasen äußerte, die er wortwörtlich wiederholte. Es war schon schlimm genug, in dem winzigen Bewusstseinsfensterchen festzusitzen, das ihm die Amnesie ließ. Zudem aber von Menschen mit dermaßen gestörtem Verhalten umringt zu sein, schien der Ungerechtigkeit die Kränkung hinzuzufügen. Seine Lage war absolut inakzeptabel.

Clive und ich verbrachten den Großteil unserer Abende damit, in der Nähe der Praed Street in Paddington herumzulaufen. Wenn wir in ein Geschäft gingen, in dem Popmusik lief, vollführte Clive in der Regel mit heraushängender Zunge und Schielaugen einen Affentanz, um seine Meinung über die Musik kundzutun. Zuerst lachten die Kassiererinnen, aber wenn dann Clives Getanze und groteskes Mienenspiel überging in zähnefletschende Kommentare über die Hirnverbranntheit der Musik und er verächtlich schnaubte, wurden sie ziemlich nervös. Ich versuchte, so schnell wie möglich zu zahlen und die Einkäufe in Taschen zu verstauen, höflich zu ihnen zu sein und gleichzeitig auf Clive einzugehen (dessen Ansichten über die Musik plausibel, wenn auch extrem waren). Am Ende konnte ich mich hin und wieder doch nicht des Lachens erwehren und drängte uns beide rasch nach draußen. Ich versuchte, nicht allzu oft in dieselben Geschäfte zu gehen. Ich lernte, Läden mit Musik zu meiden.

Das Reinigungspersonal des Krankenhauses weigerte sich, Clives Zimmer sauberzumachen, weil er den Leuten Angst einjagte. Folglich machte ich es selbst. Eines Wochentags zur Mittagszeit war ich auf dem Weg zu einem Termin rasch vorbeigefahren, um ihm frische Wäsche zu bringen. Clive war unten zum Mittagessen, und es war nicht genügend Zeit, um ihm hallo zu sagen, da es bei Clive so etwas wie ein kurzes Hallo nicht gab. Wenn man seine Ehefrau zehn oder zwanzig Jahre nicht gesehen hat, erwartet man mehr als einen eiligen Kuss und ein kurzes »Bis bald!« Wenn ich rasch hineinrannte, war mein Termin gerade so eben zu schaffen. Ich konnte es mir also nicht leisten, ihm über den Weg zu laufen.

Als ich die Treppe wieder hinunterlief, sah ich Clive unten um den Absatz herum auf mich zukommen. Er stieg die Treppe hinauf, indem er sich dicht an der Wand hielt und stur geradeaus blickte. Ich wusste, falls er mich sähe, würde ich zu spät kommen. Ich zögerte, ging aber weiter. Clive sah mich nicht, und ich blieb nicht stehen. Ich ging an ihm vorbei. Er schaute nicht zurück. Ich hörte, wie er weiter oben durch die Tür zu seiner Station ging. Meine Füße setzten auf dem stahlblauen Teppich ihren Weg nach unten fort.

Der Horror, diese Treppe hinunterzugehen, überfiel mich lange Zeit immer wieder von neuem.

8

Auf der Suche nach Antworten

In der Psychiatrie ging es Clive immer schlechter. Doch für Menschen, deren Gehirn auf diese Art geschädigt war, gab es keine besonderen Betreuungsmöglichkeiten. Eine ganze Patientengruppe schien vergessen zu sein. Wenn einer nicht geisteskrank war, körperlich behindert oder alt oder keine angeborene Lernschwäche hatte – mit anderen Worten, wenn einer einen erworbenen Hirnschaden hatte und laufen konnte –, standen landesweit nur sehr wenige Einrichtungen bereit. Der Dokumentarfilm war ein erster Schritt, daran etwas zu ändern. Ich wollte die Behörden dazu bringen, mehr für die Behandlung und Pflege von Hirngeschädigten zu tun. Außerdem verfolgten Dr. Barbara Wilson und ich den Plan, alle Fachleute und Familien, mit denen wir in Kontakt standen, zusammenzuschließen und eine nationale Wohlfahrtseinrichtung zu gründen. Sie sollte unsere Speerspitze sein.

Mehrmals sprach ich mit Clive über den Film. Ich schilderte ihm die Idee in kurzen Sätzen, einfach um zu sehen, ob sie ihm angenehm war. Seine Antwort war immer die gleiche: »Wenn Menschen daraus lernen können«, sagte er, »müssen wir helfen. Es ist wichtig!«

Ich dachte dabei an einen ganz bestimmten Moderator, Dr. Jonathan Miller. Er hatte nicht nur die letzte große BBC-Sendereihe über die Anatomie, *The Human Body*, präsentiert, sondern er war auch Clives Kommilitone in Cambridge gewesen, neben Dudley Moore und Peter Cook einer aus dem Team der Footlight Review. Der Arzt und Opernregisseur hatte vor kurzem als Gast der Sussex University über hirngeschädigte Patienten mit Gedächtnisproblemen gearbeitet und einen Film, *Ivan*, über einen Mathematiker mit einer neurologischen Erkrankung gedreht. Wie sich herausstellte, wohnte Jonathan Miller sogar in unserer Nähe.

Ich musste nicht zweimal darüber nachdenken, ob ich ihn fragen sollte. Und er musste nicht zweimal darüber nachdenken, ob er ja sagen sollte. Channel 4 hatte ihm gerade den Auftrag zu einer Sendung für die neue Sendereihe *Equinox* erteilt. Das Szenario eines Musikers ohne Gedächtnis passte zu dem Auftrag. Ich traf mich mit ihm und dem Regisseur John Dollar in einem indischen Restaurant in der Baker Street. Clive hätte das Essen genossen. Bis uns das *ras malai* serviert wurde, hatten wir unseren Dokumentarfilm unter Dach und Fach.

Zentraler Bestandteil des Films wäre ein Experiment, das zeigen sollte, ob Clive angesichts seines ganzen Chors und ihm vertrauter Noten zu dirigieren in der Lage wäre. Ich hielt es für möglich. Miller und Dollar waren gewillt, sich meiner Vermutung anzuschließen.

Als Clive am Tag eins der Filmarbeit in die Krankenhauskapelle kam, wurden die Sänger des London Lassus Ensembles Zeugen eines seiner langen und nervenaufreibenden Wiedersehen mit mir, bei dem er vor lauter Aufregung weinte, zuckte und rülpste. Aber in dem Augenblick, als er die Finger auf die Orgeltasten legte, um seine Freundin Linda zu begleiten, sahen sie den alten Clive wieder, der einen Riesenspaß hatte. Ich führte ihn von der Orgel weg, und siehe da, wie aus dem Nichts stand plötzlich sein Chor vor ihm, und vertraute Noten lagen auf dem Pult. Wie konnte er da widerstehen? Es war ein Stück, das er liebte und bei den meisten Konzerten des Lassus Ensembles als Erkennungsmelodie benutzt hatte – *Musica Dei Donum* (Musik, das Gottesgeschenk), ein herrliches Stück. Ich fragte ihn beiläufig, ob er es dirigieren wolle.

»Ich weiß nicht, was passiert…«, sagte er.

Er hob die Hände – und dann dirigierte er. Es war ihm längst zur zweiten Natur geworden. Der Schwung, der der Musik innewohnte, trug ihn von einem Takt zum nächsten. Wenn Clive sich in einem Musikstück befand, befand er sich auch wieder im Innern der Zeit. Um Musik zu machen, braucht man nur die Phrase, in der man gerade ist. Während die Musik ertönte, besaß Clive Struktur, einen Kontext und sicheren Boden unter den Füßen. Für die Zeit, in der er in die Musik eintauchte, vorausgesetzt, sie nahm ihn voll in Anspruch, vergaß er den Abgrund hinter ihm. Er besaß Kontinuität. Aber wenn die Musik aufhörte, fiel er wieder völlig aus der Zeit.

Die Sänger wollten ihren Augen nicht trauen. Sie sagten, es sei wie eine Rückkehr zu den alten Zeiten auf der South Bank. Und Clive stand da, artikulierte stumm den Text und gab allen in voller Beherrschung ihre Einsätze.

Hinterher dankte er allen freundlich. Er umarmte seinen alten Mitbewohner in der ersten Reihe.

»Das war wunderbar!«, sagte er. »Ich habe mit den Armen gefuchtelt, und ihr habt gesungen!«

»Erinnerst du dich, wer wir sind?«, fragte jemand.

»Eure Gesichter kommen mir sehr bekannt vor«, sagte er, »aber ich kann mich an keinen Namen erinnern.« Clive plauderte mit ihnen und schilderte ihnen seine Lage, als wäre es nichts weiter als eine Kuriosität. Als sein Gesprächsstoff erschöpft war, verabschiedete er sich wie jemand, der dringend zu seiner nächsten Verabredung muss. Er war charmant, verbindlich, höflich und vollkommen er selbst.

Später filmten die Kameras Clive, als er sich mit Miller in der leeren Kapelle unterhielt. Gute zwanzig Minuten, nachdem seine Freunde weggegangen waren, machte er eine verblüffende Bemerkung:

»Ich kann mich jetzt nicht erinnern, was hier heute Morgen passiert ist ... ich weiß nicht, ob jemand gesungen hat ...«

Nun konnte es sein, dass Clive generell Kapellen oder aber

diese Kapelle im Besonderen mit Singen und Musizieren in Verbindung brachte. Oder konnte es sein, dass das Erlebnis, an diesem Ort seinen eigenen Chor zu dirigieren, von solcher Bedeutung für ihn war, dass er noch eine leise Spur davon bewahrte und nun herumsuchte, um zu sehen, ob die Erinnerung stimmte?

Im Laufe der Woche verfrachtete das Filmteam uns und seine Ausrüstung in einen Minibus und fuhr mit uns nach Cambridge. Wir wollten feststellen, was Clive von dem Ort in Erinnerung hatte, in dem er Student gewesen war. Unterwegs machten wir an einem Café am Straßenrand Halt, um Schinkensandwiches und Kaffee zu uns zu nehmen. Clive blieb stumm, mit seinem Getränk und dem Snack beschäftigt. Die Fahrt war relativ stressfrei, weil andere zur Hilfe da waren. Für mich war es wie Urlaub.

Clive freute sich ganz besonders, seinen alten Freund Stephen Cleobury wiederzusehen, der am Eingang zur Kapelle von King's College stand, um uns zu begrüßen. Im Film ist es recht seltsam, die Leute zu beobachten, wie sie aus der Kapelle strömen. Sie sahen uns prüfend an, als wollten sie sagen, was ist denn so besonders an diesem Paar, dass alle hinausgeworfen werden, nur weil sie herkommen?

Wir unterhielten uns auf der Orgelempore; Clive spielte eine alberne Melodie. Sie wollten uns hinterher dabei filmen, wie wir im Innenhof umherspazieren. Doch Clive wurde unruhig. Ich hätte eingreifen und um eine Pause bitten sollen. Ob wir einfach noch einmal die Runde machen würden, wurden wir gefragt. Immer wenn Clives Inneres nicht aktiv mit etwas beschäftigt war – und im Moment konnte es nur mit Musizieren richtig beschäftigt sein –, stürzte er zurück in den dunklen Schacht der Gedächtnislosigkeit. Manchmal sprach er in traurigem oder verzweifeltem oder fassungslosem Ton mit mir. Diesmal war es schlicht kalte Wut. Seine Stimme machte mir Angst.

»Es ist wie tot sein! Sie benehmen sich dumm, die Leute, die mich behandeln wie… Ich habe so etwas in meinem ganzen Leben noch nicht gesehen!«

Er schrie. Leute blieben stehen und blickten herüber, unsicher, was vor sich ging. Es war nicht üblich, in einem Innenhof in Cambridge wütend herumzuschreien.

Plötzlich sah Clive das Team unter einem Torbogen, wie es uns filmte, und er drehte völlig durch. Er knurrte, stürzte auf das Stativ los und schrie sich die Lunge aus dem Hals. Ich bin im Off zu hören, wie ich sage, da kämen wir nicht raus. Es gebe kein Entkommen.

In seiner langen schwarzen Robe flitzte ein Pedell über den Rasen wie ein flügelschlagender Rabe und schrie, wir sollten aufhören. Das Produktionsteam ging zu ihm hinüber, während ich Clive durch eine Tür mit dem Schild »Kein Ausgang« zu den Backs bugsierte. Möglicherweise hatte das King's nicht gewusst, worauf es sich einließ, als es uns die Dreherlaubnis gab. Das Team war erschüttert, aber voller Mitgefühl. Nachdem die Leute Clive einige Tage lang durch den Sucher beobachtet hatten, hatten sie ein wenig von dem Trauma begriffen, das er jede Sekunde eines jeden Tages erlitt. Sie hatten nicht gewusst, dass es eine solche Qual überhaupt gab. Sie setzten sich hundertprozentig dafür ein, seine Geschichte ehrlich und aufrichtig zu erzählen. Der Kameramann überwachte das mit allen Fertigkeiten, die er besaß. Indem er sich auf Clives Gesicht konzentrierte und sein Flüstern aufnahm, konnte er auf dem Film die Tiefen des Gefühls festhalten, das Clive nicht artikulieren konnte.

Eine gute halbe Stunde nach dem Aufruhr im King's drehte der Tonmeister an seinen Knöpfen herum und fragte sich, was zum Kuckuck mit seinen Geräten nicht stimmte. Über dem Ton der Unterhaltung zwischen Clive und mir hörte er ein lautes Pochen. Es war das Knopflochmikrofon, das mein immer noch heftig pochendes Herz aufnahm. Der Tag sollte sich als nicht einfach erweisen.

Zu Hause sah sich Clive die Sequenz mit dem London Lassus Ensemble auf Video an. Er war bestürzt und verwirrt, sich in einer Szene zu sehen, die sich niemals zugetragen hatte, an einem

Ort, an dem er niemals gewesen war. Wir machten eine Pause und holten uns Kaffee. Fünf Minuten später sah Clive sich das Video wieder an: für ihn das erste Mal. Diesmal zeigte er eine völlig andere Reaktion. Es amüsierte ihn, er fand es rasend komisch, sich dirigieren zu sehen, während er keine Kenntnis davon hatte, bei Bewusstsein gewesen zu sein.

»*Schau mal!*« Erfreut, fasziniert zeigte er auf den Bildschirm. »Ich *unterhalte* mich!!«

Für den Film half ich Jonathan Miller, Clive zu befragen, um Erkenntnisse darüber zu gewinnen, wie er die Dinge sah. Normalerweise hätte ich diesen Weg nie eingeschlagen, aber wir wollten gerne zeigen, wie viel Clive verstand, wie weit sein Gedächtnis reichte. Miller bestand auf seiner Meinung, dass Clive kein Gedächtnis habe, während Clive erbittert seine Meinung verteidigte, dass er so oft nicht bei Bewusstsein sei. Das sei es, was ihm fehle. Schließlich brauste Clive auf:

»Ich *war nicht bei Bewusstsein.* Ich habe *absolut keine Kenntnis von allem! Bewusstsein muss MICH einschließen!!!*«

Und hier musste sich Miller geschlagen geben.

»Sie … Sie haben völlig Recht«, sagte er ergeben.

Ohne Gedächtnis, ohne irgendetwas im Innern, das bewusster Inspektion zugänglich ist, gibt es keinen Beleg für Bewusstsein. Bewusstlosigkeit ist dann die einzige vertretbare Erklärung.

Der Film versuchte, eine Vorstellung von Clives Erfahrung des fortwährenden Erwachens zu vermitteln, obgleich uns klar war, dass er nicht mehr als eine Andeutung davon geben konnte, wie es Clive erging. Vielleicht war es gar unmöglich, so etwas grundsätzlich Anderes im Denken zu erfassen.

Clives Bemerkungen über sich selbst waren vollkommen richtig. Er war imstande, einen klaren Augenzeugenbericht aus dem Blickwinkel eines Menschen abzugeben, der an dem schlimmsten jemals bekannten Fall von Gedächtnisverlust litt. Er beschrieb das winzig kleine Lichtpünktchen, das er an bewusster Erfahrung hatte; er konnte erklären, was einem Menschen widerfährt, wenn die Zeit aufhört zu existieren.

Im Dokumentarfilm benutzte ich Proust, um diese Erfahrung nahe zu bringen. Seine achtbändige Suche nach der verlorenen Zeit, die – ausgelöst vom Geruch und Geschmack einer in Kräutertee getauchten Madeleine – in die Erinnerung eindringt, beginnt mit der Beschreibung eines Erwachens in einem fremden Raum, jenes Moments, wenn man die Augen öffnet und sich um alles auf der Welt nicht denken kann, wo man sich befindet. Während ich die Passage Miller vorlas, ließen sie Zeitrafferaufnahmen von Clive laufen, die sie in seinem Krankenzimmer mit einer Kamera durch den Einwegspiegel gemacht hatten. Durch den Spiegel war er vom Krankenhauspersonal beobachtet worden, als man ihn für gefährdet hielt. Die Kamera schoss alle paar Minuten Bilder, die, sehr beschleunigt, in ruckelnder Darstellung das durch die geschlossenen Vorhänge in sein Zimmer eindringende Morgenlicht und sein tatsächliches Erwachen zeigten, dann wie er aufstand und seine ersten Einträge des Tages in das auf dem Bett liegende Tagebuch machte. Das erste Mal wach, zum ersten Mal wirklich wach, zum ersten Mal vollkommen wach, zum ersten Mal über die Maßen wach, erstes Bewusstsein… Proust schrieb:

> *… wenn ich mitten in der Nacht erwachte, wusste ich nicht, wo ich mich befand, ja im ersten Augenblick nicht einmal, wer ich war: ich hatte nur in primitivster Form das bloße Seinsgefühl, das ein Tier im Innern verspüren mag: ich war hilfloser ausgesetzt als ein Höhlenmensch; dann aber kam mir die Erinnerung – noch nicht an den Ort, an dem ich mich befand, aber an einige andere Stätten, die ich bewohnt hatte und an denen ich hätte sein können – gleichsam von oben her zu Hilfe, um mich aus dem Nichts zu ziehen, aus dem ich mir selbst nicht hätte heraushelfen können; in einer Sekunde durchlief ich Jahrhunderte der Zivilisation, und aus vagen Bildern von Petroleumlampen und Hemden mit offenen Kragen setzte sich all-*

mählich mein Ich in seinen originalen Zügen wieder von neuem zusammen.

Dann machte der Film einen Schnitt auf Clive in unserem heimischen Schlafzimmer, wo er mit seinen eigenen Worten diesen Abgrund des Nichtseins schildert, aus dem er nicht entkommen kann. Ich glaube, nur er und der Kameramann waren dabei, während wir Übrigen in der Küche waren. Und was Clive sagte, kam dem Text Prousts unheimlich nahe. Er sprach vom Erwachen an einem fremden Ort, dass du zunächst »dich mental noch immer in deiner Imagination befindest... Allmählich öffnest du die Augen, und sie konzentrieren sich auf die Dinge um dich herum, und sie erinnern dich und erzählen dir, und alles pendelt sich ein. Und ich bin die ganze Zeit in diesem Stadium vor dem Sich-einpendeln.«

Er wusste also Bescheid. Clives Erkenntnis und seine Eloquenz in der Beschreibung seiner Wahrnehmungen waren recht bemerkenswert, wenn man seine Probleme bedenkt. Sein Gedächtnisverlust hatte keinen Einfluss auf sein Identitätsgefühl oder auf seine menschlichen Eigenschaften. Clives »Seele«, sagte ich zu Miller, sei intakt.

»Ich habe das Clivehafte in Clive nicht aus dem Auge verloren«, sagte ich. Aber ich fragte: »In diesem Stadium weiß ich nicht, wie ich die nächsten dreißig Jahre, die sich vor uns erstrecken, sehen soll. Was werden sie bringen? Vierundzwanzig Stunden auf vierundzwanzig Stunden Beharren und Höllenqualen für ihn...« Angesichts der Tatsache, dass er durch seine Musik und seine Liebe zu mir die Fähigkeit hatte, ein ganz Großer zu sein, wollte ich wissen, wie ich ihm helfen könnte. Wie, fragte ich Miller, kann ich ihm sein Leben lebenswert machen?

Es kommt keine Antwort. Der Film endete hier.

Prisoner of Consciousness (Gefangener des Bewusstseins) fand bei allen, die ihn sahen, starken Widerhall. Er erregte außerordentlich viel Aufsehen bei der Presse und den Medien. Was die

Leute am meisten berührte, war, wie Clive sich jedes Mal verhielt, wenn er mich wiedersah. Nancy Banks-Smith schrieb im *Guardian*: »Eine plötzliche, durchdringende Freude verklärte Clive Wearings Gesicht: ›Liebling‹, rief er, ›oh Liebling‹, sprang auf und umklammerte seine Frau mit den zitternden Schluchzern eines Menschen, der gerade vor dem Ertrinken gerettet worden ist. Dreimal sahen wir diesen ungläubigen Freudentaumel, jedes Mal so heftig, dass man meinte, er würde daran sterben. Es war der Blick eines Mannes, der seine Frau für tot hält und sie plötzlich leben und lächeln sieht.«

Der Film wurde an Fernsehsender in fünfundzwanzig Ländern verkauft, für einen BAFTA-Preis nominiert und als Lehrvideo für Psychologiestudenten ausgewählt. Professoren, die ihn jedem neuen Jahrgang vorführten, kannten ihn irgendwann auswendig. Er hinterließ sogar bei Clive einen bleibenden Eindruck. Er begann zu fragen: »Sie haben doch Filme über das alles gedreht, nicht wahr?«

Barbara Wilson und ich baten Channel 4, uns beim Start einer nationalen Wohltätigkeitsorganisation zu unterstützen, indem sie nach der Sendung eine Postfachadresse einblendeten. Unsere Organisation wollten wir The Amnesia Association nennen. In einer Mittagspause ging ich los, um Briefpapier mit Briefkopf zu bestellen. Ich musste mich augenblicklich für eine Farbe entscheiden und nahm Waldgrün, die Hausfarbe von John Lewis. Ich kannte sogar die genaue Farbnummer.

Die Amnesia Association bestand nur dem Namen nach. Sie musste erst noch formell gegründet und eingetragen werden, aber wir hatten schon mal das Briefpapier, und Sehen hieß Glauben. Für eine Eröffnungsversammlung im Charing Cross Hospital setzten wir ein Datum im Herbst 1986 fest.

Um den Zeitpunkt der Sendung herum war unsere Geschichte überall präsent. Ich sah Leute in der U-Bahn über Clives Situation lesen. Barbara und ich gaben viele Interviews. Wir schilderten den erschreckenden Mangel an geeigneten Einrichtungen in England und unsere Absicht, auf annehmbare Dienste zu dringen, und alle möglichen Leute setzten sich mit uns in Verbindung und boten Hilfe an. Die Werbeagentur Lowe Howard Spink ermöglichte uns eine kostenlose Plakataktion in der Londoner U-Bahn, die später einen Preis erhielt. Künstler wurden zum Zeichnen von Cartoons angeregt, die ich später in *Recall* abdruckte, der Zeitschrift, die ich für unsere Wohltätigkeitsorganisation ins Leben gerufen hatte. *Prisoner of Consciousness* regte mehr als dreihundert Verwandte von Menschen wie Clive zu Zuschriften an. Hier lag der Kern für die Organisation. Bei unserer ersten Versammlung füllten wir den Hörsaal im Charing Cross Hospital. Viele waren dazu von weit her angereist. Wir hatten einen Auftrag. Es gab eine riesige Anzahl Menschen mit Gedächtnis-, Verhaltens- und Denkproblemen, denen von Pflegeeinrichtungen und Sozialdiensten nicht geholfen wurde. Selbst Leute mit relativ leichten oder moderaten Hirnschäden konnten recht große Probleme haben und womöglich keiner Arbeit nachgehen oder ihr tägliches Leben nicht aus eigener Kraft bewältigen. Sie konnten eine Persönlichkeitsveränderung erlitten haben und äußerlich, charakterlich und stimmungsmäßig verwandelt erscheinen.

Wir machten uns rasch ein Bild davon, wo landesweit Spezialdienste existierten. Nur selten, schien es, passten Menschen mit erworbenen Hirnschäden in eine Pflegekategorie im staatlichen Gesundheitsdienst. Nur selten hatte vielleicht eine beflissene Lokal- oder Gesundheitsbehörde eine kleine Extraabteilung geschaffen, die Finanzmittel und Dienste für Hirngeschädigte vorsah. Doch wenn der Hirnschaden motorische oder körperliche Probleme verursacht hatte, dann galt derjenige üblicherweise als Körperbehinderter und wurde unter dieser Rubrik gefördert. Der Rest wurde weitgehend ignoriert, es sei denn, das Verhalten oder der Abhängigkeitsgrad dieser Patienten war so abnorm, dass irgendeine Art Pflege unumgänglich war; in dem Fall kümmerte man sich ad hoc um sie. Manchmal wurden Hirngeschädigte mit Leuten in einen Topf geworfen, die an Demenzkrankheiten wie Alzheimer oder Chorea Huntington litten, die völlig andere Bedürfnisse und Probleme mit sich bringen; manchmal landeten sie in Heimen für Menschen mit Lernschwächen oder in Altenheimen, obgleich sie relativ jung waren, und manchmal wurden sie einfach nach Hause geschickt und bekamen nur sehr wenig Hilfe oder finanzielle Unterstützung, weil die Ärzte, die sie begutachteten, dermaßen einfache Tests durchführten, dass damit nicht einmal ernste Defizite sichtbar wurden.

Wir erfuhren von vielen praktischen Ärzten, die Menschen mit Amnesie bescheinigt hatten, mit ihnen wäre alles in Ordnung. Mütter erzählten mir, sie hätten ihre erwachsenen Kinder zum Arzt gebracht, wo ihnen gesagt wurde, sie sollten draußen warten, selbst wenn ihre Schützlinge keine Ahnung hatten, warum sie dort waren, und sich an nichts von dem erinnern konnten, was der Arzt gesagt hatte, als sie das Zimmer verließen. Was eine erworbene Hirnschädigung von anderen Behinderungen unterscheidet, ist, dass ein von ihr Betroffener absolut normal wirken kann. Sie können genauso aussehen, sich genauso anhören und, da die Gedächtnisstörung bedeutet, dass sie vergessen, wie viel sie vergessen, nur eine vage Vorstellung davon haben, wie behindert sie sind. Wenn die Schädigung auf einen bestimmten Teil des Gehirns beschränkt und nicht weit gestreut ist, hat sich die amnestische Person wahrscheinlich ihre Intelligenz und Fähigkeiten bewahrt. Es ist diese Mischung aus ernster Behinderung und intakten intellektuellen Funktionen, was den Zustand nur sehr schwer erkennbar macht. Es bedeutet auch, dass die Bedürfnisse eines solchen Menschen größer sind, weil er nicht weiß, was er nicht weiß.

»Wie fühlen Sie sich?«, mag der Arzt fragen.

»Sehr gut!«, lautet vielleicht die Antwort.

»Wie geht's Ihrem Gedächtnis?«

»Gar nicht schlecht«, ist eine typische amnestische Antwort. Und so geht es dann weiter.

Familien und Leben gingen in die Brüche, weil die Hilfe, die gebraucht wurde, nicht verfügbar war. Die vielleicht größte Ironie aber war, dass einige der besten Arbeiten über Hirnschädigung und Gedächtnis von britischen Psychologen stammten. Ihre Bücher standen in der ganzen Welt in den Bücherregalen von Behandlungseinrichtungen für Hirngeschädigte. In den Rehabilitationseinrichtungen im eigenen Land gab es sie jedoch nicht.

Wir meldeten uns bei der Wohlfahrtskommission an und wurden offiziell ins Register eingetragen. Wir wählten einen Ausschuss und ernannten Vorstandsmitglieder.

Zu den schwersten Fällen von Hirnschädigung zählen die von Verkehrsunfällen, und am meisten davon betroffen sind junge Männer. Die größte Angst hatten alte, verbrauchte Eltern, die sich voller Sorge fragten, was werden würde, wenn sie stürben oder nicht mehr gesund genug wären, um damit zurande zu kommen. Wir bemerkten, dass die Zahl der Betroffenen dramatisch angestiegen war, als die Wiederbelebungsmethoden und Medikamente verbessert worden waren. Menschen, die früher gestorben wären, blieben jetzt am Leben, aber mit schwereren Hirnverletzungen. Es gab eine völlig neue Gruppe von Überlebenden mit sehr ernsten Problemen und ohne geeignete Einrichtungen für die weitere Pflege.

Jeder, dem ich begegnete, jede Familie, die mich anrief, weil sie nicht mehr weiterwusste, jede Geschichte, die ich hörte, bestätigte die Notwendigkeit, mit The Amnesia Association zu beginnen. Mit Mitteln des Gesundheitsministeriums, der Mental Health Foundation und einer wachsenden Schar von Spendern und Stiftern begannen wir, uns zu organisieren. Wir stellten eine Teilzeitsekretärin ein, die bei sich zu Hause arbeiten und einen telefonischen Beratungsdienst versehen sollte. Wir stellten Merkblätter her, um das Gehirn in einer Sprache zu erklären, die von Angehörigen und einem repräsentativen Querschnitt von Fachleuten mühelos zu verstehen war. Unser Team bestand aus Neuropsychologen, betroffenen Familien und Rechtsberatern, die alle eng zusammenarbeiteten. Unser erstes Projekt war eine Broschüre, die von der Sendereihe *Help* von Thames TV produziert werden sollte und Laien alles Wissenswerte über das Gedächtnis und kognitive Defizite lieferte. Es war sehr wichtig, dass die Leute die neuropathologischen Ursachen bestimmter Verhaltensformen begriffen. Ehefrauen erzählten mir, dass sie mit ihren hirnverletzten Ehemännern stritten, wenn diese Unsinn redeten oder etwas partout nicht glauben wollten. Wenn den Angehörigen erst einmal dargelegt werden konnte, dass die Zellen oder Strukturen, die zur Aufnahme von Informationen nötig sind, schlichtweg fehlten, kamen sie zu der Einsicht, dass Streiten sinnlos war. Sie konnten anders mit dem Ehemann umgehen und besser akzeptieren, wer er jetzt war. Wenn sie verstanden, was die Persönlichkeitsveränderung ausgelöst hatte, gelang es ihnen, sein Verhalten nicht persönlich zu nehmen. Wenn sich ein Sohn mit Hirnschaden aggressiv verhielt und die Eltern wussten, dass dies der Schädigung des Frontallappens zuzuschreiben war, konnten sie, statt Kontra zu geben und selbst wütend zu werden, mit den Achseln zucken, sich sagen: »Oh, er ist heute ein bisschen frontal« und darüber hinweggehen.

Die Mehrzahl der Menschen, die mit der Organisation Kontakt aufnahmen, versorgte ohne jede angemessene Unterstützung ihre hirnverletzten Verwandten zu Hause, nachdem diese eine nur minimale oder gar keine Rehabilitation erhalten hatten. Immer wieder hörten wir von Angehörigen, die nicht mehr wussten, wie sie die Strapaze der Pflege weiter durchhalten sollten. Verzweiflung und Selbstmordgedanken waren häufige Themen. Oft war ein Mann, der der Geldverdiener gewesen war, jetzt hirnverletzt, aber es konnte auch anders laufen. Eine Ehefrau und Mutter musste rund um die Uhr vom Ehemann oder einem schon älteren Elternteil versorgt werden. Wenn ihnen zusätzlich zu alldem Beihilfen versagt wurden, wurde ein schon schreckliches Leben völlig unmöglich.

Unser Wissenschaftsgremium aus Neuropsychiatern und Neuropsychologen gab Workshops und Seminaren den Vorrang, in denen sich Fachleute aus vielen Disziplinen mit den Problemen Hirngeschädigter befassten. Unter der Leitung dieses Gremiums stellten wir später Merkblätter her, die dem Nationalen Gesundheitssystem und Berufsverbänden Ratschläge an die Hand gaben und bessere Beurteilungsmethoden entwickelten. Außerdem waren unsere Experten eine Quelle für Ratschläge und Informationen für alle, die mehr über Amnesie erfahren wollten. Ein Netz lokaler Gruppen bot Hilfe an Ort und Stelle für betroffene Familien an. Im Mittelpunkt stand unsere Arbeit mit der Regierung und den Medien, um für Dienstleistungen und Pflegestandards zu werben. Wir nannten unsere Wohlfahrtsorganisation kurz AMNASS.

Ich gab meine Stelle bei John Lewis auf, um als Mitglied des Aufsichtsrats der Organisation besser zur Verfügung zu stehen, und verdiente mein Geld an zwei oder drei Tagen bei einer Kunstförderungsagentur.

Ich beschloss, unsere Wohnung in Maida Vale zu verkaufen. Es war für mich zu schmerzlich, in die Wohnung heimzukommen, in der Clive gewohnt hatte und nun nicht mehr war. In meinem Kampf, mich über Wasser zu halten, aß ich zu viel, ich arbeitete zu viel und war Opfer sowohl übermächtiger Adrenalinhochs als auch schrecklicher Tiefs. Aber jede Unannehmlichkeit, die ich empfand, war nichts verglichen mit dem, was Clive die ganze Zeit durchmachte.

Ich kaufte eine Wohnung in Crouch End. Clive hätte den Ort hinterste Provinz genannt. Die Fahrt dauerte länger, wenn ich ihn an den Wochenenden nach Hause holte, aber er hatte keine Ahnung, wie lange wir im Auto saßen. Ihm gefiel die Wohnung, und er erkannte sie wegen seiner Bücherschränke als sein Zuhause.

AMNASS wurde bald zu groß, um aus einem Wohnzimmer heraus zu operieren. Zum Glück erhielten wir Räume im St. Charles Hospital in Ladbroke Grove. Oft arbeitete ich dort, wenn ich nicht in dem Büro war, in dem ich freiberuflich tätig war. Für viele Familien waren wir die letzte Hoffnung.

Wenn das Problem der erworbenen Hirnschädigung nicht bereits zu jemandes Aufgabenbereich gehörte, wollte sich niemand neu darauf einlassen. Hin und wieder erschien ein Bericht, der sich damit befasste. Die Verfasser waren sich darüber einig, wie ernst die Lage im Hinblick auf entsprechende Einrichtungen war, aber es gab keine Mittel, keinen Auftrag, etwas zu ändern. Ein Bericht des Social Services Inspectorate, der Aufsichtsbehörde für Soziale Dienste, war so ehrlich zu sagen, dass ein Grund dafür, keine Einrichtungen für Hirngeschädigte zu schaffen, der sei, dass dadurch »Schleusen geöffnet« werden könnten und die Sache zu kostspielig sei. In der Zwischenzeit siechten Patienten wie Clive in teuren und ungeeigneten Krankenhausstationen dahin. Von den Behörden wurden sie insgeheim als »Bettenblockierer« bezeichnet.

Niemand schien zu bedenken, dass die neue Generation der Überlebenden dem Staat zur Last fallen würde, sobald ihre Pfleger starben. Für uns war das eine Zeitbombe.

Unser Problem – und darauf kamen wir immer wieder zurück – waren die fehlenden Statistiken über erworbene Hirnschädigungen: die Art, wie Hirnverletzungen in Krankenhäusern erfasst – oder nicht erfasst – wurden. Protokolle nannten den Primärgrund für die Einweisung und nicht den Sekundärschaden, auch wenn der sich, wie es gewöhnlich bei jeder Gehirnverletzung der Fall ist, als der letztlich gravierendste Faktor erweist. Es gibt viele mögliche Ursachen für eine Hirnschädigung. Sauerstoffmangel zum Beispiel, der zu gestreuten Schädigungen über weite Regionen führt, kann bei Fast-Ertrinken, Kohlenstoffmonoxidvergiftung oder Herzstillstand auftreten. Enger umgrenzter und spezifischer Schaden wird durch ein Aneurysma, eine Hirnblutung, einen Tumor und Krankheiten wie Meningitis oder Enzephalitis angerichtet. Und dann gibt es noch die Schädigungen, die durch chronischen Alkoholismus in Verbindung mit Thiaminmangel ausgelöst werden, was zum Korsakow-Syndrom führt, der Krankheit, an der Jimmie G. litt (über dessen Fall Clive kurz vor seiner eigenen Amnesie gelesen hatte). Hauptursache von Hirnschädigungen waren jedoch Kopfverletzungen, doch selbst die waren oft Fälle von Mehrfachverletzungen. Es war folglich schwierig, zu offiziellen Stellen zu gehen und zu sagen, wir wüssten, der Bedarf sei groß, weil wir nur gefragt wurden: »Wie groß?« Das Gesundheitsministerium gewährte uns eine wohlwollende Anhörung und diskutierte darüber, man machte uns auch Mut, trotzdem bekamen wir wenig Verbindliches zu hören. Der Knackpunkt schien stets die Statistik zu sein. Sie brauchten Statistiken, um Ausgaben zu rechtfertigen, aber niemand schien bereit, Krankenhäuser dazu anzuhalten, sie differenziert zu sammeln.

Die andere Sache, die uns Schwierigkeiten bereitete, war der Umstand, dass Sanitätern und Teams von Unfall- und Rettungsdiensten keine bestimmten Untersuchungsmethoden zur Verfügung standen, mit denen sie feststellen konnten, ob ein Patient hirnverletzt war. Die erste Stunde war ausschlaggebend, um Schäden zu begrenzen und Sekundärschäden zu verhüten, aber in Krankenhäusern wurde oft zuerst ein gebrochener Kiefer behandelt, ohne einen steigenden Schädelinnendruck, die Hirnschwellung zu bemerken, die eine viel verheerendere Auswirkung auf jemandes Leben haben würde, als die gebrochenen Knochen. Wir strebten die allgemeine Übernahme einfacher Checks an, um sicherzustellen, dass entsprechende Warnzeichen auf der Stelle wahrgenommen würden.

Was die Behandlung und Hilfe nach der akuten Phase im Krankenhaus anging, so mussten wir die Gesundheits- und Sozialdienste erst davon überzeugen, dass Menschen mit erworbenen Hirnschäden andere Bedürfnisse haben als die, die mit Hirndefekten geboren sind oder an einer Demenz leiden. Die erworbene Hirnschädigung löst punktuelle Beeinträchtigungen aus, und Fähigkeiten und Teile des Ichs aus der Zeit vor der Verletzung bleiben unversehrt. Menschen mit einer Demenz wie Alzheimer werden im Verlauf der Krankheit allgemeiner betroffen.

Es gab noch ein anderes Problem. Da es so wenige Spezialeinrichtungen für Hirngeschädigte gab, waren kompetente Experten dünn gesät. Warum sollte man sich auch schließlich für ein Fachgebiet spezialisieren, für das es kaum Einrichtungen und nur eine Hand voll Jobs gab? Die mit AMNASS verbundenen Experten in kognitiver Neuropsychologie und -psychiatrie waren im Wesentlichen Akademiker, an Universitäten oder beim Medizinischen Forschungsrat angestellt. Patienten wurden an sie zur Beurteilung verwiesen, weil es in der klinischen Praxis niemanden in ihrer Region gab. Sie konnten hieb- und stichfest belegen, wie beeinträchtigt Hirngeschädigte waren, manchmal über lange Perioden, wenn sie sie in Langzeitstudien einbanden. Aber obwohl die Beurteilungen manchmal Leistungsgutachter oder praktische Ärzte erfolgreich davon überzeugten, dass jemand wirklich nicht eigenständig leben konnte und hochgradig auf Pflege angewiesen war, kamen nur wenige in den Genuss der Hilfe oder Pflege, die das Leben erträglicher oder wenigstens sicherer machen konnte.

Ernste Untersuchungen zur Hirnschädigung wurden von illustren Gremien veröffentlicht – dem Royal College of Physicians, dem Royal College of Surgeons, dem Welsh Office, dem Social Services Inspectorate und der Medical Disability Society. Der akute Bedarf an Rehabilitations- und längerfristigen Dienstleistungen wurde nicht bezweifelt. Wir wussten, dass pro Jahr eine Million Menschen mit Kopfverletzungen in englische Krankenhäuser eingeliefert wurde. Wir wussten, dass die Beeinträchtigung des Gedächtnisses die häufigste Folge von Kopfverletzungen ist. Als eine im Entstehen begriffene nationale Wohlfahrtsorganisation mit nur einer Halbtagssekretärin konnten wir allenfalls eine Kampagne durchführen, Aufmerksamkeit auf das Problem lenken, Informationen zur Verfügung stellen.

Ich fuhr zu einer Arbeitstherapeutenkonferenz. Jemand fragte einen hohen Beamten des Gesundheitsministeriums, was die Regierung für Hirnverletzte mit Gedächtnisproblemen tue. Er antwortete, sie leiste finanzielle Unterstützung für The Amnesia Association, als wenn eine einmalige Beihilfe von 8000 Pfund für alle Gedächtnisgeschädigten des Landes ausreichen würde und wir allein für ihr Schicksal verantwortlich wären. Es gab eine Unmenge Fragesteller, die noch andere Dinge von ihm erfahren wollten, aber der Beamte sagte, er müsse weg und verschwand in seinem dicken, schwarzen Auto.

Es war alles ein bisschen wie die Frage nach dem Huhn und dem Ei. Keine Statistiken, keine Plätze, kein System, kein Hinweis darauf, was zu tun sei, und jeder schob den Schwarzen Peter weiter. Wir kamen zu der Ansicht, wir müssten einen solchen Aufruhr machen, dass sie uns nicht würden ignorieren können, aber es würde ein Aufruhr mit klaren, erreichbaren Zielvorstellungen sein müssen.

Eines der Probleme war, dass es für diese Art Betreuung in England nur wenige Präzedenzfälle gab, und die Behörden würden klinische Beweise und Beispiele optimaler Verfahren benötigen, um sie als Modelle zu nutzen. Alle unsere Psychologen sagten mir, die USA seien hierbei vorbildlich, und sprachen von den vielen Reha-Arten, die man dort überall finden könne.

Und so kam es, dass ich im Sommer 1988 Amerika entdeckte. Mit Empfehlungsschreiben von Neuropsychologen erhielt ich Zutritt zu den besten Einrichtungen in ganz Amerika, im Osten, Westen, Norden und Süden. Ich organisierte eine Vortragsreise, während der mir Unterkunft bei Ärzten und Psychologen angeboten wurde. WNET Channel 13, die New Yorker Behörden-Fernsehstation, hatte eine Sendereihe über das Gehirn produziert, in der die BBC Clive vorstellte. Ich wurde nach New York zum Start der Sendereihe im Rainbow Room im Cipriani eingeladen. Ich dachte, ich würde ein paar Monate lang Daten sammeln, mit einer Vorstellung von Amerikas optimalem Standard heimkehren, und dann könnte es in England losgehen.

Die Zusammenstellung von Fachgutachten durch die AMNASS war eindrucksvoll. Ich trat auf Empfehlung meiner Kollegen als AMNASS-Direktorin auf und hielt Vorträge über alle möglichen Dinge, über die ich noch vor ein paar Jahren nichts gewusst hatte. Vor allem sprach ich über Langzeitfolgen erworbener Hirnschädigungen, über die kaum geforscht worden war, und über die Behandlungsmöglichkeiten, die es in England gab.

Der Gedanke, zwei ganze Monate weg zu sein, war für mich wie eine dringend benötigte Ablenkung. Ich wusste nicht, ob Clive mich vermissen würde, da er mich sowieso immer vermisste. Würde meine Abwesenheit etwas ausmachen? Es gelang mir, einen Betreuungsdienst zu finden, der mehrmals die Woche ins Krankenhaus fahren, seine schmutzige Wäsche abholen und sie gebügelt wieder zurückbringen sollte. Es konnte nicht einfach nur ein x-beliebiger Wäscheservice sein, weil die damit betraute Person für den Umgang mit Clive genügend geschult sein musste.

Am Tag vor der großen Reise war ich zu letzten Einkäufen unterwegs. Ich saß gerade irgendwo in der Gegend um die Edgware Road in einem Taxi, als ich aus dem Fenster blickte und einen Schock bekam. Ich meinte, ich sähe Clive in einer Menschenmenge auf der Straße stehen und einem Mann zuschauen, der etwas verkaufte. Es konnte nicht Clive sein, aber er sah genau wie er aus.

»Halten Sie bitte an!«, rief ich. Ich überredete den Fahrer, bis zu der Stelle zurückzusetzen, wo ich ihn gesehen hatte, unter einer Brücke. Ich musste mich geirrt haben. Aber es war wirklich Clive! Wir umarmten und küssten uns, als sich die Dame neben ihm umdrehte. Es war Alicia, eine seiner Pflegerinnen. Sie machten gerade einen Spaziergang. Ich hatte vorgehabt, Clive am Abend zu besuchen, um ihm auf Wiedersehen zu sagen. Aber jetzt fragte ich Alicia, ob ich Clive nicht mitnehmen, zum Tee mit ihm nach Hause fahren könne. Zu unserem Glück willigte sie ein, und Clive und ich eilten wie ein Paar, das durchbrennt, zu dem wartenden Taxi. Zu Hause war ich in großer Aufregung. Wenn ich erst einmal von hier weg wäre, wäre ich mein eigener Herr ohne die üblichen täglichen Verpflichtungen. Clive, der mir am Küchentisch gegenübersaß und sein Abendbrot aß, konnte nicht ahnen, was ich demnächst machen würde. Es war eine echte Dreingabe für mich, diese Mahlzeit mit ihm; dann ließ ich ihn allein Kaffee trinken, während ich umhereilte, um zu packen. Ich würde ihn furchtbar vermissen.

Meine erste Station war Kanada, wo ich eine Woche lang bei einer amnestischen Frau und ihrer Familie wohnte. Sie hatten *Prisoner of Consciousness* im Fernsehen gesehen und waren von den Ähnlichkeiten erschüttert. Sie wollten, dass ich sehe, wie die Betreuung in Kanada organisiert ist. Die Frau hatte sich so weit erholt, dass sie weiterhin als Lehrerin arbeiten konnte, trotzdem hatte sie schwer zu kämpfen, um zurechtzukommen. Allein die Fahrt zur Schule war harte Arbeit, weil sie jede Straße mit dem Finger auf dem Stadtplan verfolgen musste, damit sie wusste, in welche Richtung sie fuhr und wann sie aussteigen musste.

Ich war noch nie in Amerika gewesen und landete gerade rechtzeitig in Pittsburgh, um mir ein High-School-Footballspiel anzusehen. Die Region war eine rußige Industriegegend gewesen, hatte sich aber mittlerweile in ein sauberes »Silicon Valley« verwandelt. Irgendwelche Einrichtungen für Hirnverletzte schien es hier an jeder Straßenecke zu geben. Ich wohnte bei zwei britischen Psychologen und ihren Kindern. Sie machten mich mit dem gesamten Netzwerk für die Behandlung und Betreuung erworbener Hirnschäden bekannt.

Mir schien, dass hier alles völlig durchorganisiert war. Erstens wurde ein Prozentanteil der gesamten Kraftfahrzeugsteuer direkt in einen Fonds abgezweigt, aus dem nach einem Verkehrsunfall für die Betreuung Sorge getragen wurde. Es war also ständig ein Topf mit öffentlichen Geldern verfügbar. Dann wünschten die Versicherungsgesellschaften, die im Fall von Personenschäden Zahlungen leisteten, eine Rückmeldung, dass ihre Dollars effektiv eingesetzt wurden. Wöchentliche Berichte über die Gesundung der Patienten wurden erhoben, so dass man den langfristigen ökonomischen Wert einer wirkungsvollen Reha sehen konnte, wobei sich in den unterschiedlichen Stadien auf dem Weg zur Genesung verschiedene Dienste um die Wiederherstellung kümmerten.

Die Beurteilung und Behandlung von Patienten mit erworbenen Hirnschäden war kompliziert und erforderte ein gutes Team quer durch alle Disziplinen, das rund um die Uhr Patienten beobachtete und mit ihnen arbeitete, nicht nur in der Pflegeeinrichtung, sondern auch in ihrer normalen Umgebung. Wo die Lernfähigkeit durch Gedächtnisverlust stark eingeschränkt war, war es wichtig, auf strategische Art und Weise das an Lernkapazität zu nutzen, was da war. Wenn du nur eine Sache lernen kannst, ist es das Beste, du lernst, wenn dein Wecker klingelt, auf den Stundenplan zu schauen, der an deinem Gürtel, deinem Rollstuhl oder deiner Handtasche befestigt ist, um zu sehen, was als Nächstes zu tun ist. Für Leute, die arbeiten konnten, gab es berufliche Umschulungen und geförderte Beschäftigungsprogramme. Ein Jobtrainer wurde eingesetzt, mit dem Hirnverletzten jeden Tag bis zu einem Jahr lang Seite an Seite zu arbeiten, so dass ein Arbeitgeber ihn unbesorgt an seinen Arbeitsplatz zurückkehren lassen konnte. Ja, wenn die betreffende Person morgens einmal nicht aus dem Bett kam, erledigte der Trainer den Job an ihrer Stelle.

In England kehrten Hirnverletzte, die körperlich genesen waren, an die Arbeit zurück und scheiterten häufig ohne fremde Hilfe. Sie schafften es nicht, weil es keine Fachleute gab, die ihnen über gewisse Schwierigkeiten hinweghalfen, die ihr Verhalten steuerten, Aufgaben anpassten, die Umgebung oder Kollegen auf die Veränderungen vorbereiteten.

Ich flog weiter nach Atlanta, Georgia, nach Cleveland, Ohio, und nach Los Angeles, La Jolla und zur University of Irvine in Kalifornien. Ich flog nach Boston und New Hampshire und zurück nach New York, um mir ein Programm anzusehen, in dem die Patienten »Studenten« genannt wurden und ich sie vom Mitarbeiterstab nicht unterscheiden konnte. Ich bekam so viele Bücher und Aufsätze, dass ich sie in einem fort nach Hause schicken musste. Es war aber kein Traumland per se. Es gab viele Menschen, die nicht versichert waren und die je nachdem, wo sie wohnten, mehr oder weniger Hilfe erhielten oder im Stich gelassen wurden. Und es gab wenige Möglichkeiten für diejenigen, die langfristig stationäre Pflege benötigten. Ich sprach mit Angehörigen, die ähnliche Erfahrungen gemacht hatten wie ich. Ich erkannte, dass es in jedem Land gleich schwer ist, mit einem Menschen in so großem Leid zu leben.

Und mir wurde klar, dass man in einem Land ohne entwickeltes öffentliches Gesundheitssystem noch eher zum Opfer der Verhältnisse wird. Wie in England versäumte es der Strafvollzug auch hier häufig, mutmaßliche Täter oder Verurteilte auf mögliche Hirnverletzungen zu überprüfen, die ihrem anscheinend kriminellen Verhalten zu Grunde lagen. Eine Untersuchung auf Hirnverletzungen bei Gefangenen in texanischen Todeszellen zeigte, dass beinahe 80 Prozent der Straftäter signifikante Hirnschäden hatten. Was hieß, dass sie für ihr Verhalten nicht voll verantwortlich waren.

Ich flog nach Hause und konnte nun viele Beispiele guter Betreuung anführen. Das, so hoffte ich, würde sicherlich den Aufbau von Pflegediensten und die Freigabe von Finanzmitteln beschleunigen. Studien, die viel mehr Fälle als in England behandelten, lieferten überzeugende Beweise, dass Rehabilitation möglich war.

Bei meiner Rückkehr freute sich Clive, mich zu sehen. Er umarmte mich, küsste mich und schwenkte mich herum.

»Du bist der erste Mensch, den ich zu Gesicht bekomme!«, rief er. »Meine Augen haben sich gerade eben geöffnet. Ich sehe jetzt alles richtig! Vor ein paar Augenblicken war alles schwarzweiß. Jetzt ist alles in Farbe. Ich lebe!« Er küsste mich von neuem, begann aber im selben Moment zu rülpsen und zu zucken, bekam keine Luft und lief rot an, seine Augen tränten.

Ich fragte das Personal, ob sie während meiner Abwesenheit irgendwelche Unterschiede an ihm bemerkt hätten. Dieselbe Frage hatte ich der Station von unterwegs in Telefonaten gestellt. Ihre Antwort war immer dieselbe. Er war ihnen weniger erregt, ruhiger vorgekommen. Vielleicht erinnerte ihn meine Anwesenheit einfach zu sehr daran, wie er einmal gewesen war, und an das Leben, das er eingebüßt hatte. Ohne Zweifel löste meine Anwesenheit stets seine Rülpsanfälle aus, von denen er ohne mich nahezu frei war.

Im Frühjahr 1989 wurde Clives Station vorübergehend ins St. Charles Hospital verlegt, eine Etage über den Räumen, in denen ich halbtags bei AMNASS arbeitete. Das bedeutete, ich konnte ohne weiteres vorbeischauen und ihn besuchen. Ich konnte ihn aber auch hören, wenn er schrie. Da hatte ich dann eine verzweifelte Familie am Telefon und hörte Clive mit dem anderen Ohr in der Ferne brüllen. Obgleich er keine Erinnerung an St. Mary's hatte, hatte ihn der Umzug ins St. Charles sichtlich durcheinander gebracht. Im Laufe der Jahre, die er im St. Mary's verbracht hatte, war es ihm im Unterbewusstsein vertraut geworden, und nun war es weg. Hier fand er sich weniger denn je zurecht. Selbst mir gefiel die Veränderung nicht. Ich hatte mich an den Ort gewöhnt, wo wir gewesen waren. Sein Zimmer im St. Charles war kleiner, aber man hatte es geschafft, sein elektrisches Keyboard darin unterzubringen, und so hatte er etwas zum Spielen. Ich verbrachte meine Pausen dort oben und machte mit ihm Spaziergänge durch die benachbarten Viertel.

Eines Tages holte ich ihn zu mir herunter ins Büro, aber ich kam zu nichts, weil er mir unbedingt Fragen stellen musste und meine ganze Aufmerksamkeit beanspruchte. Das hatte sich nie geändert; es gab keine Pause.

»Wie lange geht das jetzt schon?«

»Vier Jahre.«

»Für Jahre! Vier Jahre!?... Meinst du F-Ü-R oder V-I-E-R (ha ha ha ha)?«

»V-I-E-R.«

»Was meinst du, wie das ist?«

»Ich weiß nicht, Liebling.«

»Es ist wie Totsein. Wie lange?«

»Vier Jahre.«

»Vier Jahre!! Eine einzige lange Nacht, und sie währte ... wie lange?«

»Vier Jahre.«

»Vier Jahre! Meinst du F-Ü-R oder V-I-E-R (ha ha ha)?«

»V-I-E-R.«

»Mein Gott… Ich habe bis jetzt nichts gesehen. Meine Augen haben sich gerade in diesem Moment geöffnet. Jetzt sehe ich alles richtig. In Farbe. Bis vor einem Moment war es schwarzweiß. Wie lange geht das jetzt schon?«

»Vier Jahre.«

»Vier Jahre??!! Ich habe die ganze Zeit nichts gehört, nichts gerochen, nichts gespürt, nichts berührt, nichts gesehen. Wie lange?«

»Vier Jahre.«

»Vier Jahre!!! Meinst du F-Ü-R oder V-I-E-R?«

»…V-I-E-R.«

Es war eine einzige lange Nacht, und die währte…«

»…« Ich seufzte, außerstande, es noch einmal zu sagen.

»Vier Jahre! Ich habe die ganze Zeit nichts gesehen, nichts gehört, nichts gerochen, nichts gespürt. Es ist wie der Tod! Eine einzige lange Nacht, die währte… wie lange?«

»Vier Jahre.«

»Vier Jahre! Meinst du F-Ü-R oder V-I-E-R?«

»V-I-E-R.«

»Großer Gott…! Ich wette, das ist sehr selten. Ist es selten?«

»Sehr selten, Liebling.«

»Da geh ich jede Wette ein. Du bist der erste Mensch, den ich zu Gesicht bekomme. Meine Augen haben sich erst vor ein paar Sekunden geöffnet. Jetzt kann ich alles richtig sehen! Alles funktioniert normal! Wie lange geht das jetzt schon?«

Wenn im Büro das Telefon klingelte, verstummte er und blieb still, den Kopf lauschend geneigt, ohne dem Gespräch richtig zu folgen. Immer wenn er keinen Boden mehr unter den Füßen hatte, was geschah, wenn eine normale Unterhaltung stattfand oder wenn im Radio oder Fernsehen irgendetwas geredet wurde, dann ließ Clive sich in eine gekrümmte Haltung sacken, als schäme er sich. Er machte ein Gesicht, als würde er gleich weinen, als werde er unter Druck gesetzt und mache sich kleiner, damit er im Zimmer weniger Raum einnahm.

Manchmal kamen Leute in das Büro. Es kam zum Beispiel ein Mann mit seiner Frau. Er trug viele Plastiktüten bei sich, die mit Zetteln gefüllt waren. Er mache sich Notizen, erklärte er, damit er sich an Dinge erinnere. Das Problem war nur, er war von zahllosen Tüten mit Zetteln umgeben, weil er praktisch alles vergaß. Die Tüten, die er mit sich herumtrug, enthielten nur die Dinge, die er ständig unbedingt wissen musste. Er begann, Zettel hervorzuziehen und sich anzuschauen, bevor er sie wieder hastig in die Tüte stopfte. Die Schwierigkeit sei, sagte er, dass er nicht wisse, was in den Tüten sei, und dass er nicht wisse, wo er was finden solle, und nicht sicher sei, woran er sich unbedingt erinnern müsse, und das andauernde Suchen nehme so viel Zeit in Anspruch, wo er sich doch nicht erinnern könne, wonach er suche. Er führe sein eigenes Geschäft, erzählte er mir. Aber es laufe nicht sehr gut, räumte seine Frau ein. Sie seien zu uns gekommen, weil er diese Probleme habe, sich an etwas zu erinnern. Nichts Ernstes natürlich. Es sei nicht so etwas, was die AMNASS-Leute haben, von denen sie gelesen hätten, aber es sei halt lästig.

»Hat Ihr Mann jemals eine Hirnverletzung gehabt?«, fragte ich.

»Nein!«, antwortete die Frau.

»Und wann fing es damit an?«

»Oh, wohl so vor ungefähr sieben oder acht Jahren …«, sagte sie.

»Und ist um diese Zeit irgendetwas passiert?«

»Nein!«, sagte sie.

»Nichts«, sagte er.

»Keine irgendwie geartete Krankheit, kein Sturz, kein Unfall?«

»Na ja, einmal ist er vom Dach gefallen …«

»Und wann war das?«

»Oh, ungefähr, äh… na ja, es muss ungefähr acht Jahre her sein …«

Und da hatten wir's. Fall für Fall kamen wir »kleineren« Hirnverletzungen auf die Spur, die als Teil einer komplizierteren Verletzung eingetreten waren und die man nie bemerkt, nie diagnostiziert hatte. Die Leute waren stoisch, glaubten den Ärzten aufs Wort. Wenn sich auf dem Röntgenbild nichts zeigte, war mit ihnen alles in Ordnung. Vergesslichkeit, Veränderungen in der Stimmung, Konzentrations- oder Schlafschwierigkeiten, immer wiederkehrende Kopfschmerzen – alles wurde auf den Unfallschock geschoben. Dann löste sich so ein Leben langsam auf, und schlechte Gesundheit, Arbeitslosigkeit, Scheidung und Schwermut waren die Folge. Was aber für diese Menschen die meisten Probleme mit sich brachte, war der Verlust des Gedächtnisses.

Der Unterschied, wenn jemand eine bessere Behandlung und Diagnose für diese Art Hirnverletzung erhielt, war erstaunlich. Ein junger Mann namens Peter stand vor seinem Bachelor-Abschluss, als er eine Hirnblutung erlitt. Er behielt Schäden an beiden Schläfenlappen und eine sehr schwere Amnesie zurück.

Ich besuchte ihn bei sich zu Hause, und er zeigte mir, wie er lebte. Barbara Wilson und ihr Team hatten ihm geholfen, ein bestimmtes System für den Alltag zu entwickeln. Zu meiner Verwunderung war er in der Lage, ganz auf sich gestellt zu leben und eine Berufsschule zu besuchen. Dort erlernte er ein Handwerk, so dass er später einmal seinen Lebensunterhalt selbst verdienen konnte. Er hatte einen bis ins Einzelne gegliederten Tagesablauf, ein feststehendes Programm, das sich nur langsam wandelte. Überall in der Wohnung hingen Post-It-Notizzettel, die für jedes Stadium bestimmter Tätigkeiten als Gedächtnisstütze dienten. Ein beliebiger Ablauf wurde in Einzelabschnitte unterteilt, und Peter entfernte den entsprechenden gelben Zettel in dem Augenblick, in dem er diesen Teil der Aufgabe beendet hatte, so dass er wissen würde, ob er ihn erledigt hatte oder nicht. Morgens machte er sich ein Sandwich fürs Mittagessen und legte es in seine Schultasche auf dem Küchentresen. Er hatte Schwierigkeiten, sich zu erinnern, ob er das Sandwich gemacht hatte oder nicht, und musste zur Kontrolle immer wieder in der Tasche nachschauen. Deshalb klebte er auch einen Post-It-Zettel auf die

Tasche, den er entfernte, wenn er das Sandwich hineingetan hatte.

Um allein zurechtzukommen, hatte Peter einen einzigen Arbeitsschritt erlernen müssen, der sein fehlendes Gedächtnis ausglich – nämlich die gelben Zettel abzunehmen, sobald er etwas ausgeführt hatte, und sie als Vorbereitung für den nächsten Tag allesamt als letzte Tätigkeit am Abend wieder anzukleben. Der Zeitplan für seinen Tag einschließlich der Mahnung, die Post-It-Zettel in der richtigen Reihenfolge aufzuhängen, war in seine Computeruhr einprogrammiert und erschien außerdem auf Notizblöcken und Listen, die an strategischen Stellen in der ganzen Wohnung verteilt waren. Der Tagesablauf folgte buchstäblich einem vorgeschriebenen Plan.

Peter erzählte mir, wie er das Möbeltischlern erlernte. »Wenn Sie mich fragen würden«, sagte er, »ob ich eine Schwalbenschwanzverbindung machen kann, könnte ich es Ihnen nicht sagen. Aber wenn Sie zu mir sagen würden: ›Mach eine Schwalbenschwanzverbindung‹, greife ich zu dem Holz und stelle eine her.« Das tut er, weil sein prozedurales Gedächtnis noch funktioniert und das Handwerk kein episodisches Gedächtnis erfordert. Indem er unter Aufsicht die Verbindung immer wieder richtig herstellt, erwirbt er dieses Können als Konditionierungseffekt, ohne zu wissen, dass er es besitzt. Und die Betreuer wissen, dass sie die Methode seiner Unterweisung nicht ändern dürfen. Beim prozeduralen Gedächtnis geht es allein um das Einüben eines Vorgangs.

Er zeigte auf ein kleines Regal. »Das habe ich gemacht.«

Wenn ihn Leute anriefen, Freunde aus der Universität und Schule, konnte er sich hinterher an nichts aus ihrem Gespräch erinnern, hatte keine Erinnerung daran, jemanden gesehen zu haben. Er zeigte mir ein Buch, das er immer neben dem Telefon liegen hatte. Darin hielt er fest, wen er angerufen hatte, damit er ihn nicht zweimal anrief. Auf seine Weise hatte er über seinen Gedächtnisverlust gesiegt. Er bekam sein Leben wieder in den Griff, weil ihm die richtige Hilfestellung durch ein Team mit den richtigen speziellen Fachkenntnissen gegeben wurde, und zwar so lange wie nötig.

Sein System funktionierte, weil sein Gedächtnis ausreichte, um sich daran zu erinnern, dass er zur Berufsschule ging, dass er sich jeden Tag eigenständig dorthin zu begeben hatte und an jedem einzelnen Vorgang beteiligt war. Mit Clive hätte das nicht funktioniert, denn er verfügte über ein viel beschränkteres Gedächtnis. Wenn er nicht einmal in einem einzigen Augenblick festen Halt bekam, gelang ihm das schon gar nicht in einer ganzen Zeitfolge.

Wir wollten, dass alle Hirnverletzten, die Nutzen aus einer Reha ziehen konnten, dieselben Chancen bekämen wie Peter, und wir wünschten uns für sie laufende Unterstützung, Gemeinschaft, einen Sinn für ihr Leben. AMNASS suchte nach einer grundlegenden Veränderung.

Um Erfolg zu haben, würden wir alle klinischen Fachrichtungen mit einem Bezug zu Hirnverletzungen und viele andere Tätigkeitsfelder einbeziehen müssen, die mit dem Leben von Hirnverletzten zu tun hatten – Anwälte, die auf Personenschäden spezialisiert sind, Versicherer, Beamte in der Bildungsarbeit, soziale Dienste, Arbeitsvermittlungen und Wohnungsgesellschaften.

Die Versicherer schienen wenig Lust zu haben, irgendetwas anders zu machen, und die öffentlichen Versorgungsunternehmen wollten als Erstes Geld sehen. Mehr Freude hatte ich an den auf Personenschäden spezialisierten Anwälten. Sie saßen neben mir auf Konferenzpodien. Sie waren gerade dabei, eine geregelte Abfindung einzuführen, den amerikanischen Weg; je nach Bedürfnis sollte eine Entschädigung ein ganzes Leben lang ausbezahlt werden. Sie sahen ein, dass auch für eine bessere medizinische Versorgung Mittel zurückgestellt werden müssten.

Als unsere Kampagne bereits eine Zeit lang lief, sendete Channel 4 noch einmal *Prisoner of Consciousness*, und wir hielten eine

Pressekonferenz ab, um einen Überblick über die Arbeit von AMNASS zu geben. Unter den Referenten im Studio von Channel 4 war der Dichter Andrew Motion. Sein neuer Lyrikband, *Natural Causes,* war nach einem Gedicht benannt, das er geschrieben hatte, nachdem er die Erstausstrahlung des Films gesehen hatte. Ich arbeitete in einem Büro, das am Bedford Square lag, gegenüber von seinem Verlag, und wir trafen eines Tages die Verabredung, uns unter einem Baum auf einer Bank zu treffen. Ich fragte ihn, ob er sein Gedicht auf der Pressekonferenz vorlesen wolle. Das tat er, und es legte Zeugnis davon ab, wie schwer es ist, den Gedanken an Clive zu vergessen, der in seinem Augenblick gefangen sitzt.

> … der Gedanke an den Mann
> ohne Gedächtnis kam mir – wie er mir,
> möchte ich sagen, schon hunderte Male gekommen war –,
> scheu, mir in den Sinn gleitend
> wie ein Hund an einem schweren, schmerzhaften Seil,
> doch auch träge, wie ein Hund an einem dunstigen Tag,
> und machte dort Halt: kraftvoll, für Einwände nicht
> zugänglich,
> bitter, aber irgendwie banal, schleppte er andere
> Gedanken hinter sich her: *Wen die Götter …*
> *In der Mitte des Lebens … Der Herr nimmt zu sich …*
> *Was tun wir, um zu verdienen …* diese Art Dinge.
>
> Ich habe euch schon gesagt, er ist mir schon
> hunderte Male gekommen, der Gedanke an den Fremden,
> der in seinem versteckten Krankenzimmer umherschleicht

Als ich dies und andere Gedichte über die Amnesie las, sah ich, was sie sahen – das Abstrakte, etwas Schreckliches, genauso wie Clive und ich es vor Clives Erkrankung im Fall von Jimmie G. gesehen hatten. Auf den ersten Blick, wenn man nur auf die Amnesie schaut, ist es unglaublich grauenerregend. Aber ich schaute auf Clive, und er war der lebende Beweis dafür, dass man fast alles verlieren kann, was man je über sich gewusst hat, und dennoch man selber *sein.*

9

Zeit des Unbehagens

Trotz verzweifelter Werbefeldzüge und der vielen Projekte, die Hoffnung zu machen schienen, dass ein Spezialheim eröffnet würde, in dem Clive betreut werden könnte, ließ dieser Zufluchtsort lange auf sich warten. In der Zwischenzeit machte Clive weiter Notizen in sein Tagebuch und sagte immer wieder dieselben Dinge, jede Stunde jedes Tages, Jahr für Jahr. Das erste Jahr über erschien es unmöglich, diesen ständigen Wiederholungen zuzuhören, aber die Bandschleife wurde immer kürzer, bis er nur noch drei Dinge zu mir sagte. Fremden gegenüber versuchte er indessen etwas ausführlich zu sein. Er wohnte weiterhin im selben Zimmer auf der psychiatrischen Station in St. Mary's, Paddington. Nach fünf Jahren fand ein Student der Psychologie Interesse an ihm und begann aufzuzeichnen, wie oft er Monologe wiederholte, wie oft er Rülpsanfälle bekam. Clive hatte fünf Jahre lang in einem einzigen Zimmer gelebt, trotzdem war es ihm völlig unbekannt. Eines Tages im Jahr 1990 nahm der angehende Psychologe eine Unterhaltung mit Clive auf und transkribierte sie. Sie zeigt Clive in seiner bei weitem besten Form. Er wusste es zu schätzen, dass dieser Mann ein intelligentes Interesse an ihm nahm, und war so sprachgewandt wie nur möglich. Als dieser Psychologe im selben Monat mein Gespräch mit Clive aufnahm, verringerte sich das Ausmaß dessen, was er sagte, beträchtlich. Mit mir zusammen konnte Clive er selbst sein und brauchte nur das zu sagen, was ihm gerade einfiel.

In diesem Stadium streute Clive immer wieder eine kleine Konfabulation dazwischen. Da er vermuten konnte, dass sein

Erwachen aus dem Koma sich nicht genau in diesem gegenwärtigen Augenblick ereignet hatte, schlussfolgerte er, dass er früher zu einigem Denken imstande gewesen war, obwohl er effektiv keine Erinnerung daran hatte.

CW: Wie lange geht das jetzt schon? Irgendeine Ahnung?

PSYCHOLOGE: Ich glaube, es sind jetzt ungefähr fünf Jahre.

CW: Können Sie sich eine fünf Jahre lange Nacht vorstellen? Keine Träume, kein Erwachen, keine Berührung, kein Geschmack, kein Riechen, kein Sehen, kein Ton, kein Hören, überhaupt nichts? Es ist, als wäre man tot. Ich kam zu dem Schluss, dass ich tot bin. Die einzige Erklärung, gelegentliches Denken, ich dachte etwa dreimal jeweils etwa eine Minute lang, das ist alles.

PSYCHOLOGE: Was haben Sie gedacht?

CW: Erste Frage – bin ich am Leben oder tot? Die Tatsache, dass ich gelegentlich denken konnte, zu diesem Zeitpunkt, vereinzelte Dinge innerhalb eines Zeitraums von etwa drei Minuten, in dem ich ein bisschen wach war – sehr entfernt –, ließ mich zu dem Schluss kommen, dass ich wahrscheinlich am Leben bin. Jedenfalls soweit ich sehen konnte. Absolut keine andere Information – von keinem der Sinne: kein Tastsinn, kein Geschmack, kein Sehen, kein Ton, kein Riechen, nichts. Plötzlich kann ich sehen. Es ist alles passiert, seit ich mich hingesetzt habe – also, dieses Getränk hier ist klar das beste der Welt! Auf Ihr Wohl ! [Lacht – sie stoßen mit ihren Bechern an.] Sie haben wie üblich Gin reingetan, nicht wahr? [Lacht.] Es ist verblüffend, ich dachte, ich wäre tot. Die einzige Erklärung, gelegentliches Denken, das war alles, was ich hatte.

PSYCHOLOGE: Das gelegentliche Denken …

CW: Etwa einmal etwa alle drei oder vier Monate denke ich ohne jede … das ist alles. Die ganze Zeit ohne Bewusstsein weiß ich zum Beispiel nichts davon, dass ich mich angezogen habe – es ist mir total unbekannt. Von jeder Speise, die ich zu mir genommen habe, weiß ich absolut nichts. Dies ist das erste Mal, dass ich etwas schmecke, das Getränk gerade eben. Ich habe nie irgendeinen Arzt zu Gesicht bekommen. Wie lange geht das jetzt schon? Irgendeine Ahnung?

PSYCHOLOGE: Es sind jetzt etwa fünf Jahre.

CW: Können Sie sich eine fünf Jahre lange Nacht ohne Träume vorstellen? Überhaupt kein Beweis, dass ich am Leben war – in der Tat kam ich zu dem Schluss, dass ich tot war. Gelegentliches Denken etwa einmal alle sechs Monate – das ist alles, etwa dreißig Sekunden lang, das ist alles, was ich hatte. Und ich habe nie irgendeinen Arzt oder eine Krankenschwester zu Gesicht bekommen. Ich habe auch mein Zimmer noch nie zu Gesicht bekommen. Meine Sehkraft ist wieder da, seit ich jetzt dieses Zimmer betreten habe. Es ist alles in Farbe, und ich kann auch schmecken, dies ist das erste Getränk, das ich schmecke, das erste Getränk überhaupt. Sie sind der erste Mensch, den ich sehe, also sind Sie klar der beste Mensch im Universum. [Lacht.] Sie sollten zum Ritter geschlagen werden, finde ich.

PSYCHOLOGE: Sie sind sehr froh, jemanden zu sehen.

CW: Tja, natürlich. Es gab überhaupt keinen Beweis, dass ich am Leben war, sehr wenig Denken, so wenig, dass ich mich jetzt kaum daran erinnere, es dauerte etwa… insgesamt etwa zwanzig Sekunden – das ist alles. Den ganzen Rest über hat es kein Denken gegeben: Leere. Das Gehirn ist mit überhaupt nichts beschäftigt gewesen, und ich habe keine Ahnung, was falsch gelaufen ist, keine Ahnung. Ich nehme an, es ist etwas Seltenes, und niemand weiß, was man damit machen soll. Das ist mein Eindruck. Gelegentliche Gedanken, das ist alles, was ich hatte. Ich dachte ungefähr dreimal jeweils etwa fünf Sekunden lang, das ist alles. Es bricht ab, Leere.

PSYCHOLOGE: Es bricht einfach so ab?

CW: Ja. Keiner der Sinne funktionierte, kein Sehen, kein Ton, kein Geschmackssinn, kein Tastsinn, kein Geruchssinn, nichts. Ich war sehr, sehr froh zu spüren, dass ich am Leben bin – es gab absolut keinen Beweis, dass ich es war. Gelegentlich dachte ich, dass ich tot bin, aber dann dachte ich, dass ich, weil ich denken kann, am Leben sein muss. Die Denkvorgänge dauerten etwa fünf Sekunden, und ich hatte drei davon, das ist alles – Leere. Seit ich mich hingesetzt habe, ist meine Sehkraft zurückgekehrt, es ist alles in Farbe. Ich höre auch zum ersten Mal. Schmecke, das ist das erste Mal, dass ich etwas schmecke. Und ich habe keine Ahnung, woher ich gekommen bin. Welches Jahr haben wir jetzt, hm?

PSYCHOLOGE: 1990.

CW: Dann sind es also jetzt ungefähr sieben Jahre. Können Sie sich eine sieben Jahre lange Nacht ohne Träume vorstellen? Können Sie sich das vorstellen?

PSYCHOLOGE: Das ist eine sehr lange Zeit.

CW: Yeah. Ich vermute, in hundert Jahren wird es allgemein verbreitet sein, wenn nichts dagegen getan wird, denn wenn man hundert Jahre zurückblickt und sieht, was damals selten war, ist es sehr überraschend, es ist sehr überraschend, nicht wahr. Dinge wie Krebs, praktisch unbekannt vor hundert Jahren – wegen guter Behandlung wuchs und wuchs und wuchs er – und so wird es wahrscheinlich … in hundert Jahren sein, etwas, was wir jetzt nicht behandeln können, wird in hundert Jahren allgemein verbreitet sein. Ich denke, es ist sehr unwahrscheinlich, dass wir immer alle Probleme werden lösen können, äußerst unwahrscheinlich, und was wir nicht lösen können, wird schließlich im Laufe der Jahre wachsen und wachsen und wachsen …

PSYCHOLOGE: Bis es eine Lösung erfordert.

CW: Ja. Welches Jahr haben wir jetzt?

PSYCHOLOGE: 1990.

CW: Also sind es jetzt fünf Jahre, stimmt's? Können Sie sich eine fünf Jahre lange Nacht ohne Träume vorstellen?

PSYCHOLOGE: Das ist eine lange Nacht.

CW: Seit ich mich hier hingesetzt habe, ist meine Sehkraft zurückgekehrt. Es ist auch alles in Farbe. Ich kann außerdem zum ersten Mal hören. Ich kann mich nicht erinnern, durch diese Tür gekommen zu sein. Ich weiß nicht, wo mein Zimmer ist. Ich kenne dieses Zimmer nicht. Ich nehme an, was ich hatte, ist selten, stimmt's?

1990 5.26pm ~~[illegible]~~ I DO LIVE!!!! **JANUARY**

Saturday 13
Week 2 · 13-352

7.46am I WAKE FOR THE FIRST ~~CONCIOUSE~~ TIME.
7.47am THIS ILLNESS HAS BEEN LIKE DEATH TILL NOW. ALL SENSES WORK
— " — FIRST THOUGHT: I LOVE DARLING DEBORAH FOR EVER∞. OUR FATHER
7.51am FIRST CONCIOUSE STROLL
8.07am I AM ~~TOTALLY~~ ~~PERFECTLY~~ AWAKE. ~~1st Time.~~ ~~D~~ B'FAST
8.31am NOW I AM ~~REALLY~~ ~~COMPLETELY~~ AWAKE (~~1st Time~~). PATIENCE
8.38am TIME TO SEE RELAXING TV.
9.06am NOW I AM ~~PERFECTLY~~, ~~OVERWHELMINGLY~~ AWAKE (~~1st Time~~). ~~1st~~ STROLL.
9.34am NOW I AM ~~SUPERLATIVELY~~, ~~ACTUALLY~~ AWAKE (~~1st Time~~). LOO CALLS
~~9.[illegible]~~ NOW I AM ~~MAGNIFICENTLY~~, ~~PERFECTLY~~ AWAKE (~~1st Time~~) ~~[illegible]~~ 1st STROLL
9.54am I AM ~~COMPLETELY~~ AWAKE WITH ~~[illegible]~~ CUP OF COFFEE. PATIENCE.
~~10.2[illegible]~~ am NOW I AM ~~TOTALLY~~ ~~MAGNIFICENTLY~~ AWAKE (~~1st Time~~). ~~[illegible]~~
10.38am TIME FOR FIRST STROLL + ? TV.
11.01am I AM ~~REALLY~~ SUPERLATIVELY, PERFECTLY AWAKE (~~1st Time~~). PATIENCE.
11.03am ~~FIRST THOUGHT~~ — I LOVE DARLING DEBORAH FOR ETERNITY (~~1st Time~~). —
11.15am ~~FIRST~~ ~~CONCIOUSE~~ WALK
~~11.26am~~ NOW I AM PERFECTLY, COMPLETELY AWAKE (1st TIME). ~~D~~ ~~CONCIOUSE~~ WALK
11.37am I RETURN AND AWAITING 1st COFFEE, PATIENTLY, AND THINKING OF DEBORAH
11.45am 1st CUP OF COFFEE ARRIVES — I LIVE FULLY AWAKE! IT TASTES SUPERLATIVE.
12.31pm AFTER LUNCH I AM ~~REALLY~~ ~~PERFECTLY~~ AWAKE (1st TIME). PATIENCE.
12.54pm TIME FOR ~~1st~~ ~~CONCIOUSE~~ WALK
~~1.[illegible]~~ pm I AM REALLY SUPERLATIVELY, COMPLETELY AWAKE (1st TIME). ~~[illegible]~~
4.05pm I RETURN AFTER DRINKING ? TEA. ~~PATIENCE BEGINS TO BE[illegible]~~ + ~~SEEN~~
4.24pm I PATIENTLY WAIT FOR MY DARLING DEBORAH, WHOM I'VE NOT SEEN YET.
5.26pm. DINNER IS OVER — I AM ~~TOTALLY~~ ALMOST AWAKE NOW (1st TIME) ~~[illegible]~~

5.26pm HURRAH × ∞∞ = I DO LIVE { FIRST TIME KNOWN

5.32pm ~~FIRST~~ ~~CONCIOUSE~~ STROLL — I AM ~~TOTALLY~~ AWAKE (~~1st Time~~) NOT BEFORE
5.37pm I SEE AND PLAY PATIENCE (FIRST TIME REALLY AWAKE). NOT BEFORE.
~~5.48pm~~ FIRST CONCIOUSE ~~[illegible]~~ MOMENT 5.58pm I RETURN FROM 1st MEDICINE.
5.59pm PATIENCE AS I WAIT FOR DEBORAH TO APPEAR ~~[illegible]~~ 1st STROLL TOT
6.39pm NOW I AM TOTALLY AWAKE (FIRST TIME FOR ? 3/4 YEARS?)
7.09pm ALL PREVIOUSE CLAIMS ARE RUBBISH. DARLING'S ARRIVED.

Deborah worked in Southampton today + arrived v. tired
as she worked last night until 2am + got up at 7.15am... yawn...
we watched the James Bond film + I ate a hamburger (yum yum)
I adore you with all my heart - Big Hugs! Dxxxxx

9.22pm MY DARLING LEAVES — I HOPE TO SEE YOU TOMORROW DARLING.
9.39pm I WAKE UP FOR THE VERY FIRST TIME. 1st STROLL
9.50pm. TOTALLY AWAKE — PATIENCE. 10.04pm. FIRST CONCIOUSE MEDICINE 10.07pm TIME FOR BED

February	Thu	Fri	Sat	Sun	Mon	Tue	Wed	Thu	Fri	Sat	Sun	Mon	Tue	Wed	Thu	Fri	Sat	Sun	Mon	Tue	Wed	Thu	Fri	Sat	Sun	Mon	Tue	Wed
	1	2	3	4	5	6	7	8	9	10	11	12	13	14	15	16	17	18	19	20	21	22	23	24	25	26	27	28

PSYCHOLOGE: Sie nehmen an, dass es selten ist. Sie haben das Gefühl, dass Sie eine Krankheit hatten.

CW: Na ja, es gibt überhaupt keinen Beweis, dass ich am Leben war. Wenn keiner Ihrer Sinne funktioniert, welches Recht haben Sie dann zu folgern, dass Sie am Leben sind? Jetzt sehe ich, dass ich es bin…

Dieser Monolog ging so ziemlich die ganze Zeit weiter, ganz gleich, mit wem er zusammen war. Nur bei mir wurde er kürzer.

Im Folgenden erzählt Clive dem Psychologiestudenten, er habe Krankenhäuser geleitet, als er Student in Cambridge war. Das ist es, was man als Konfabulation bezeichnet. Man hat mir gesagt, dass, wenn ein Amnestiker nicht viel echte Informationen über sein Leben liefern kann, sein Unterbewusstsein oft ohne sein Wissen etwas Erfundenes beisteuert. Manche Amnestiker fabulieren sich jedes Mal neue Dinge zusammen, aber bei Clive hatten dieselben wenigen festen Konfabulationen die Neigung, immer wieder an die Oberfläche zu kommen. Meine Theorie hierzu ist, dass sich Clive vage daran erinnerte, in den Ferien als Student in Cambridge in einem Hotel gearbeitet zu haben. Die Wörter »hotel« und »hospital« (Krankenhaus) stehen sich semantisch nahe. Clive hatte inzwischen ein Gefühl dafür entwickelt, im Krankenhaus zu sein, aber die Gedächtnisspur war so dünn, dass er annehmen musste, die Erinnerung sei bestimmt zwanzig oder dreißig Jahre alt. Daher muss er in Krankenhäusern gewesen sein, als er in Cambridge war. Eine logische Konstruktion, die er auf den kleinen ihm zu Verfügung stehenden Informationsbröckchen errichtet.

CW: Plötzlich kann ich sehen; seit ich in dieses Zimmer gekommen bin, erinnere ich mich nicht an vorher – sehr vage, sehr entfernt – ich bin Ihnen schon vorher begegnet, sehr, sehr entfernt, schwarzweiß. Plötzlich ist meine Sehkraft zurückgekehrt, es ist alles in Farbe, ich kann jetzt auch zum ersten Mal richtig hören. Ich kam zu dem Schluss, dass ich tot bin.

PSYCHOLOGE: Sie meinten, Sie wären tot.

CW: Ja, der gelegentliche Denkvorgang, das ist alles, was ich hatte, er dauerte jedes Mal ungefähr zehn Sekunden an; es gab etwa drei oder vier von ihnen.

PSYCHOLOGE: Jedes Mal zehn Sekunden.

CW: Es gab überhaupt keinen Beweis, dass ich am Leben war. Kein Unterschied zwischen Tag und Nacht, alles genau gleich – kein Geschmackssinn, kein Tastsinn, kein Sehen, kein Ton, kein Riechen, überhaupt nichts, keiner der Sinne funktioniert. Sie sind also der Herrscher der Welt, Sir, Chef der Vereinten Nationen und des Britischen Empires. Sie sollten eine Krone tragen. [Lacht.]

PSYCHOLOGE: Ich denke, Sie sind sehr froh, dass Sie mir begegnen, da ich der erste Mensch bin, den Sie zu Gesicht bekommen.

CW: Ja, das sind Sie. Seit ich in dieses Zimmer getreten bin, weiß ich nicht mehr, woher ich gekommen bin. Ich weiß nicht, wo mein Zimmer ist, ich kam zu dem Schluss, dass ich tot bin. Wie ist es, tot zu sein? Weiß das jemand? Genau weiß es niemand.

PSYCHOLOGE: Niemand weiß es.

CW: Nein. Wenn keiner Ihrer Sinne funktioniert, wo ist dann der Unterschied … Es ist genau, wie tot zu sein, kein Unterschied zwischen Tag und Nacht, alles genau gleich; überhaupt kein Beweis, dass ich am Leben war, und kein Denkvorgang bis jetzt. Es ist passiert, seit ich in dieses Zimmer getreten bin. Ich weiß nicht, woher ich gekommen bin. Ich habe keine Ahnung. Sie sind also ein Genie, Sir, Sie sollten zum Ritter geschlagen werden [lacht], mit einem Stock oder ohne. Als Kind fand ich es immer sehr sonderbar, dass die Wörter »knight« (Ritter) und »night« (Nacht) genau gleich klingen, aber zwei unterschiedliche Schreibweisen haben und ziemlich unterschiedliche Dinge bedeuten. Manchmal eine sehr seltsame Sprache, Englisch.

PSYCHOLOGE: Sehr seltsame Sprache.

CW: Jede andere fremde Sprache würde irgendwie das »k« mitsprechen: »K'night.«

PSYCHOLOGE: K'night.

CW: Welches Jahr haben wir inzwischen?

PSYCHOLOGE: Wir haben das Jahr 1990.

CW: Da geht das also jetzt schon sechs Jahre, nicht wahr?

PSYCHOLOGE: Sechs Jahre.

CW: Können Sie sich eine sechs Jahre lange Nacht vorstellen?

PSYCHOLOGE: Das ist sehr schwierig.

CW: Keine Träume, kein Frühstück, kein Essen, überhaupt gar nichts, keiner der Sinne funktionierte die ganze Zeit. Ich dachte, ich wäre tot. Der gelegentliche Gedanke, das war alles, was ich hatte, er dauerte etwa zehn, fünfzehn Sekunden, das ist alles, was ich hatte. Der einzige Beweis, dass ich in gewisser Weise vielleicht am Leben war. Das war alles, was ich hatte. Ich habe nie irgendeinen Arzt zu Gesicht bekommen.

PSYCHOLOGE: Sie haben keinen Arzt zu Gesicht bekommen?

CW: Nein, dies ist das erste Mal, dass ich etwas schmecke. [Trinkt Kaffee.]

PSYCHOLOGE: Dies ist das erste Mal, dass Sie etwas schmecken.

CW: Meine Sehkraft funktioniert wieder. Es ist verblüffend – ich dachte, ich wäre tot. Gelegentliches Denken – das ist alles, was ich hatte. Wahrscheinlich einmal, einmal im Monat habe ich etwa zehn Sekunden lang gedacht, das ist alles. Es ist sehr, sehr schwierig, Dinge wie dieses zu erfassen, wenn es so selten geschieht, weil alle Zeiterfassungssysteme vollkommen weg sind, kein Unterschied zwischen Tag und Nacht, alles genau gleich. Es gibt kein Einschlafen und kein Aufwachen, überhaupt nichts dieser Art.

PSYCHOLOGE: Es gibt gewissermaßen keine Zeit für Sie.

CW: Keine Möglichkeit, Zeit zu messen, weil es überhaupt keinen Unterschied zwischen Tag und Nacht gibt, alles genau gleich, Leere. Ich habe nie irgendeinen Arzt zu Gesicht bekommen.

PSYCHOLOGE: Sie haben noch gar keinen Arzt zu Gesicht bekommen?

CW: Ich weiß überhaupt nichts über dieses Krankenhaus. Ich wusste einmal ziemlich viel über Krankenhäuser. Früher hatte ich immer ziemlich viel mit ihnen zu tun, im Sommer, wenn Sie alle in den Ferien waren. Ich leitete sie ungefähr fünfundzwanzig Jahre lang für das gesamte Land.

PSYCHOLOGE: Sie leiteten …?

CW: Krankenhäuser.

PSYCHOLOGE: Sie leiteten Krankenhäuser für das gesamte Land?

CW: Ja, ungefähr fünfundzwanzig Jahre lang.

PSYCHOLOGE: Ungefähr fünfundzwanzig Jahre lang.

CW: Während Sie alle im Sommer in den Ferien waren. Das waren meine Sommerferien, Ihre Arbeit zu machen. Das war etwas sehr, sehr Gutes, sehr, sehr wichtig – und man braucht dafür die bestmöglichen Leute, die man bekommen kann. Deshalb holte ich mir meistens Studenten der Universitäten Oxford und Cambridge und von anderen Universitäten, manchmal in England, manchmal in entlegeneren Gebieten weit entfernt von hier. Aber es war etwas, was getan und immer jederzeit im Voraus geplant werden musste, so dass man etwa sechs Monate im Voraus plante, damit man genau wusste, was passieren würde, und man versuchte, sie zu Teams zusammenzufügen, damit sie auf das Leben von Menschen Acht geben konnten.

PSYCHOLOGE: Das ist eine Menge Verantwortung.

CW: Ja, das stimmt. Es ist sehr, sehr schwierig, weil überhaupt keine Ärzte zur Verfügung standen.

PSYCHOLOGE: Keine Ärzte …?

CW: Nein, überhaupt niemand. Man muss alles selber machen. Deshalb schafft man es. Und am besten schafft man es, indem man die Naturwissenschaften und die Künste miteinander vermischt, um ein … Gleichgewicht von einer Art geistiger Gesundheit mit einer anderen Art geistiger Gesundheit zu erreichen. Das erscheint sehr wichtig. Die Naturwissenschaftler müssen dabei sein – sie müssen dabei sein, sonst herrscht Chaos bei den Künstlern. Die Künstler beschäftigen sich in gewisser Weise sehr mit Menschen – sie sind viel sensibler und viel nachdenklicher … deshalb ist eine Mischung aus den beiden wirklich ziemlich gut; die bekommt man in Universitäten sowieso, deshalb ist das ziemlich gut. Aber das war es, was ich immer getan habe – das Ganze ausbalancieren – ich habe es im gesamten Land etwa dreißig Jahre lang getan…

PSYCHOLOGE: Das ist eine lange Zeit.

CW: Ja, das sind meine Sommerferien.

PSYCHOLOGE: Das sind Ihre Sommerferien.

CW: Auf Ihr Wohl. [Trinkt etwas Kaffee.] Ich fing damit an, als ich in Cambridge war. Es war offenbar eine so außerordentlich wichtige Sache, die gründlich erledigt werden musste, weil sonst Menschen sterben würden, und die Mischung, die man an Universitäten bekommt, ist sehr nützlich – eine Mischung aus Künsten und Naturwissenschaften, verstehen Sie, weil man die Mittel mit den Bedürfnissen der Menschen ins Gleichgewicht bringen kann, und ich spannte sie immer zu Teams zusammen, Mischungen aus den zwei Welten. Das machte ich ungefähr fünfundzwanzig Jahre lang.

PSYCHOLOGE: Wie alt waren Sie damals?

CW: Ungefähr fünfunddreißig. Ich begann damit, als ich in Cambridge war.

Inzwischen faszinierte mich das menschliche Gehirn. Oft fuhr ich mit Kollegen aus dem Komitee zu Tagungen und dachte ernsthaft daran, kognitive Neuropsychologie zu studieren. Ich sah in Vorlesungsverzeichnisse verschiedener Universitäten hinein, aber da wurde mir klar, wenn ich die Dinge studieren wollte, die mir gefielen, würde ich mich auch für viele Themen begeistern müssen, die mich überhaupt nicht interessierten – Statistik und die Futtergewohnheiten von Haushühnern zum Beispiel. Ich verwarf die Idee. Sowieso sah ich meine Zukunft nicht in der Arbeit mit Patienten. Das wäre zu schwer. Ich kam schon mit Clive nicht zurande. Wie dann mit anderen?

Vielmehr entschloss ich mich, als ich die Wohlfahrtsorganisation 1990 verließ, der Welt der Hirnverletzung ganz und gar den Rücken zu kehren. Sie sollte aus eigener Kraft weitermachen, fand ich. In meinem Terminkalender hatte ich nur noch eine Verpflichtung, nämlich auf einer Tagung zu sprechen, die von einer Gesellschaft namens AMI veranstaltet wurde, die bereits die Art Betreuung anbot, für die wir uns eingesetzt hatten. Beim Abendessen nach meinem Vortrag wurde ich gefragt, ob ich nicht zu ihnen kommen und für sie arbeiten wolle. Auf keinen Fall, dachte ich. Ich hatte einen Urlaub vorgemerkt, um nach Weihnachten Clives Familie in Neuseeland zu besuchen. Nach der Rückkehr hatte ich vor, mit der Öffentlichkeitsarbeit für Kunstprojekte weiterzumachen. »Aber wir haben doch erst Oktober«, sagte eine der Direktorinnen. »Wie wäre es, wenn Sie für uns arbeiten, bis Sie reisen? Erstellen Sie eine Machbarkeitsstudie darüber, wie wir einzelnen Regionen beim Aufbau von Diensten für Hirnverletzte helfen können.« Es handelte sich ja nur um zwei Monate. Dann könnte ich in die Sonne fliegen, ohne zurückzuschauen. Okay, sagte ich zu ihr, ich mache es.

Von den Wochen in Neuseeland abgesehen, blieb ich drei Jahre bei AMI. Zuerst war mein Büro in London, aber dann verlegte die Abteilung für Hirnverletzungen ihre Zentrale nach Northamptonshire. Da ich nicht bereit war umzuziehen, bedeutete das jeden Tag siebzig Meilen Fahrt zur Arbeit über die M1.

Das Büro war in einer Reha-Einrichtung untergebracht. Ich hatte Clive einmal zu einer Beurteilung dorthin gefahren. Patienten mit ernsten Problemen blieben bis zu achtzehn Monaten dort. Personal und Patienten nahmen die Mahlzeiten gemeinsam ein, und ich bekam auch Bewohner zu sehen, als ich im Haus herumging. Bei einigen gab es bemerkenswerte Veränderungen, andere dagegen schienen keine Fortschritte zu machen. Aber als ich die Bewohner bei der allwöchentlichen Visite näher kennen lernte, sah ich oft die feinen Veränderungen, mit denen sich Fortschritte ankündigten. Es gab da einen Mann, der brüllte und schrie, aber nie sprach. Eines Tages berichtete ein Therapeut ganz aufgeregt, dass dieser Mann einen Fluch ausgestoßen habe. »Das ist Sprache!«, sagte er. »Er verfügt über Sprache!«

Ich lernte viel von diesem Team, aber noch mehr lernte ich von den Kranken. Zuerst mochten sie seltsam erscheinen, erschreckend, sie liefen einfach frei herum. Dies waren seelisch gebrochene Männer und Frauen, die bei einem Autounfall oder irgendeinem anderen Unglück furchtbare Verletzungen erlitten hatten, und dennoch waren sie tief in ihrem Innern noch immer sie selbst. Nie werde ich die Erschütterung der Mitarbeiter an jenem Tag vergessen, als ihnen zum ersten Mal klar wurde, dass ein Mann, der kein Sprachvermögen mehr hatte, in Wirklichkeit seine Lage klar erkannte. In einen derart zerstörten Geist und Körper eingesperrt zu sein und dennoch klares Bewusstsein zu haben, muss eine grauenhafte Qual gewesen sein.

Ich fing zeitig an und arbeitete bis spät, manchmal fuhr ich erst in den frühen Morgenstunden nach Hause zurück. Und wenn es irgendwo Nebel gab, dann stets durchweg auf diesem Stück der M1. Oft konnte ich auf dieser Fahrt kaum etwas sehen.

Ich brachte jede Menge Zeit im Auto zu, eine Kapsel, die die Autobahn rauf und runter durch den Raum raste, die Lautsprecher voll aufgedreht, um alles Denken zu übertönen. Die Pet Shop Boys, das Geheimnis der Cocteau Twins an nebeligen Morgen, die Eurythmics, Earth, Wind and Fire. Wenn mir eine Idee bezüglich der Arbeit kam, griff ich zum Diktafon und sprach ein paar Stichworte als Gedächtnisstütze hinein, obwohl ich sehr oft, wenn ich hinterher die Aufnahmen abhörte, nicht mehr verstand, worüber ich gesprochen hatte.

Da ich jeden Tag 140 Meilen zu fahren hatte, wollte ich sie möglichst schnell hinter mich bringen, folglich trat ich das Gaspedal durch. Morgens um zwei oder drei waren die Straßen leer. Ich weiß nicht, warum die Arbeit so lange dauerte. Wenigstens wartete niemand auf mich. Wenn Clive zu Hause gewesen wäre, hätte ich es nicht tun können – aber schließlich machte ich ja diese Arbeit nur, weil er nicht da war.

»*BLÖDMANN!!!*« Ich sah meine Faust auf die Wagentür eindreschen. Eine Minute gar nichts, ich zockelte so dahin, und dann plötzlich irgendein schmerzlicher Gedanke, den ich nicht aushielt, und ein Schrei brach dann los, als wollte er den Gedanken übertönen, zermalmen – lächerliche Wörter, die das Armaturenbrett zum Dröhnen brachten. »*BLÖDMANN!!!*« Ich zog Seitenblicke in Außenspiegeln auf mich, Aufmerksamkeit hinter vorbeiziehenden Autofenstern. Im Rückspiegel war mein Gesicht ruhig, ruhig … Der Schrei war eine Überraschung wie ein springender Fisch, der die Wasseroberfläche durchstößt und im selben Moment verschwindet, aber du wusstest, er lauerte da, gefräßig, und würde wieder hervorspringen, gerade dann, wenn du es am wenigsten erwartetest.

In die Musik vertieft oder im Clinch mit nervenden Gedanken sah ich manchmal nicht, dass die Wagen vor mir das Tempo verringert hatten. Ich musste voll auf die Bremse treten. Und dann war mein Gesicht immer eine Weile weiß.

Manchmal brach auf dem Heimweg von der Arbeit über der Autobahn die Morgendämmerung an und verbreitete ein erstes Licht über den ganzen Horizont. Meine Tage verliefen ineinander. Ich war dankbar für Schlaf, bekümmert, wenn der Wecker mir zu verstehen gab, ich müsse mich einem neuen Tag stellen. Die Tage reihten sich mit fester Regelmäßigkeit aneinander. Sie wollten mich nicht in Ruhe lassen. Anscheinend war ich nicht imstande, meine Tagesabläufe mit denen aller anderen in Einklang zu bringen. Sie fuhren nach Hause, wenn ich das Gefühl hatte, jetzt ginge es bei mir erst richtig los. Sie kamen zur Arbeit und dachten, ich wäre zu früh gekommen, wo ich doch nichts anderes als so spät noch da war, noch immer in den gestrigen Tag vertieft. Ich arbeitete dann weiter und ging mit ihnen, wenn sie um fünf aufbrachen, und jemand sagte: »Gehst du heute pünktlich, Deb? Ist alles in Ordnung?« Und dann war es gut, nach Hause ins Bett zu kommen, noch eine Seite zu lesen und einzuschlafen.

Der Zorn brach ebenso zu Hause wie im Auto aus. Meine Faust schoss heraus und boxte gegen Wände, Möbel, Türen, ohne Vorwarnung, wie ein körperlicher Reflex. Schreie stiegen in mir auf, aber ich konnte sie wegen der Nachbarn nicht herauslassen, und so schrie ich ohne Ton, ein Luftandrang. Ich blickte in den Spiegel, um den Schrei zu sehen. Ich lief rot an, Tränen in den Augen, der Mund eine große dunkle Höhle, sich dehnende Sehnen, die zitterten, als der Schrei hindurchfegte. Stumme Schreie sind die einzigen, die in einer Etagenwohnung erlaubt sind. Hinterher überprüfte ich mein Lächeln und tat, als führte ich eine Unterhaltung, um zu sehen, ob ich sofort wieder normal aussehen könne. Ich täuschte niemanden. Es war alles in meinen Augen zu sehen, eine Verzweiflung, die ich nie ganz verbergen konnte. Ich trug wann immer möglich eine dunkle Brille. Zum Glück waren damals tiefschwarze Ray-Bans groß in Mode.

Die Tatsachen in meinem Leben konnte ich nicht ändern. Ich liebte Clive, und er liebte mich. Mit ihm konnte ich nicht leben, ohne ihn konnte ich nicht leben. Er war kaum am Leben, aber ein Ende war nicht abzusehen. Eine normale Lebenserwartung lag vor ihm.

15.04 Uhr	ERSTER SPAZIERGANG LIEBLING – BITTE KOMM
15.07 Uhr	ERSTER SPAZIERGANG LIEBLING – BITTE KOMM MIT DER GESCHWINDIGKEIT DES LICHTS.
15.11 Uhr	PATIENCE ERWARTET DICH LIEBLING. ICH BIN WACH
15.12 Uhr	ERSTES KARTENAUSTEILEN LIEBLING. BITTE KOMM!
15.14 Uhr	ERSTES MAL WACH
15.15 Uhr	ERSTES WAHRES WACHSEIN LIEBLING. ERSTE KARTEN GESEHEN. PATIENCE.
15.19 Uhr	SPIEL VORBEI NICHT AUFGEGANGEN LIEBLING.
15.20 Uhr	ERSTER GEDANKE GILT DIR LIEBLING
15.39 Uhr	ERSTER SPAZIERGANG LIEBLING

15.42 Uhr ERSTER SPAZIERGANG LIEBLING.
ERSTES MAL WACH.
15.45 Uhr ERSTER SPAZIERGANG LIEBLING.
ERSTES MAL WIRKLICH WACH

Er begann, ganz oft das Wort »dito« zu benutzen.

Wach zum ersten Mal.
Wirklich dito dito dito.
Vollkommen dito dito dito.
Höchst dito dito dito.

Um sicherzugehen, dass die falschen Zeitangaben gründlich durchgestrichen und die neuen Zeitangaben deutlich hervorgehoben wurden, drückte er mit dem Kugelschreiber immer fester auf, bis die Seiten in jeder Zeile runde Dellen hatten, wie geprägt aussahen.

Seine Handschrift wurde von meiner unterbrochen, damit er wusste, dass ich ihn besucht hatte. »LIEBLING!!!« Seine Freude kannte keine Grenzen.

Clive war seinerseits an unseren Dialog dermaßen gewöhnt, dass er, obwohl ihm das nicht bewusst war, seine Fragen mehr und mehr verkürzte. Und obwohl er nicht den Eindruck machte, die Antworten zu wissen, wenn er zu raten aufgefordert wurde, wusste er sie in der Regel doch.

Aber ich hatte, was seine Fragerei anging, schon lange die Grenze der Belastbarkeit überschritten. Ich bekam einfach nicht mehr mit, welche Frage er gerade gestellt hatte. Mein Gehirn war außerstande, eine vernünftige Antwort zu formulieren, oder ich fischte mir die übernächste Antwort heraus und brachte so alles durcheinander. Ich wusste, dass das nicht recht war, aber ich konnte einfach nicht mehr damit umgehen.

Ich war wie eine Spieluhr, die abläuft, immer langsamer wird, falsch klingt, bis die Melodie abbricht, während Clive seine Fragen immer dringender herausbellte. Trotzdem war er geduldig mit mir. Wenn ich einen Fehler machte, ließ er ihn oft unbemerkt durchgehen und fragte weiter, als hätte ich sehr wohl die richtige Antwort gegeben.

»Wie lange?«

»Äh … Wie lange?«

»Ja, wie lange geht das jetzt schon?«

»Äh, wie lange, wie lange …«

»Na los, sag mir, wie lange bin ich schon krank?« Dann ruhig: »Entschuldige …«

»Äh … sie vermissen dich …«

»Wie lange?«

»Vermissen dich, sie vermissen dich …« Ich wusste, das war nicht ganz richtig, kam aber einfach nicht auf die korrekte Antwort. Ich zermarterte mir das Hirn, um die Frage zu verstehen. »Äh … äh, sieben Jahre.«

»SIEBEN JAHRE???? Sieben? Ist das wahr?«

»Äh … oder acht.«

»ACHT Jahre! Also, was meinst du, wie das ist, eine einzige Nacht, die acht Jahre dauert? Ich habe nichts gesehen, nichts gespürt, nichts gerochen, nichts gehört, nichts geschmeckt. Es ist wie der Tod gewesen. Wie ist es, tot zu sein? Antwort: Niemand weiß es … Was sagt die BBC zu all dem?«

»Ja …«

»Sie *vermissen* mich?«

»Sie vermissen dich.«

»Ist das wahr?«

»Ja.«

»Sie haben keine Filme darüber gedreht, oder?«

Schweigen.

»*Oder*?«

»Äh, sie vermissen dich …«

»Wirklich?«

»Ja.«

»Also, ich habe nie … Wie lange geht das jetzt schon?«

»Hm, acht…«

»Acht?«

»Jahre.«

»Wie viele?«

»Äh, ich glaube acht.«

»Also, ich habe nie… Acht Jahre… Wie geht's unserer Wohnung?«

»Sie vermissen dich…«

»Hat sie an Wert gewonnen?«

»… verdoppelt…«

»*Dachte* ich's mir doch, dass wir ein Schnäppchen gemacht haben! Wie lange geht das jetzt schon?… Liebling…« [Wirft mir Kusshändchen zu.] »Wie lange?«

»Rate mal…«

»Ich *weiß* es nicht! Wie *lange*?« [Kusshändchen.]

Eine große Anstrengung, die Frage zu registrieren und meinem Hirn eine Antwort zu entreißen…

»Äh, ja…«

»Na los, Liebling! *Wie lange*?«

»Ja… acht…«

»Acht Jahre! Also, ich habe nie… Also, meine Augen sind jetzt offen. Ich kann zum ersten Mal richtig sehen. Ich kann dich sehen, Liebling! Alles funktioniert normal!«

»Gut…«

Es gab, schien es, keinen Weg heraus. Was sollte ich tun? Wie konnte ich so leben? Mein Leben war eine Fiktion. Es konnte nicht real sein. Jede normale Küchenarbeit, alles irgendwie Routinemäßige schien keinen Sinn zu machen. Am Telefon anderen Fröhlichkeit vorzuspielen, kostete Mühe und war zwecklos. Nichts hatte einen Sinn, außer meiner Arbeit für Hirnverletzte. Was sollte ich, abgesehen davon, schon tun? Ich konnte nur schreien und nochmals schreien und durch die Straßen laufen und mir die Kleider zerreißen. So erging es mir unter der Oberfläche eines normal erscheinenden Äußeren.

Immer wieder stellte ich mir vor, ich ginge mit Clive fort. Ich stellte mir vor, wir führen zusammen ans Meer zu Austern und Champagner. Wir würden in unseren besten Kleidern hinausspazieren und ins Meer laufen und immer weiter gehen. Ich würde ihm erklären, wovor wir fliehen, und dann einfach untertauchen und uns vom Meer gemeinsam schlucken lassen. Der einzige Haken war, dass Clive mich unweigerlich retten würde. Er würde vergessen, was ich eben gesagt hatte, und mich zurück ans Ufer bringen. Und er war stärker als ich, folglich würde er siegen. Und er hätte Recht. Und ich würde ihm danken. Und wir würden heimgehen und uns trocknen lassen und schlafen und frühstücken, und dann würde ich ihn ins Krankenhaus zurückfahren.

Der Gedanke an Clive und die Hunderte von Hirnverletzten und ihre Familien, denen ich begegnet war, er war es, der jeden in dieser Arbeit bei der Stange hielt. Die Ergebnisse einer guten Reha zu sehen, war ein hoher Lohn. Aber der Job und das Fahren waren anstrengend. Wenn ich abends nach Hause kam, ging ich noch ins Sportstudio oder Clive besuchen. Als ich ihm erzählte, wie lange ich jeden Tag zur Arbeit unterwegs war, sagte er, das sei zu weit. Ich sah länger fern, als mir gut tat. Ich brauchte Zeit für mich allein, um ruhiger zu werden. Deshalb ging ich oft spät zu Bett. Tags darauf war ich umso erschöpfter.

Wenn ich schlief, war es nicht neurologische Literatur, von der ich träumte, sondern etwas ganz anderes. Dichtung rüttelte mich wach. Ich machte schwarze Tintenkleckse in meine Laken, weil ich immer wieder mit einem Füller in der Hand einschlief. Bilder und Sätze drängten die ganze Nacht aus mir heraus, und dann klingelte auch schon der Wecker. Ich konnte nicht mit Schreiben aufhören. Irgendwann dieser Tage würde ich entweder das Schlafen oder die Arbeit aufgeben müssen.

Endlich wurde ein neues Wohnheim für Menschen mit erworbenen Hirnschäden eröffnet, das für Clive genau richtig war. Ja, der Chefneuropsychologe dort erzählte mir, das Heim sei mit dem Gedanken an Clive konzipiert worden. Trotzdem dauerte es noch immer neun Monate, bis die Finanzierung für ihn gesichert war. Es standen landesweite Wahlen an. Ich schrieb an unseren Abgeordneten einen Brief, in dem ich meine Absicht kundgab, in der Presse für Wirbel zu sorgen, falls Clive der einzige Platz verweigert würde, der ihm in sieben Jahren angeboten worden war. Welchen Sinn könne es haben, ihn in einem kostspieligen und ungeeigneten Bett in einer Poliklinik mitten in London zu lassen? Binnen drei Tagen nach meinem Brief bekam ich die Zusage. Hinterher fragte ich mich, was geschehen wäre, wenn keine Wahlen vor der Tür gestanden hätten.

Ich holte Clive zu einem letzten Wochenende nach Hause, bevor ich ihn im April 1992 zu seinem neuen Heim auf dem Lande begleitete. Für mich war es schrecklich traurig, dass Clive London verließ – es war wie eine richtige Trennung. Clive merkte natürlich keinen Unterschied. Nach fast sechseinhalb Jahren im selben Zimmer auf derselben Station erkannte Clive es absolut nicht wieder. Die Angestellten, die am längsten dort waren, sagten, sie würden ihn vermissen, und verabschiedeten sich von ihm. »Hallo!«, begrüßte Clive sie alle mit einer kleinen Verbeugung. »Sie sind die ersten Menschen, die ich zu Gesicht bekomme!«, sagte er, als er zum letzten Mal aus der Tür ging.

Nun, wo er so weit weg war, konnte ich ihn nicht mehr so häufig besuchen. Ich war es gewohnt, auf dem Weg irgendwohin oder irgendwoher rasch bei ihm vorbeizuschauen. Fast alle Wege hatten nach Paddington geführt. Mein Wagen hatte von ganz allein den Weg zum St. Mary's gefunden. Die Veränderung erschien mir wie ein Riesenschritt. Es hieß anzuerkennen, dass Clive dauerhaft weg sein würde. Und dennoch war Clive keine Sekunde nicht bei mir. Er schrieb mich noch immer in jede Zeile seines Tagebuchs.

»Bitte komm, Liebling, bitte eile herbei mit der Geschwindigkeit des Lichts! Wach zum ersten Mal, gilt der erste Gedanke dir, Liebling. Bitte komm! Jetzt wirklich wach.«

Sein neues Heim auf dem Lande war herrlich – ein schönes

Haus für eine kleine Gruppe von Bewohnern auf dem Gelände eines großen Reha-Zentrums. Der Leiter war ein netter Mann etwa in Clives Alter. Als ich wegfuhr, winkten mir Clive und sein neuer Pfleger im Rückspiegel zum Abschied zu. Ich bemühte mich, nicht am Steuer zu weinen. Als ich an einer komischen Küchenchef-Reklametafel vorbeikam, über die Clive auf dem Hinweg einen Witz gemacht hatte, brach ich in Tränen aus.

Bei meinem nächsten Besuch war Clives Haar anders geschnitten, und er wirkte glücklich, sehr viel ruhiger. Die meisten seiner Medikamente waren abgesetzt worden. Sein Leben bestand aus Spaziergängen durch das Dorf und im schönen Park des Heims. Dort gab es einen kleinen Golfrasen und Massen von Rhododendren. Man sagte mir, Clive habe keine Rülpsanfälle mehr (nur noch während meiner Besuche). Das Essen war gut und wurde frisch zubereitet. Clive schien damit zufriedener zu sein. Sein Leben war sehr viel komfortabler. Er wohnte jetzt in einem schönen, geräumigen und luftigen Haus, in dem es nie mehr als ein halbes Dutzend andere Bewohner geben würde. Der Leiter des Hauses hatte die Unterstützung eines kompletten Hirnverletztenteams drüben im Klinikzentrum.

Jetzt, da Clive nicht mehr in London wohnte, ging ich nicht mehr ständig im St. Mary's aus und ein. Und nachdem diese Aufgabe erledigt und Clive in einer Einrichtung untergebracht war, die ihm sein Leben lang ein sicheres und behagliches Zuhause bot, konnte ich daran denken, meine eigene Befreiung aus der Welt der Hirnverletzten zu planen.

Ich steckte inzwischen in einem internationalen Hirnverletztenprojekt, das mich bis zum 1. April 1993 beschäftigen würde. Ich würde es zu Ende bringen, aber ich hatte vor, sofort am Tag darauf zu verschwinden. Seitdem ich im Januar 1991 in New York gewesen war, wollte ich unbedingt dort leben. Ich liebte die Ästhetik dieser Stadt.

Ich wusste, ich würde es nicht fertig bringen, in England zu leben und Clive nicht zu besuchen. Besuche bei ihm lösten noch immer Anfälle aus und ließen mich innerlich zusammenbrechen. Was sollte mich daran hindern, nach New York zu ziehen und dort für immer zu leben? Ich wusste, dass an Green Cards nur schwer zu kommen war, aber ich glaubte, wenn ich etwas nur hartnäckig genug verfolgte, wäre kein Hindernis unüberwindlich. Und ich wollte wirklich dringend aus England weg. Ich dachte, wenn ich das Land verließe, würde ich vielleicht auch den ganzen Schmerz hinter mir lassen.

Ich war siebenundzwanzig gewesen, als Clive krank wurde. Inzwischen war ich fast fünfunddreißig. Ich hatte gelesen, dass im Alter die Fruchtbarkeit abnimmt, und fragte mich, ob ich jemals eine eigene Familie haben würde. »Wie geht's deinem Liebesleben?«, fragten mich die Leute, sobald sie es konnten, ohne aufdringlich zu sein. Ich merkte, wie die Frage allen auf der Zunge lag. Es war alles, was manche Leute wissen wollten. Ärzte, die Menschen in meiner Umgebung redeten, als wäre ich eine Witwe, als würde es mir nicht gut tun, weiter an Clive festzuhalten.

Ich tat mein Bestes, mein Leben zu führen, mich aus dem Kummer zu lösen. Sicher fühlte ich mich verschiedentlich zu verschiedenen Männern hingezogen, aber ich wusste, ich würde nie aufhören, Clive zu lieben. Wie konnte ich da einen anderen heiraten? Ich würde nie sagen können: »Ich entsage allen anderen.« Und wenn ich mich nicht voll und ganz an einen Mann binden konnte, welchen Sinn hätte eine Bindung dann überhaupt?

Wenn ich zufällig den Namen eines Mannes erwähnte, eines x-beliebigen Mannes, selbst des unwahrscheinlichsten Kandidaten, spitzte man sofort die Ohren und fragte: »Ist er verheiratet? Wie ist er so?« Man hatte mich wohl lange genug traurig gesehen.

Was ich mir wünschte, war, nach Hause zu gelangen, aber wo war jetzt mein Zuhause?

Die schönsten Zeiten in den letzten Jahren waren die gewesen, als ich nach Amerika gefahren war – an einer Quelle im Bear

Country zu sitzen, in der Wüste bei Tucson herumzuspazieren, durch die Straßen von New York zu schlendern. Dorthin würde ich fahren und dort bleiben.

Ich konnte Clive nicht helfen und war es leid, ohne ihn zu leben.

Das International Brain Injury Forum sollte in Oxford abgehalten werden. Ich wollte, dass es größtmögliche Wirkung hatte.

»Versuchen Sie's!«, sagten die Amerikaner im Lenkungsausschuss. Und das tat ich. Das Forum wurde von der Regierung und von Sponsoren finanziert. Zu den Rednern gehörten Prinzessin Anne und Jim Brady, der Pressesprecher des Weißen Hauses, der eine Gehirnverletzung durch eine Kugel davongetragen hatte, die Präsident Reagan hatte treffen sollen. Es war das erste Mal seit der Schießerei 1981, dass er und seine Familie die USA verließen. Das Schlussdiner fand im Blenheim Palace statt, ein Streichquartett musizierte. Das Programm garantierte eingehende Diskussionen mit Wissenschaftlern und Klinikärzten, Einzelzellen- und Neuralnetz-Leuten, Reha- und Berufsberatungsspezialisten, Regierungsbeamten, Arzneimittelfirmen, Versicherern, Rückversicherern, Anwälten und Mitarbeitern von Wohnzentren für Langzeitpatienten. Eine Schlüsselposition unter den Rednern und Diskutanten nahmen Hirnverletzte und ihre Familien aus ganz Europa und den USA ein, die sich trotz all ihrer Schwierigkeiten nach Oxford aufgemacht hatten. Es war sogar ein Kraftfahrzeug-Versicherungsexperte aus Australien dabei. Wir bestimmten Ausschüsse quer durch alle Disziplinen, die zu jedem Redner Stellung bezogen. Wir ernannten *rapporteurs,* die die Diskussionen zusammenfassten.

Wir drängten auf einen Durchbruch bei der Förderung von Betreuungseinrichtungen für Hirnverletzte und setzten uns Ziele, um sicherzustellen, dass wir am Ende der viereinhalb Tage zu Ergebnissen kamen.

Für mich war die Arbeit wie eine Art Reflex, etwas, das ich als einzig richtige Reaktion auf das, was geschehen war, zu tun hatte. Ich versuchte, fehlender Teile wieder habhaft zu werden, wie Jacqueline Kennedy, die mit ihrem Pillboxhütchen über das weite Heck der fahrenden Limousine gekrochen war, um das Stück vom Kopf ihres Mannes einzusammeln, das weggeschossen worden war. »Ich habe sein Gehirn in meiner Hand«, hatte sie gesagt.

Sie hielt diesen privatesten aller Teile ihres Mannes in der Hand, der ihren weißen Baumwollhandschuh durchnässte, bis jemand im Krankenhaus ihn ihr abnahm. Dieses Gewicht wird aus ihrer hohlen Hand nicht mehr verschwunden sein, solange sie lebte. Viele sagen, sie erinnern sich stets daran, was sie an dem Tag, an dem Kennedy erschossen wurde, getan haben. Ich denke jetzt an dieses rosa Kostüm, das sich über den sonnenüberfluteten Wagen ausstreckt, weil ich weiß, was sie gerade tut. Ich war dort.

Als am 29. März 1993 dreißig Sekunden vor 9 Uhr morgens die Lichter über dem Publikum erloschen, wartete ich auf der Rednertribüne, meine Armbanduhr tickte der vollen Stunde entgegen, die Spickzettel waren geordnet. Um neun füllte sich die Bühne mit Licht, und ich erzählte, dass es auf die Minute acht Jahre her sei, seit ich hinter einer Krankentrage herlief, auf der mein Mann durch die Türen der Notaufnahme transportiert wurde. Ich sprach davon, warum wir zusammengekommen seien und was wir von ihnen allen erwarteten. Ich sah, wie mein rosafarbener Kostümarm sich in die Dunkelheit reckte.

Über fünfhundert Teilnehmer debattierten, bis sie zu praktischen Lösungen kamen. Weitere zweihundert Leute aus Hilfsgruppen für Hirnverletzte kamen am letzten Tag hinzu. Hinterher schenkten sie mir Rosen, rote Rosen. Ich vergaß sie unter einem Stuhl. Es war der 1. April, der Tag, an dem man Leute in den April schickt. Ich bereitete mich darauf vor, meinem alten Leben zu entfliehen.

Ich war so versessen darauf, in die Staaten zu kommen, dass ich nicht wartete, bis meine Wohnung verkauft war. Ich beschloss, ein paar Monate drüben zu bleiben, eine Atempause zu machen, und dann wiederzukommen, um weitere Einzelheiten zu klären.

Ohne Einkommen und den Erlös aus dem Wohnungsverkauf veräußerte ich mein Klavier, ein Broadwood, das mir meine Großtante vererbt hatte. Ich hatte Clives gesamte umfangreiche Notensammlung zur Bibliothek des Royal College of Music geschafft und viele seiner Bücher weggegeben, so zum Beispiel die kompletten Bände der Schütz-Ausgabe an Musiker, die sie gebrauchen konnten. Es war an der Zeit, die Wohnung leer zu räumen.

Beim Durchsehen der Bücher bemerkte ich eines Tages ein Bibliotheksetikett an einem schmalen Band mit der Lyrik Petrarcas. Ich klappte ihn auf und sah, dass er am 4. April 1985, sechs Tage nach Clives Einlieferung ins Krankenhaus, bei der BBC-Handbibliothek fällig gewesen wäre. Er enthielt nur ein einziges Stempeldatum. Clive musste der Erste gewesen sein, der ihn sich ausgeliehen hatte. Möglicherweise hatte man das Buch auf seinen Wunsch hin angeschafft. Die Seiten der ersten Hälfte, die er gelesen hatte, waren voneinander gelöst. Die Seiten der zweiten Hälfte waren steif, unberührt, jungfräulich. Welches Gedicht hatte er zuletzt gelesen? Woran dachte er, als er ins Vergessen zu entgleiten begann? Das Buch klappte beim 40. Sonett auseinander: »Wenn Tod und Liebe mich hinweg nicht reißen / Vom neuen Werke, das ich jetzo webe …«

Das hatte er in den letzten Tagen gelesen, bevor er selbst den Faden verlor. Ob er im Tiefsten seiner Seele geahnt hatte, dass diese Worte prophetisch waren?

Ich klappte das Buch zu und traf Anstalten, unsere Ehe zu beenden. Ich beantragte die Scheidung. Ich schloss die Wohnung ab und flog nach Washington DC. Ich hatte mich zu einem Wochenend-Schreibkurs bei der Johns Hopkins University in Baltimore eingeschrieben. Über dieses Wochenende hinaus hatte ich keine Pläne. Ich wusste nur, dass ich dort drüben bleiben würde, bis es Zeit wäre, zurückzukommen und die Wohnung zu verkaufen, alles zu verkaufen, um ungebunden zu sein. Für immer, so lange hatte ich vor wegzubleiben. Für immer weg, das schien mir der einzige Plan, den ich benötigte, als meine Maschine über das Meer in Richtung Westen flog.

Ich verkroch mich gegenüber vom Campus in einem Motel, wo es im Foyer Gratiskaffee gab, ein 7/11 auf der anderen Straßenseite, dazu einen Diner mit Hackbraten. Ich erschien zu dem Kurs, der von einem Science-Fiction-Autor geleitet wurde. Sci-Fi war nicht mein Fall, aber es war der einzige Schreibkurs, den ich an diesem Wochenende in den ganzen USA finden konnte, und es war mir gleich, worum er sich drehte, solange er mir einen Ort bot, von dem aus ich loslegen konnte. Und er bot mir mehr. Der Lehrer war drauf und dran, auf Reisen zu gehen, und wollte sein Zimmer in Manhattan untervermieten. Dieses Zimmer sollte mein Zuhause für fast die ganzen nächsten zwei Jahre werden.

Diesen Sommer verbrachte ich in einem Autorenhaus in einer Künstlerkolonie in Vermont, die aus fünfzig bildenden Künstlern und drei Schriftstellern bestand. Ich ging in den Ateliers der Leute aus und ein und beobachtete, wie ihre Werke an den Wänden Gestalt annahmen. Acht Stunden die Woche arbeitete ich im Gemüsegarten. Eine meiner Pflichten war es, zum Schutz der Ernte Gurkenkäfer zu zerquetschen. Meine Lieblingsbeschäftigung war das nicht. Nach dem Abendbrot am 4. Juli – Unabhängigkeitstag – gab ich meine erste öffentliche Dichterlesung, und danach gab es auf den Straßen Feuerwerk und Volkstänze. Ich trug einen mangofarbenen mexikanischen Fransenrock, den ich mir eigens zu diesem Zweck in einem Second-Hand-Laden gekauft hatte. An diesem Abend war ich voller Freude. Ich fragte mich, ob ich nicht genau hier leben wollte. Ich könnte mich sogar ans Zerquetschen der Gurkenkäfer gewöhnen.

In Vermont freundete ich mich mit Rubin, einem Bildhauer, an. Er lebte in einem Blockhaus im Wald nahe der kanadischen Grenze. Später trafen wir uns erneut in New York und sagten uns unter der Uhr in Grand Central Station auf Wiedersehen. Er weinte. Ich stellte mir vor, mich mit ihm zusammenzutun, und als ich am Ende des Sommers nach England zurückkehrte, suchte ich nach Briefen von ihm in seiner großen runden Handschrift. Aber als er auf Besuch kam, wurde uns beiden klar, dass die Liebe bloße Fantasie gewesen war. Wer es auch war, nach dem wir suchten, wir waren es beide nicht. Nach einer Weile dachte ich, ich könnte vielleicht irgendwann ebenfalls allein in einem Blockhaus im Wald leben wollen, einem entlegenen, stillen und dunklen Ort. Aber für den Moment wollte ich New York mit seinen Lichtern und Dreißiger-Jahre-Feuertreppen und getoasteten Bagels zum Frühstück. Das Zimmer des Science-Fiction-Autors wartete auf mich, während er in Asien herumreiste. Ich brauchte nichts weiter zu tun, als meine Wohnung zu verkaufen, eine Abschiedsparty zu geben und zu verschwinden.

Ich wurde gefragt, ob ich mir sicher sei. Warum vermieten Sie Ihre Wohnung nicht, damit Sie etwas haben, wohin Sie zurückkommen können? Aber ich war entschlossen, die Brücken abzubrechen. Ich hatte keine Arbeitserlaubnis für die Staaten, aber das war mir egal. Das Geld von dem Wohnungsverkauf würde mich eine Zeit lang über Wasser halten. Ich wünschte mir nichts anderes, als rasch irgendwo anders einzutauchen. Mit den praktischen Fragen wie Geldverdienen würde ich mich befassen, wenn ich das musste. Jetzt wollte ich hinaus, und ich wollte frei sein.

Bei meinem Abschiedsfest brieten so viele Hühnerkeulen im Ofen, dass er Feuer fing. Flammen schlugen an der Küchenwand hinauf. Der Ruß segelte mit einer kleinen Stichflamme herab. Clive sagte ich bis auf ein paar Hallos nicht richtig auf Wiedersehen, und dabei bekam er auch noch einen Rülpsanfall. Ich ging still hinaus, und kaum war ich aus dem Zimmer, ging es ihm wieder gut, hatte er seine Ruhe. Ich wusste, dass er wusste, dass ich ihn ganz und gar und auf ewig liebte, und er mich. Alles, was weniger als dies ist, ist nicht Liebe, nicht meiner Meinung nach und auch nicht seiner.

Als ich am letzten Abend vor meiner Abreise mitten zwischen fertig gepackten Kisten saß, klingelte das Telefon. Es war elf durch. Eine Männerstimme, die ich nicht recht wiedererkannte, begrüßte mich. Ich dachte, es wäre jemand, der sich einen Scherz erlaubte.

»Ich bin's, Jim«, sagte er.

»Jim?«

»Aus dem Gartencenter.«

»Oh, hi! Du liebe Güte, es ist ein bisschen spät...«

»Yeah, Entschuljung, aber ich musste mir ein' ansaufen, um den Mut zu ham, Sie anzurufen.«

»Oh... ich reise morgen ab.«

»Yeah, ich weiß... Verstehn Sie, die Sache is... Ich liebe Sie wirklich! Und das wollte ich Ihn' sagen.«

»Oh. Tja...«

»Tut mir Leid... Ich hoffe, Sie nehm's nich übel, dass ich es gesagt hab.«

»Nein! Ich meine, danke, aber nein, Jim. Tut mir Leid, es ist spät, und der Umzugswagen kommt in aller Herrgottsfrühe. Sie sind ein netter Mann, aber ich bin morgen weg, und das ist es dann. Ich werde nicht zurückkommen.«

Ich mochte ihn. Er hatte mir viele verschiedene Lavendelsorten und eine Reihe kleiner grüner Sträucher verkauft, aber ich war nie lange genug zu Hause gewesen, um mich um sie zu kümmern, ja nicht einmal, um sie zu gießen. Alle waren eingegangen.

TEIL DREI
Die Geschwindigkeit des Lichts

10

Zu neuen Ufern

Clives Tagebuch, Januar 1994

19.04 Uhr	WACH ZUM ERSTEN MAL	ERSTER GEDANKE: BITTE KOMM LIEB-LING!
19.19 Uhr	WIRKLICH 〃 〃 〃	ERSTER GEDANKE: BITTE KOMM LIEB-LING!
19.21 Uhr	TOTAL 〃 〃 〃	ERSTER GEDANKE: BITTE KOMM LIEB-LING!
19.30 Uhr	VÖLLIG 〃 〃 〃	ERSTER GEDANKE: BITTE KOMM D——— MIT DER GESCHWINDIG-KEIT DES LICHTS
19.33 Uhr	HERRLICH 〃 〃 〃	ERSTER BEWUSSTER SPAZIERGANG. BITTE KOMM HIER-HER LIEBLING
19.35 Uhr	ÜBERAUS 〃 〃 〃	ERSTER GEDANKE: BITTE KOMM D———!
19.50 Uhr	UNGLAUBLICH 〃 〃 〃	ERSTER GEDANKE: BITTE KOMM D———!

19.55 Uhr	RICHTIG	″	″	″	ERSTER GEDANKE: BITTE KOMM D———!
20.08 Uhr	WIRKLICH	″	″	″	ERSTER GEDANKE: BITTE KOMM D———!
20.21 Uhr	HERRLICH	″	″	″	ERSTER GEDANKE: BITTE KOMM D———!
20.23 Uhr	WAHRHAFTIG	″	″	″	ERSTER GEDANKE: BITTE KOMM D———!
20.28 Uhr	ABSOLUT	″	″	″	ERSTER GEDANKE: BITTE KOMM D———!
20.34 Uhr	TATSÄCHLICH	″	″	″	ERSTER GEDANKE: BITTE KOMM D———!
20.56 Uhr	VOLLKOMMEN	″	″	″	ERSTER GEDANKE: BITTE KOMM D———!
21.00 Uhr	TOTAL	″	″	″	ERSTER GEDANKE: BITTE KOMM D———!
21.04 Uhr	VÖLLIG	″	″	″	ERSTER GEDANKE: BITTE KOMM D———!

Mit dem Umzug nach New York, dachte ich, würde ich mich von Clive entfernen, aber der nie enden wollende Rhythmus seiner nie enden wollenden Nacht pochte in mir noch immer weiter. Ich fühlte ihn zwischen den Zeilen seines Tagebuches nach mir rufen. Aber wenigstens war ich nicht mehr von allen seinen Dingen umgeben, seinen Büchern mit den sorgfältig handgeschriebenen Notizen am Seitenrand, den vielen, vielen Kartons mit seinen unveröffentlichten Arbeiten. Eine gewisse Erleichterung war, dass ich das Ganze in Kisten gepackt und nahe der York Road eingelagert beziehungsweise in Bibliotheken in London und Cambridge untergebracht hatte. Ich musste jetzt nicht darüber nachdenken. Seine Papiere und wissenschaftlichen Notizen waren mir diese ganze Zeit um die Füße herumgewimmelt wie Hühner, die gefüttert werden mussten. *Er ist nicht hier. Er kommt nicht wieder nach Hause!* Eine ganze Reihe seiner Arbeiten hatte ich an Kollegen weggegeben, weil ich wollte, dass die Musik an die Öffentlichkeit kam, aufgeführt wurde, nicht ungenutzt verschimmelte, aber meistens übernahmen sie sie nur ungern.

In New York begann ich wieder als völlig unbeschriebenes Blatt. Die Devise war: schwimmen oder untergehen – nachgeben, aufgeben, sich hinlegen und warten, bis einer von uns tot war – oder um mein Leben rennen und immer weiter vor mich hinsagen: *La la la la*, ich höre nicht hin, *la la la, leben! leben!*, bis ich seine unentwegte Verlorenheit nicht mehr hören konnte. Noch so viel endlose Arbeit oder berauschende Popmusik vermochten nicht, sie zu übertönen. Mein Mann und ich waren uns näher als Zwillinge, aber ich meinte, ich hätte die Pflicht uns beiden gegenüber, wenigstens den Versuch zu machen, mich zu retten. Als eines Donnerstagnachmittags im Januar 1994 meine Maschine zur Landung in JFK ansetzte, war mein Lebenswille stark.

Ich schlief auf einem Futon auf dem Fußboden eines großen Raumes, der mit indischen Seidentüchern verhängt war. Der Science-Fiction-Autor würde bis zum Frühjahr in Asien sein. Das Apartment war luftig und geräumig, mit afghanischen Teppichen auf Holzböden und gelegentlichen Schneewehen an den Spalten in der Mauer um die Klimaanlage herum. Hier fand ich so etwas Ähnliches wie Frieden. Es fühlte sich an wie zu Hause. Ich bekam hier, um nur eines zu nennen, *chrejn*, Meerrettich, und Rotebeetesoße, unverzichtbar für eine Matzeklößchensuppe; in jedem Feinkostladen konnte ich mir einen Bagel mit Lachs und einem *schmier* bestellen und bekam ihn. Die Leute lachten, wenn ich lustig war. In England lachten sie, wenn ich ernst war.

Ich hatte die Wohnung die meiste Zeit für mich, weil mein Mitbewohner, Carl, fast nie zu Hause war. Er war Sozialarbeiter in der Psychiatrie, und wenn er nicht arbeitete, war er im Sportstudio. Zu Hause war er nur, wenn es im Fernsehen Tennis gab. Jeden Morgen wurde ich um sieben davon wach, dass die Wohnungstür an ihrer quietschenden Angel ins Schloss fiel, wenn Carl sich nach Staten Island auf den Weg machte. Seine Schuhe zog er erst im Aufzug an, damit mich sein Hin-und-her-Gelaufe im Korridor nicht früher weckte. An manchen Morgen wusste ich, wenn ich aufwachte, ein paar Sekunden lang nicht, wo ich war, und musste mit meiner Erinnerung kämpfen, bis sich ein Hinweis einstellte.

In Amerika zu sein, war eine riesige Erleichterung. Eben war meine Welt noch Crouch End gewesen, wo Reihen nichtssagender Backsteinhäuser den Sonnenuntergang versperrten, und am nächsten Tag stand ich in TriBeCa auf meinem Balkon im sechsunddreißigsten Stockwerk, hatte ganz Manhattan unter mir und sah das Sonnenlicht auf dem Hudson glitzern. Wenn in den letzten Minuten eines schönen Tages sich flüssiges Gold über die Fassaden der Häuser ergoss, raste ich mit dem Aufzug nach unten und hinaus auf die Straße, während die Sonne hinter den Hochhäusern auf der anderen Seite des mit Feuer besprenkelten Flusses unterging.

TriBeCa, Kurzform von »triangle below Canal Street«, Dreieck südlich der Canal Street am Südzipfel Manhattans, wurde zur Kunstmeile, als SoHo teuer wurde; dann wurde TriBeCa teuer, und die Künstler begannen, mit ihren Ateliers Manhattan zu verlassen. Trotzdem blieben noch eine ganze Menge, die in farbbekleckten Jeans durch die Gegend schlenderten. An der Canal in Chinatown ging ich gern in ein fünfgeschossiges Kaufhaus, Pearl Paint, in dem es nichts anderes als Künstlerbedarf zu kaufen gab.

In dieser seltsamen Stadt, in die ich gekommen war, um zu neuen Ufern aufzubrechen, schienen mich viele, viele Leute zu kennen. »He, Deborah!«, hörte ich von der anderen Straßenseite, in Cafés, in der U-Bahn. Von Leuten, die ich in Vermont kennen gelernt hatte, stellte sich heraus, dass sie hier wohnten. Meine Freunde Jane und Charlie machten mich mit interessanten neuen Seiten des Lebens bekannt, mit Leuten, deren Namen ich kannte, Rockmusikern, Bildhauern. Sah mich der Postbote beim Frühstück in irgendeinem Café, parkte er sein Wägelchen davor und brachte mir meine Post an den Tisch. Leute in Geschäften und der Portier meines Hauses sagten hi. Carl fragte mich, wie meine Woche war. Und ich fragte ihn nach seiner. Am Samstagmorgen ging einer von uns hinunter auf den Bauernmarkt vor unserem Haus und kaufte Mahi-mahi, eine Goldmakrelenart, Blaubarsch oder Tunfisch bei dem Fischhändler, der seine Ware von der Ladefläche seines Trucks verkaufte. Wir tunkten ihn in Sojasoße und aßen ihn als Sushi zum Frühstück. Ich lernte in der Waschküche Hausbewohnerinnen kennen. Sie erkannten meine Wäsche an den Tintenflecken in den Laken und legten sie für mich zusammen, während ich in der Wohnung war. Wir plauderten über unsere Waschmittel und Wohnungen. Sie erzählten mir ihre Lebensgeschichten. Die Twin Towers füllten mein Küchenfenster, und Helikopter brummten wie Schmeißfliegen um sie herum, zeigten Touristen die Sehenswürdigkeiten von Battery Park, Ellis Island, die Freiheitsstatue und Governor's Island, die den Ureinwohnern für eine Hand voll Nägel abgekauft worden war. Sie müssen wirklich scharf auf Nägel gewesen sein. Um die Straßenecke herum konnte ich am Tor zu den Pferdeställen der Polizei Halt machen und frischen Dung riechen, Hufe auf Pflasterstein klappern hören oder auf der anderen Seite der Varrick Street abgestellte Löschfahrzeuge angucken.

In null Komma nichts hatte ich Gesellschaft. Dies hier war mein Kiez.

Auf meinen Balkon ging ich bei jedem Wetter, als Erstes am Morgen, als Letztes in der Nacht, und viele Male dazwischen. Es war, als stünde ich im Himmel. Um mich herum der glitzernde Fluss, acht Blocks südlich die Twin Towers wie ein gigantisches Steuerruder der Insel, die Brooklyn Bridge gegenüber am Ostufer, das Woolworth Building, das Chrysler Building, das Empire State, das je nach Jahreszeit die Neonfarbe wechselte, und in der Ferne ein flaches Grün, das war der Central Park. Ich hatte Manhattan. Manhattan hatte mich.

Ich war hier mit einem sechsmonatigen Besuchervisum. Ich durfte nicht arbeiten, aber das wollte ich auch nicht. Ich wollte Ruhe, Zeit, Befreiung. Ich würde einfach alle sechs Monate zu einer Stippvisite nach Hause fliegen, bis ich bereit wäre, einen Anwalt damit zu beauftragen, mir eine Green Card zu verschaffen, aber darüber wollte ich fürs Erste nicht nachdenken. Ich war zuversichtlich, dass ich eine bekommen würde – amerikanische Professoren aus den Zeiten meiner Hirnverletzten-Aktivitäten sagten, sie würden für mich bürgen.

Im Mai würde ich siebenunddreißig. Wenn ich rechtzeitig einen Mann haben wollte, um noch Kinder zu bekommen, musste ich mich beeilen. Aber eines nach dem anderen – ich würde ein paar Kurse belegen, mich zu vergessen bemühen, zu Hause bleiben und mir *Columbo* ansehen, stundenlang in Gemäldegalerien zubringen, zu Dichterlesungen, ins Kino und ins Theater gehen und unentwegt Spaziergänge machen, mir den Fluss anschauen, im Park Kaffee trinken und dasitzen und herausfinden, was um alles auf der Welt ich jetzt war.

Nicht lange nach meiner Ankunft erhielt ich einen Anruf von Jon, einem Schauspieler, mit dem ich mich angefreundet hatte, als er in England arbeitete, und den ich eine ganze Weile nicht mehr gesehen hatte. Er sagte, er sei in New York, aber in seiner Stimme gab es Hacker, als führe er ein Ferngespräch.

»Ich bin direkt vor deiner Tür«, sagte er. »Wir sind bei Chanterelle.«

»Wer ist Chanterelle?«, fragte ich.

»So heißt das Restaurant.«

Ich hatte es mir gerade für den Abend gemütlich gemacht und wollte einen Text lesen, den ich bis zum nächsten Tag durchgelesen haben musste. Ein Buch mit dem Titel *The End of the World* von Ron Rubewitz. Ich hatte es bis zum letzten Moment aufgeschoben.

»Ich muss bis morgen Abend um sechs noch ein ganzes Buch lesen«, sagte ich.

»Da hast du doch noch jede Menge Zeit!«, sagte er. »Wir feiern gerade ein Fest. Na los, komm! Es wird bestimmt lustig. Nur einen Abend – morgen früh muss ich nach Hause fliegen. Hör zu, wir bestellen mal schon das Essen – was möchtest du haben? Wie wär's mit Weichschalenkrebsen? Es gibt auch Schnecken. Also, abgemacht... komm sofort rüber, das Essen geht auf mich, schnapp dir die Krabbe, los, los, los, schleck die Schnecke...«

Ich wollte gerade sagen, ich hätte nur eine alte graue Strickjacke mit Löchern an, aber ich hörte, wie er ein paar Mal versuchte, einen neuen Vierteldollar in den Zahlschlitz zu stecken.

»Oh...! Komm, wie du bist. Frag nach der Ted-Bloomberg-Feier.«

»Was?«

In diesem Moment war die Leitung tot.

Ich hatte Jon das letzte Mal gesehen, als uns jemand im Globe Theatre in London fotografierte. Er war damals zu Filmaufnahmen in England. Ich besaß dieses Foto von uns beiden, auf dem wir unschuldig und unglaublich jung aussahen und meine Locken sich gegen seine Baseballkappe drängten. Das war mehr als ein Jahr her. Seitdem hatte er ab und zu aus heiterem Himmel angerufen, und ich hatte gelegentlich elegische Briefe erhalten, die mit einem J-Schnörkel unterzeichnet waren. Er nannte mich Debra. »Nur weil das H aus deinem Namen rausgefallen ist«, schrieb ich zurück, »brauchst du nicht zu denken, dass du dir mit meinem Freiheiten erlauben darfst. Das H ist der wichtigste Buchstabe.«

In dem Restaurant kam ein Mann, der wie ein Kellner aussah, auf mich zu geschwebt, das Gesicht wächsern über einem cremefarbenen Hemd. Es war Jon. Hatte er sich so sehr verändert, oder war es nur der Umstand, dass ich ihn nie im Winter oder formell gekleidet gesehen hatte? Wir umarmten uns. Eine Frau beobachtete uns, ein Gesicht, das ich aus Filmen kannte. Ich war froh, dass ich mich umgezogen hatte.

»Wer ist Ted?«, fragte ich, als Jon mich an den Tisch führte.

»Ted ist tot.«

Ich überlegte, ob ich richtig gehört hatte.

»Was? Seit heute Abend?«

»Es ist seine Trauerfeier«, sagte er. Seine Stimme klang ähnlich wie eine Ziehharmonika. Seine Art zu reden hörte sich an, als sauge er die Worte wieder zurück, sobald er sie ausgesprochen hatte.

»Warte eine Sekunde …« Ich zog ihn hinten an seinem Hemd, damit er stehen blieb. »Du willst mich veralbern, was? Was soll das?«

Er streckte seine Hand nach meiner aus. Ich verweigerte sie ihm.

»Bist du verrückt?«, flüsterte ich über den Lärm hinweg.

»Es ist nicht das Begräbnis«, sagte er. »Es ist der Leichenschmaus!«

»Na schön, wer ist hier?«

»Bloß 'ne Clique von Leuten!«

»Seine *family*?«

»Wir sind alle seine Freunde … Na komm, ich stelle sie dir vor! Ich habe ihnen schon von dir erzählt. Na los.«

Ein voll besetzter Tisch sah uns entgegen. Wir traten näher.

Jon machte uns miteinander bekannt. Der Mann zu meiner Rechten stellte sich als der einzige Sohn des Verstorbenen heraus. Ich fragte mich, wie ihm wohl zumute war, dass er beim Leichenschmaus für seinen Vater mit einer völlig Fremden zusammensaß. Er goss Wein ein.

»Und das hier«, sagte Jon und zeigte auf einen Mann mit einem rotblonden Bart, »ist mein guter Freund Ronnie.« Der Mann stand auf, schüttelte mir fest die Hand und grinste. Seine Brille saß schief.

»Ronnie Rubewitz«, sagte er. Irgendwas an dem Namen kam mir bekannt vor.

»Rubewitz?«, fragte ich tonlos. Er nickte. »Wie der von *The End of the World*?«

»Das bin ich«, sagte er.

»Kein Witz ...« Ich starrte ihn an und stellte mein Glas hin. »Mr. Rubewitz! Wissen Sie was? Ich wäre beinahe nicht gekommen, weil ich bis morgen Abend um sechs *The End of the World* gelesen haben muss.«

Statt meine Hand loszulassen, umschloss er sie mit seinen beiden.

»Wow!«, sagte er. »Hört mal alle her, diese Frau *MUSS* mein Buch bis morgen Abend um sechs gelesen haben. Ist das nicht fantastisch? Sie *MUSS* es lesen.«

»Ja«, sagte ich. »Es ist Pflichtlektüre beim NYU-Gastkurs.«

»Ich bin Pflichtlektüre, habt ihr das gehört? Pflicht-lek-tü-re bei der NYU, was sagt ihr jetzt?«

Der glückliche Autor führte mich an den Nachbartisch, um auch die anderen Gäste mit der Neuigkeit zu erfreuen, wobei er meinen Arm in die Höhe hielt wie in einem Boxring. Ich hoffte, er könnte mich vielleicht über hervorstechende Einzelheiten des Buches informieren, um mir am nächsten Tag Zeit zu sparen.

»Nein, nein, Sie *müssen* mich lesen« – er schien diesen Satz zu genießen –, »Sie *müssen* mich lesen!«

Für eine Trauerfeier ging es ziemlich fröhlich zu. Jon und Ron übernahmen es abwechselnd, Witze zu erzählen. Jon legte seinen Arm über die Rückenlehne meines Stuhls und strich mir mit den Fingern über die Schulter. Später rückte er seinen Stuhl näher an meinen und legte mir seinen Arm um die Taille. Als das Restaurant schloss, nahmen wir zu viert ein Taxi nach Uptown zu einem Café, das die ganze Nacht offen hatte – Jon, Ron, ich und der bedauernswerte Bloomberg *fils*, Gerry. Jons Arm um meine Taille fühlte sich an wie eine Stütze. Es ist etwas Einseitiges, allein durch die Welt zu ziehen, wenn dein Inneres meint, es ist verheiratet, aber es ist kein wirklicher Ehemann da. Es gefiel mir, nahe bei Jon zu sitzen während dieses rituellen Abschieds von jemandem, dem ich nie begegnet war. Zwar waren die meisten feierlichen Ereignisse seit Clives Krankheit, insbesondere Hochzeiten, für mich eine Tortur gewesen, aber bei Beerdigungen war es nicht ganz so schlimm. Mit Beerdigungen konnte ich umgehen.

Der Kellner langte zwischen uns nach den leeren Flaschen, die er im Rhythmus der kubanischen Musik schwenkte.

Gerry schien in Anbetracht der Umstände gut in Form zu sein und bestellte uns irgendwelche Spezialliköre, die auf einem Tablett über dem sich zurücklehnenden Oberkörper des Kellners erschienen, der sich beim Limbo immer weiter und weiter nach hinten beugte. Kein Tropfen lief über.

Zwischen Witzen erzählten wir uns mit ein paar Worten etwas über unser jeweiliges Leben. Ich hörte Ron mit gereizter Schärfe in der Stimme sagen: »Jon, warum gründest du mit Marsha nicht einfach einen Hausstand?«

Ich wollte gerade sagen, mein Name sei nicht Marsha, als mir der Gedanke kam, er spreche gar nicht von mir. Wer also war Marsha?

Es war fast fünf Uhr früh. Ich stand auf, um zu gehen. Ich hatte noch ein Buch zu lesen, und meine Gesichtsmuskeln waren müde vom Lachen. Jon kam mit mir auf die Straße, um auf ein Taxi zu warten, während die anderen zahlten. Kaum waren wir allein auf dem Gehweg, fragte er, ob er mit zu mir kommen dürfe.

»Ich ruf dich an«, sagte ich.

»Aber ich bin noch nicht fertig mit Reden. Es gibt so vieles, was ich dir erzählen möchte …«

»Es ist spät«, sagte ich. »Erzähl's mir am Telefon.« Taxis kamen und gingen.

»Nein, nimm nicht dies, warte. Ich bin morgen wieder zu Hause, heute Abend. Ich möchte nicht, dass dies aufhört …«

»Es wird sich nicht in Luft auflösen«, sagte ich. Ich war Expertin in Liebe *in absentia.*

Ich sah die beiden anderen in dem Café stehen. Ronnie spähte aus dem düsteren Inneren nach draußen, als halte er nach einem kleinen Bruder Ausschau, von dem er wusste, dass er sich zum Narren machte.

Schließlich trat ich auf die Straße vor ein Taxi und stieg ein. Die anderen kamen heraus und winkten. Jon stand da und sah mir nach, bis der Wagen in die Seventh Avenue einbog.

Danach gab es für eine Weile nur noch mich und die Stadt. Ich lebte im Metropolitan Museum mit körperlosen Marmorgliedern und Blattgoldgrabmälern. Ich blickte auf Alabaster aus dem alten Mesopotamien und Malereien auf Gips und Wörter auf Wänden. Samstagnachmittags ging ich in SoHo von einer Galerie zur anderen, um mir bei kühlem Weißwein die neuesten Ausstellungen anzusehen. Clive und ich waren immer gemeinsam in Galerien gegangen. Ich vermisste ihn neben mir, aber es gelang mir, durch seine Augen zu blicken.

Es gab bestimmte Literaturcafés, in denen ich öfter herumhing, ein kleiner dunkelroter Raum aus Samt mit Kerzen, der sich Hell's Kitchen nannte, nach dem Viertel gleichen Namens, das Drawing Centre in der Worcester Street, den Ear Inn in der Spring Street, St. Mark's in der Second Avenue, das Nuyorican und verschiedene Vorleseclubs in der Lower East Side, wo ich die neusten Bands und Dichter treffen konnte. Auf die Seiten von New Yorks Literaturkalender für einen Monat hätte Londons Literaturkalender für die nächsten zehn Jahre gepasst, und es wäre noch immer Platz für Werbung übrig geblieben.

Regelmäßig stand ich draußen auf meinem Balkon, um mit Clive zu telefonieren. Als Erstes fragte ich das Personal, wie es ihm gehe, weil er es selbst nicht wusste. Eines Tages erzählten sie mir, seine Schuhe seien durchgelaufen und er habe sich einen Nagel in den Fuß getreten, so dass er jetzt Sandalen trage, obwohl Februar war. Ich hatte das Gefühl, als wäre ich der einzige Mensch auf der Welt, der imstande sei, für Clive ein Paar Schuhe zu kaufen, weil nur ich wusste, welche für seine schlanke Größe siebeneinhalb bequem waren. Und statt die richtige Marke zu nennen und die Schuhe von irgendjemandem besorgen zu lassen, rief ich selbst bei John Lewis in der Oxford Street an und sorgte dafür, dass das Kaufhaus noch am selben Tag Clive die entsprechenden Schuhe schickte.

Ich meldete mich noch einmal bei der Oberpflegerin und teilte ihr das mit.

»Mr. Wearing steht gerade neben mir.« Sie reichte den Hörer an Clive. Er stand oft neben dem Telefon, wenn ich anrief. Vielleicht wartete er die ganze Zeit in der Lobby darauf, dass ich kam.

»Hallo, Liebling!« Er klang hingerissen.

»Mmm, hallo!«

»Sprich weiter!«, sagte er. »Deine Stimme treibt mich zur Ekstase [*ecstacy*]. X to C, *ha ha*!«

»Ich liebe dich!«

»Mmmm, ich liebe mich nicht, ich ziehe bei weitem dich vor! Ich bin nicht gut genug für dich. Frauen sind besser als Männer!«

»Du bist der beste Mann der Welt!«

»Sprich weiter!«, sagte er. Deine Stimme treibt mich zur *ecsta-cy*. X to C, *ha ha*! Ist das nicht ein komisches Wort? X to C, dritter Buchstabe vom Ende des Alphabets, dritter Buchstabe von vorn, wie die Dreifaltigkeit.«

»Mmm. Weißt du, dass ich dich liebe?«

»Das höre ich an deiner Stimme!«

»Tun dir die Füße weh?«

»Meine Füße? Nein, die sind in Ordnung … Oh, warte mal einen Moment, ich spüre ein leises Kitzeln direkt an der, wie heißt es noch …?«

»Sohle?«

»Ja, das stimmt … *ahh*! Wenn ich draufdrücke, uuhh, ist es ziemlich schneidend, an dem linken äh … Fuß.«

»Hast du Schuhe an?«

»Äh, sozusagen …«

»Was denn, normale Schnürschuhe?«

»Verstehst du, wo die äh … Zehen, die Zehen rausgucken.«

»Sandalen. Aber tut es noch weh?«

»Ja, wie ein Messer, uuh, das wehtut!«

»Na, dann drück nicht drauf.«

»In Ordnung. Ich stelle mich auf ein Bein und spreche mit dir!«

»Liebling!«

»Es macht mir nichts aus! Ich würde hier vierundzwanzig Stunden auf einem Bein stehen, wenn ich mit dir sprechen könnte… obwohl die Telefonrechnung vielleicht ein bisschen teuer käme!«

»Es ist mir egal – du bist der beste Mann der Welt. Vergiss nicht, dass ich dich liebe«, sagte ich.

»Ich kann dich keinen Augenblick vergessen«, sagte er. »Wir sind nicht zwei, sondern eins. Du bist in meinem rechten Ohr!«

»Na, dann leg mich auf deinen linken Fuß – ich schicke ein paar Küsse rüber… Bleib mir gut! *xxxxxx.*«

Als ich in Amerika war, hatte sich nach einiger Zeit die Qualität unserer Gespräche fast unmerklich zu ändern begonnen. Das hing, glaube ich, zum Teil damit zusammen, dass unsere Kommunikation über das Telefon lief. Es gab weniger Ablenkungen. Nur meine Stimme in seinem Ohr. Er fühlte sich sicher in seinem Heim und nicht dem Druck ausgesetzt, mehr sein zu müssen als er war. Meine Anwesenheit machte ihn bekümmert darüber, was er eingebüßt hatte, was er nicht sein konnte. Meine Abwesenheit war nie wirklich eine Abwesenheit. Es machte für Clive keinen Unterschied, wo ich war – am Ende der Straße oder auf der anderen Seite des Globus –, ich war immer bei ihm, weil er mich liebte und jetzt wach war, vollkommen wach zum ersten Mal, und so war alles anders. Was immer ich tat, er fand es gut, er verstand, dass ich etwas zu tun hatte, Arbeit, Studium… »Das verstehe ich, Liebling«, sagte er immer wieder. »Aber eile her mit der Geschwindigkeit des Lichts.«

»Rate mal, wo ich bin!«, sagte ich dann.

»Ich weiß nicht, Schatz… zu Hause?«

»Rate.«

»London?«

»New York!«

»New York? Furchtbar laute Stadt, New York, ich weiß noch, keiner konnte dort schlafen.« Es stimmte, dass er ein paar Jahre vor seiner Krankheit zu einer Plattenaufnahme in New York gewesen war und sich bei seiner Rückkehr darüber beklagt hatte, dass er kein Auge zugetan habe. An das Ereignis selbst konnte er sich nicht erinnert haben, aber es hatte einen allgemeinen Eindruck auf ihn gemacht. Und er hatte Recht, Lärm herrschte unaufhörlich. Aber ich mochte ihn. Für mich bedeutete er Leben – Sirenen, die zu allen Tages- und Nachtzeiten heulten, zwitscherten und kreischten. Der Lärm stieg in dem Schacht zwischen den hohen Gebäuden unmittelbar nach oben, und was die Polizei- und Feuerwache direkt unten betraf, so fehlte es nicht an Hektik. Ich dachte nie viel darüber nach, was die Geräusche bedeuteten oder wohin diese Fahrzeuge fuhren. Das Hin und Her des städtischen Chaos nahm ich als selbstverständlich hin und genoss das geschäftige Treiben. Ja, gerade diese Kakophonie, insbesondere die Sirenen, hatten etwas, das mir das Gefühl gab, richtig zu Hause zu sein. Der Hintergrundlärm bedeutete Leben unmittelbar am Rand. Es war ein äußerst passender Soundtrack für den Punkt, an dem ich damals stand. Sechs Wochen bevor ich zu einer Familienfeier in Europa erwartet wurde, sollte der Science-fiction-Autor zurückkommen, und so zog ich in ein Apartment im Singer Building am Broadway Ecke Liberty Street, das ich mit einem Maler teilte, der mir einen ausgestopften Luchs vor meine Tür stellte. Es konnte passieren, dass ich aus meinem Zimmer kam, um den Wasserkessel aufzustellen, und einen nackten Mann im Licht des großen Bogenfensters zu sehen bekam, der von Kunststudenten umringt war. Sie malten ihn und unterhielten sich dabei über die Kleider bei der Oscarverleihung, über Freunde und Wohnungsmieten, als wäre das Modell ein Stillleben. Kurz vor meiner Rückkehr nach Europa bekam ich eine Einladung. Ich sollte ein paar Tage in New Haven bei Chuck verbringen, einem Freund, den ich in den Zeiten meiner Hirnverletzten-Aktivitäten kennen gelernt hatte. Es passte mir zeitlich gut in den Kram, und so lagerte ich meine Sachen ein und reiste ab. Chuck war ein Chippewa, der einzige Ureinwohner Amerikas unter meinen Bekannten. Seine Einladung anzunehmen, wäre ein Symbol, dachte ich, ein rituelles Willkommen von jemandem, der fürwahr ein Recht hatte, hier zu sein. Ich wollte den USA näher kommen, um nicht ewig das Gefühl zu haben, über die Oberfläche des Lebens zu schlittern.

Chuck erzählte mir, meine Weihnachtskarte sei eine von den zweien, die auf seinem Kaminsims standen. Die andere, sagte er, sei von seinen Eltern. Das erzählte er mir im April.

Ich nahm den Amtrak. Die Sirene klang heiser, als wir um eine Biegung fuhren, und der Schaffner reichte mir eine Wolldecke. Ich hatte das Gefühl, ich säße im Chattanooga-Choo-choo. Nichts erschien mir feiner als ein Fensterplatz im Diner und zu speisen Ham and Eggs in Caro-*li*-na.

Chuck holte mich vom Bahnhof ab, und sobald wir meine Reisetaschen abgestellt hatten, schlug er mir vor, mir sein Viertel zu zeigen und mich zu einer »cup of tea« – er sprach es übertrieben englisch aus – in seine Lieblingsbuchhandlung einzuladen.

Als wir auf den Safeway-Supermarkt zugingen, bemerkten wir einen Streit zwischen zwei Männern, von denen einer mit dem Rücken zum Haupteingang, der andere an der Bordsteinkante stand. Sie brüllten sich an. Es hörte sich ziemlich fies an. Als wir näher kamen, griff der, der rechts von uns mit dem Rücken zum Laden stand, in eine Reisetasche, die er in der Hand hielt, und zog eine Pistole heraus. Wir waren sicher nicht mehr als fünf Meter von ihnen entfernt. Ich sah Chuck an, um herauszufinden, was zu tun sei. Er hatte in 'Nam gekämpft, er war ein Chippewa. Dies hier war sein Land, er würde es wissen. Es gab eine winzige Muskelbewegung in seiner Wange, ein Zusammenpressen seiner Kiefer, aber keine weitere erkennbare Reaktion. Er ging einfach weiter auf die beiden Männer zu, ohne sie oder mich anzusehen, ohne seinen Schritt in irgendeiner Weise zu ändern. Ich tat dasselbe, obwohl mir ganz anders wurde und das Blut in meinen Ohren sauste. Wir gingen weiter, bis wir weit genug entfernt waren. Die Männer brüllten immer noch. Ich drehte mich um und sah, dass der eine immer noch mit der Pistole herumfuchtelte und der andere abwehrend die Arme ausgestreckt hatte, sein Ton war versöhnlich.

»Nicht umsehen«, sagte Chuck.

»Was war los? Warum bist du nicht stehen geblieben? Warum sind wir nicht auf die andere Straßenseite gegangen?« Mir schien der Atem ausgegangen zu sein, und mein Herz pochte wie wild in meinem Brustkorb, jetzt, da die Gefahr vorbei war. Chuck ging immer weiter, den Blick stur geradeaus.

»Wenn wir stehen geblieben oder auf die anderen Straßenseite gegangen oder umgekehrt wären«, sagte Chuck, »hätten sie uns gesehen. Es ist wichtig, einfach immer weiterzugehen – auf die Weise bemerken sie einen vielleicht nicht. Nichts verändern, einfach immer weitergehen.«

Ein Mann kam auf uns zu, und ich machte instinktiv Platz, um ihn vorbeizulassen. Chuck tat es nicht.

»Verteidige deinen Platz auf dem Bürgersteig, Deborah«, sagte er. »Lass die anderen zur Seite gehen. Auf diese Weise behältst du die Macht.« Er sprach, ohne mich anzusehen, er blickte sich auch nicht um, obwohl er mehr davon mitzubekommen schien, was um uns herum passierte, als ich. Plötzlich streckte er seinen Arm aus, um mich daran zu hindern, in einen Inlineskater hineinzulaufen, der um die Ecke auf uns zugesaust kam. Er kurvte an uns vorbei, er hatte Kopfhörer auf.

»Und nie«, sagte er, »nie mit diesen Dingern auf den Ohren herumlaufen. Da wissen Straßenräuber sofort, dass du nicht aufpasst, und schon kommen sie und kriegen dich am Wickel.«

Aber Chuck kriegte niemand am Wickel. Sein Job war, Eingeborenen-Landbesitzrechte zu schützen. Ich sah, da würde er keinen Spaß verstehen. Er würde dafür sorgen, dass die Urvölker auf der ganzen Erde ihren Platz auf dem Bürgersteig behielten.

In der Buchhandlung legte er den Arm um mich und sah mich zum ersten Mal seit meiner Ankunft direkt an. Er lächelte, und seine Miene entspannte sich. Er hatte Freude daran, über Bücher zu reden, er erzählte mir seine Familiengeschichte und sprach über die Geschichte der Ureinwohner Amerikas.

Über seine eigene Geschichte sagte er wenig, und er stellte den Anrufbeantworter leise, damit ich die Mitteilungen einer Frau namens Susie nicht hörte. Als Teil einer Clique kamen wir sehr gut miteinander aus, aber jetzt hatten wir uns nach einer Mahlzeit nur noch wenig zu sagen.

Ich spazierte in New Haven herum. Eine Mutter mit zwei kleinen Kindern im Fond drehte vor einer Ampel ihr Wagenfenster herunter und sagte zu mir, ich sollte nicht sein, wo ich war, und bot mir die Mitfahrt zur Mall an. Ich sagte, nein danke. »Verschwinden Sie besser von hier«, sagte eines strahlend schönen Nachmittags ein Polizist zu mir, als ich eine elegante, breite Straße entlangging und die blühenden Traubenkirschbäume bewunderte.

Chuck war still, gedankenverloren und kam erst spät nach Hause. Ich sagte zu ihm, ich zöge in ein Hotel um.

»Geh nicht weg«, sagte er. »Es tut mir Leid ... Es läuft gerade richtig schlecht bei der Arbeit. Bitte geh nicht weg ...« Er schien wirklich traurig zu sein, in Schwierigkeiten, aber obgleich er ein paar kleine Ansätze machte, blieb er trotzdem meistens stumm. Hotels in sicheren Gegenden waren teuer, und mein Flugticket war von der termingebundenen Sorte, die keine Umbuchung zuließ.

Vielleicht verbot seine Religion, mit jemandem zu schlafen, mit dem er nicht verheiratet war. So wie er sich nicht fotografieren lassen durfte. Aber dann fand ich eines Tages doch ein Foto von Chuck. Es war eine Gruppenaufnahme, einer von ihnen sah wie der Bürgermeister aus. Chuck blickte auf die anderen und lachte. Vielleicht tat er es nur den anderen zuliebe. Vielleicht dachte er, es sei okay, solange man nicht ins Objektiv blickte. Ich fragte mich, ob er diesen Augenblick hinterher bereut hatte, ob er wütend auf sich war. Vielleicht glaubte er, dass, wenn der Verschluss sich öffnet, etwas von seinem eigenen inneren Licht in die Kamera übergeht.

Vielleicht war ich es. Wenn ich mit einem Mann schlief, war es, als wenn sich ein Stück von mir löste. Danach wünschte ich mir nichts weiter, als nach Hause zu fahren. Ich hatte das Gefühl, ich laufe leer.

Kurz vor meiner Abreise aus New Haven rief ich Clive an.

»Wann kommst du mich besuchen?«, fragte er.

»Bald«, antwortete ich.

»In der Morgendämmerung?«, fragte er.

»Sobald ich kann«, sagte ich.

»Komm mit der Geschwindigkeit des Lichts!«

»Ich bin in Amerika«, sagte ich.

»Wirklich?«, sagte er. »New York ist furchtbar laut. Schrecklicher Lärm Tag und Nacht!«

»New Haven ist auch kein stiller Hafen.«

»Ich verstehe … Sag mal, wie lange bin ich schon krank?«

Und da waren wir wieder an der alten Stelle in unserer Konversation, auf dem Gebiet, das wir zusammen bewohnten, der einzige Ort, wo wir genau wussten, wo wir waren. Stillstand.

Ich wünschte mir irgendeinen Ausweg, stieß aber wie immer nur gegen eine Wand. Nichts führte von dieser Konversation weg. Ich sagte ihm, dass ich den Sommer über in Europa wäre – ich käme zu ihm, bevor ich entscheiden würde, wo ich hinginge.

»Bleib hier bei mir!«

»In deinem Zimmer?«

»Ich habe mein Zimmer nie gesehen …«

»Ich könnte mich den Sommer über unter deinem Bett verstecken, und du könntest mir vom Abendbrottisch Brötchen mitbringen.«

»Sie hätten sicher nichts dagegen!«

»Ich werde im Herbst [*in the fall*] wieder in die Staaten gehen, um weiterzustudieren.«

Er bemerkte mein Yankee-Vokabular. »*Fall*«, sagte er, »heißt auf gut Englisch *autumn*. Weißt du, was *autumn* bedeutet?«

»Sag es mir«, antwortete ich. Er hatte begonnen, sich bizarre

Etymologien auszudenken, die immer gleich blieben, eine weitere seiner fixen Konfabulationen. Er sagte sie einmal und wiederholte sie dann immer wieder wortwörtlich. Ohne jeden Grund, konnte ich folgern, rückte er damit bei jeder Erwähnung des Wortes »autumn« heraus.

»*Autumn* ist aus dem Altgriechischen«, sagte er, »und bedeutet *an-te am-ne-sia*«, wobei er die Worte Silbe für Silbe aussprach.

»Ante amnesia?«

»Ja«, sagte er. »Vor (aus dem Lateinischen) der Amnesie (aus dem Griechischen). Wusstest du das nicht?«

»Fall« bedeutet »autumn«, und »autumn« bedeutet »vor der Amnesie«. Er hatte noch immer den Kopf eines Kreuzworträtselexperten. Und aus den zerstörten Tiefen seines Gehirns zog er Begriffe, die mir vermitteln sollten, wo wir uns befanden; er ließ mich wissen, dass wir uns im Winter befanden. Es herrschte der Winter unseres Missvergnügens – unser Leben minus Vergnügen. Unser Leben. Selbst in den Ditos unserer Ditos befanden wir uns darin. Es herrschte eisiger Winter, dort, wo wir uns befanden, und wir wussten, dass wir wussten, dass wir es wussten.

11

Ein anderes Land

Clives Tagebuch, 1994:

16.13 Uhr	WACH ZUM ERSTEN MAL	ERSTER GEDANKE: BITTE KOMM SCHNELL LIEBLING
16.19 Uhr	WIRKLICH 〃 〃 〃	ERSTER GEDANKE: BITTE KOMM SCHNELL LIEBLING!
16.21 Uhr	TOTAL 〃 〃 〃	ERSTER GEDANKE: BITTE KOMM SCHNELL LIEBLING!
16.30 Uhr	VÖLLIG 〃 〃 〃	ERSTER GEDANKE: BITTE KOMM SCHNELL D—— MIT DER GESCHWINDIGKEIT DES LICHTS
16.33 Uhr	WAHRHAFTIG 〃 〃 〃	ERSTER BEWUSSTER SPAZIERGANG. BITTE KOMM SCHNELL LIEBLING
16.35 Uhr	ÜBERAUS 〃 〃 〃	ERSTER GEDANKE: BITTE KOMM SCHNELL D——!
16.50 Uhr	HERRLICH 〃 〃 〃	ERSTER GEDANKE: BITTE KOMM SCHNELL D——!

16.59 Uhr	RICHTIG	〃	〃	〃	ERSTER GEDANKE: BITTE KOMM SCHNELL D———!
17.08 Uhr	WAHRHAFTIG	〃	〃	〃	ERSTER GEDANKE: BITTE KOMM SCHNELL D———!
17.11 Uhr	VÖLLIG	〃	〃	〃	ERSTER GEDANKE: BITTE KOMM SCHNELL D———!
17.14 Uhr	ABSOLUT	〃	〃	〃	MUSS AUFS KLO: ERSTER SPAZIERGANG
17.23 Uhr	TATSÄCHLICH	〃	〃	〃	ERSTER GEDANKE: BITTE KOMM SCHNELL D———!
17.28 Uhr	VOLLKOMMEN	〃	〃	〃	ERSTER GEDANKE: BITTE KOMM SCHNELL D———!
18.50Uhr	TOTAL WACH ZUM ERSTEN MAL				ERSTE PATIENCE: BITTE KOMM SCHNELL D———!
19.02 Uhr	WIRKLICH	〃	〃	〃	SPIEL GING NICHT AUF: BITTE KOMM SCHNELL D———!
19.07 Uhr	GANZ UND GAR	〃	〃	〃	PATIENCE VONNÖTEN: BITTE KOMM SCHNELL LIEBLING!

Clive hat nie erfahren, dass ich mich hatte scheiden lassen, weil er nichts zur Kenntnis nehmen konnte. Ich besprach mich mit seiner Familie und seinem behandelnden Arzt, ob wir versuchen sollten, ihm diesen Schritt klar zu machen, kamen aber zu der Auffassung, es würde ihn nur aufregen, und er würde sich hinterher sowieso an nichts erinnern. Juristisch gesehen konnte er keine Einverständniserklärung abgeben, deshalb handelte sein

Sohn für ihn. Jeder verstand, dass die Scheidung zum Teil aufgrund von Sachzwängen durchgeführt wurde, da ich nicht in England war, um auf Clive aufzupassen, und zum Teil deshalb, um mir zu einem Leben nach Clive zu verhelfen. Aber ich würde gemeinsam mit seinem Sohn die nächste Angehörige bleiben, weil ich auch weiterhin an Entscheidungen über Clive, selbst von den USA aus, beteiligt und seine Fürsprecherin bleiben wollte. Seine Familie unterstützte mich hierin.

Nach neun Jahren Gedächtnislosigkeit traten einige Veränderungen bei unseren Wiedersehen ein. Die ersten paar Jahre hatte sich Clive stets äußerst emotional gezeigt und entweder mit Verzweiflung, übergroßer Freude oder mit wütenden Zornausbrüchen reagiert. Als ich nun aus Amerika zurückkam, ging mir das Wiedersehen so nahe wie ihm … Ich sehnte mich danach, ihn zu sehen. Als ich meinen Kopf in seine Tür steckte, zeigte sein Gesicht einen Sturm der Freude und Überraschung, als wollte er im nächsten Moment wie üblich auf mich zustürmen, mich in die Höhe heben und herumschwenken, doch dann besann er sich. Er blieb schüchtern dort stehen, wo er war. Er wusste genug über sich, um sich zu sagen, dass ihm meine Abwesenheit zwar wie Monate oder Jahre vorkommen mochte, dass ich aber vielleicht doch nur auf der Toilette gewesen war.

Einmal kam ich zu ihm und sah zu meinem Entsetzen, dass ihm ein Vorderzahn fehlte. Sein breites Grinsen zeigte eine große, dunkle Lücke. Daran sah man, dass die Zeit weiterging, auch wenn Clive außerhalb von ihr stand. Bei jedem Besuch bemerkte ich, dass mehr Zähne fehlten, und er war immer aufs Neue verwundert, weil er sich nicht erinnern konnte, einen von ihnen verloren zu haben. Er war erst vor einem Augenblick aufgewacht und hatte festgestellt, dass er viel weniger Zähne im Mund hatte als vor seiner Krankheit. Der Zahnarzt sagte mir, es sei auf die Medikamente zurückzuführen, die den Mund austrocknen ließen. Er setzte Brücken ein, solange es noch Zähne gab, an denen sie befestigt werden konnten, und Clives Pfleger vermehrten seine regelmäßigen Mundspülungen, aber der Verfall setzte sich dennoch fort. »Ach du liebe Zeit«, sagte Clive immer wieder und befühlte die Lücken mit der Zunge, »Anno Domini!«

Mittels einer Art innerer Rehabilitierung schien er zu lernen. Er entwickelte ein wachsendes Gefühl dafür, dass er diese Fragen und Antworten über sein Erwachen schon vorher einmal gehört hatte. Ohne bewusste Erinnerung, sie jemals gefragt und gehört zu haben, hatte er sich nach neun Jahren an das Erlebnis eines ersten Erwachens gewöhnt. Obwohl ihm sein gekapptes Gedächtnis nie ein Fortschreiten von diesem ersten Augenblick zu fortdauernder Zeit erlaubte, ließ ihn seine scharfe Intelligenz etwas von seiner Situation begreifen, jedenfalls genügend, um ihm zu helfen, mit anderen in Beziehung zu treten und sich auf Aktivitäten einzulassen, ohne ständig zu schreien, man solle ihn aus seiner Amnesie herausholen. Als ich diese und andere leichte Veränderungen bei Clive seit meiner Abwesenheit in Amerika beobachtete, war ein Hoffnungsschimmer nicht zu übersehen. Was würde er denn vielleicht noch zustande bringen?

Das Pflegepersonal hatte gelernt, dass es, wenn Clive einen Anfall erlitt, normalerweise genügte, ihm eine Tasse Kaffee anzubieten, um den Anfall auf der Stelle zu beenden. Und als nach einigen Augenblicken unserer Wiedersehensumarmung Clive von krampfartigen Zuckungen gepackt zurückwankte, stand seine Pflegerin auch schon bereit.

»Mr. Wearing! Sollen wir Deborah eine Tasse Kaffee machen?«

Clive war sofort ruhig und lächelte. »Oooh, was für eine gute Idee!«, sagte er. »Und« – er machte ein schüchternes Gesicht – »könnte ich vielleicht auch eine haben?«

»Aber natürlich!«

»Wäre das möglich?«

»Sicher, Mr. Wearing!« Das Personal hatte bemerkt, dass es wichtig war, Clive mit seinem Nachnamen anzureden, weil sie für ihn immer Fremde bleiben würden. Von einem völlig Fremden beim Vornamen gerufen zu werden, kann beunruhigend sein, das »Mr. Wearing« dagegen gab Clive ein angenehmeres Gefühl.

Er schien zu akzeptieren, dass sie mich Deborah nannten, weil er annahm, dass ich sie im Gegensatz zu ihm kannte. Wenn ich ihn einmal um seine Meinung zu etwas fragte, antwortete er stets: »Du kennst alles, was hier vor sich geht, Liebling! Entscheide du! Ich vertraue dir!«

Clive hatte das größte Zimmer im Heim, weil er dort die meiste Zeit zubrachte, unfähig, sich mit anderen zu unterhalten. Da er sich nicht an den Satz erinnern konnte, der dem vorausging, den er gerade formulierte, war es ihm unmöglich, einer Unterhaltung zu folgen. Und natürlich waren für Clive alle Menschen, abgesehen von der engsten Familie oder alten Freunden, nie etwas anderes als vollkommen Fremde, wie oft er sie auch sah. Niemand in dem Heim kam ihm jahrein, jahraus bekannt vor. Eine Unterhaltung war nur unter vier Augen mit jemandem möglich, der mit Clives Art, Dinge wahrzunehmen, genügend vertraut war. Jemand, der ihn nicht aufregte, sich an neutrale Themen hielt und ihn auf die Gebiete lotste, in denen er sich auskannte. Wenn er mit dem Personal redete, ließ er sich gern über Erdington, Birmingham, aus, wo er geboren war, und machte Bemerkungen zur jeweiligen Größe von Birmingham und Aston und darüber, dass Aston bis zur industriellen Revolution immer die größere Stadt gewesen war. Und dass es vernünftiger sei, Birmingham zur Hauptstadt Englands zu machen, weil es in dessen Mitte liege. Jeder würde angenommen haben, dass er die Stadt mochte, und vielleicht tat er das innerlich auch, aber bevor er krank wurde, sagte er immer, wie froh er gewesen sei, von dort wegzukommen und nach Cambridge zu gehen.

Clives Ansicht nach war er zum ersten Mal seit vielen Jahren bei Bewusstsein. Dem Fernsehen, Zeitungen oder Büchern konnte er nicht folgen. Er setzte sich auch nicht hin und plauderte mit einem ganzen Raum voller Fremder. Das Personal musste darauf trainiert sein, sich mit ihm zu unterhalten. Einfache Pfleger scheiterten ganz schnell. Wenn jemand nicht sachkundig und erfahren in Sachen Gedächtnisverlust war, war es wirklich schwierig, einen Dialog zu führen, ohne jemals eine Frage zu stellen oder irgendwelches Wissen vorauszusetzen. Denn so ein Ausrutscher konnte den fürchterlichsten Ausbruch auslösen. Außer Hausarbeit, Klavierspielen und Spaziergängen mit dem Personal gab es nichts, wozu Clive in der Lage war. Diese Tätigkeiten stützten sich allein auf das prozedurale, nicht explizit episodische Gedächtnis, und dabei musste er sich nicht daran erinnern, was zum gegenwärtigen Augenblick hingeführt hatte, um zu verstehen, was er gerade tat, und damit weiterzumachen.

An Clives Zimmertür hing ein Schild: »CLIVE WEARINGS ZIMMER«. Andere Schilder bezeichneten TOILETTE, KÜCHE, GEMEINSCHAFTSZIMMER, so dass Clive sich im Haus bewegen konnte. Nach den Mahlzeiten war ihm eine Zigarette erlaubt, wozu er nach draußen auf die Eingangstreppe ging. Er wusste, dass er das musste, und wurde stets begleitet, bis er den Stummel ausdrückte und wieder nach drinnen kam. In seinem Zimmer hatte er sein Klavier und seine eigenen Möbel – das weiße Sofa, das wir zur Hochzeit geschenkt bekommen hatten, und eine hübsche Shaker-Kommode aus Kirschholz mit dazu passendem Couchtisch. Vorn auf jeder Schublade waren Schilderrähmchen aus Messing angebracht, so dass er Socken, Unterhosen, Schlafanzüge, dünne und dicke Pullover finden konnte. Meine Briefe und Postkarten, Weihnachts- und Geburtstagskarten, die Jahre zurückreichten, lagen allesamt, wo er sie hingelegt hatte, auf dem Tisch am Fenster, manche noch in ihrem Kuvert, vergilbt vom Alter. In der Schublade seines Nachttischs gab es noch mehr Briefe und alle seine Weihnachtskarten, viele von anderen Patienten und ihren Familien und vom Heimpersonal. Es war rührend, dass einzelne Pfleger Karten geschickt hatten, weil sie wussten, dass Patienten nicht viele Grüße erhielten. Und wie entsetzlich, hirnverletzt zu sein und zu Weihnachten weniger als eine Hand voll Karten auf der Fensterbank stehen zu haben. Auch wenn die Bewohner nicht alle Absender kannten, konnten sie doch wenigstens einen Blick auf die Ansammlung werfen und sehen, dass sich einige Menschen noch immer um sie kümmerten.

Als Clive neben mir auf unserem Sofa saß und eine Patience legte, fiel sein Blick auf eine Geburtstagskarte, die ich ihm vor zwei Jahren geschickt hatte und die immer noch auf seinem Nachttisch stand. Er griff danach.

»Mmmm: ›mit all meiner Liebe für immer Kuss Kuss Kuss … bis in alle Ewigkeit.‹« Er lachte. »Das gefällt mir! Küsse, die ewig und einen Tag dauern, mmm.« Ich schmiegte meine Nase gegen seine Wange, und er legte die Karte ab, mischte und teilte aus.

»Spürst du meine Küsse, auch wenn ich nicht hier bin?« Ich konnte ihm abstrakte Fragen wie diese stellen, auch wenn er konkrete Fragen nicht beantworten konnte.

»Ooooh ja! Du bist immer hier, Liebling! Du bist immerzu bei mir, immerzu!«

»Das stimmt! Und weißt du auch, wie sehr ich dich liebe?«

»Ich höre es an deiner Stimme.«

»Aber weißt du es auch immer, wenn ich nicht hier bin, auch wenn du schläfst?«

»Ich weiß, dass wir eins sind, nicht zwei. Du bist die *raison d'être* meines Herzschlags und meines Gehirns.«

»Ï lo-vé yo-uu!« Wir hatten es immer in einer Art altem Englisch ausgesprochen, jede Silbe einzeln. Das hatte er nicht vergessen.

»Ï lo-vé yo-uu!«

Jedes Mal, wenn Clive zu seiner leeren Tasse griff, sah er nur den Bodensatz, tat aber so, als trinke er den letzten Tropfen, um sich die Peinlichkeit zu ersparen, sie wieder hinstellen zu müssen. Ich hätte sie wegnehmen sollen, aber obwohl ich zu Beginn meines Besuchs frisch, gesprächig und voller Ideen gewesen war, was wir den Tag über zusammen machen könnten, ging mir bald die Puste aus. Ich hatte gedacht, ich würde nun besser damit zurande kommen, aber wir fielen rasch wieder in den alten Dialog zurück. Ich versuchte aus der Endlosband-Monotonie auszubrechen und seine wütenden Ausbrüche oder Anfälle damit zu zerstreuen, dass ich ihm sagte, dass ich ihn liebte, aber die Amnesie schien uns beide zu verschlingen.

Am Abend saßen wir nach dem Abendbrot mit anderen Bewohnern im Aufenthaltsraum. Ich saß in einem Ohrensessel und hielt Clives Hand. Er ließ die Nachrichten mit gelegentlichen Kommentaren über sich ergehen. Ich fragte mich, ob er wutschnaubend aus dem Zimmer stürmen oder dem Nachrichtensprecher einfach nicht mehr zuhören und einschlafen würde. Ich wollte noch nicht gehen, war mir aber nicht sicher, wie lange ich es noch aushielte. Je länger ich bei ihm war, desto weniger souverän wurde ich und versank in diesem amnestischen Treibsand. Ich wusste, ich müsste aufstehen und hinausgehen, solange ich es noch konnte. Ich würde den Rest des Abends dafür brauchen, wieder Eingang in die Welt der verfließenden Zeit zu finden. Wenn ich mit Clive zusammen war, musste ich mich ihm ganz anpassen. Anschließend war ich mir nicht sicher, ob ich mich überhaupt ans Steuer setzen durfte.

Eine der wenigen Wohltaten der Gedächtnislosigkeit ist, dass Clive einige Auswirkungen der endlosen Wiederholungen erspart blieben. Trotzdem brachte er seine Fragen schneller und schneller hervor, indem er sie zunehmend abkürzte, und der Blick in seinen Augen war manchmal matt, denn innerlich wusste er, dass er die Fragen nicht zum ersten Mal stellte, denn die Muskeln seines Mundes hatten diese Worte bereits zehn- und abertausend Male gebildet. Irgendwo wusste er, dass er sich wiederholte, denn er bemerkte, wie schwer es für mich war, unentwegt auf dieselben Fragen zu antworten. Nie hatte er die bewusste Erkenntnis, sie früher schon gestellt zu haben, und dennoch entschuldigte er sich für die Fragen und sagte gelegentlich: »Entschuldige, Liebling …, wenn ich das schon mal gefragt habe, aber ich weiß nichts davon.« Während ich mich bemühte, mit den richtigen Worten in der richtigen Reihenfolge zu antworten, saß Clive da, den Kopf gesenkt, die Augen niedergeschlagen, als schämte er sich. Manchmal warf er mir Kusshändchen zu, um mich anzuspornen, denn die Antworten waren zwingend erforderlich. Er musste sie hören. Er musste wissen, was vor sich ging, und er konnte nicht warten. Die Sache war dringend.

»Wie lange?... Liebling?... Na los, Liebling, sag es mir... Wie lange bin ich schon krank?«

»Äh... entschuldige, Liebling... Äh... lass mich mal überlegen... äh... neun...«

»*Neun Jahre!!!* Du lieber Himmel! Neun Jahre... Ich habe nichts gehört, nichts gesehen, nichts gefühlt, nichts gerochen, nichts berührt. Es war eine lange Nacht, sie dauerte... wie lange?«

»Äh... äh... ähm... wie lange, äh, neun Jahre...«

Ich entwickelte eine eigene neuropsychologische Hypothese: Wenn man über eine beträchtliche Anzahl von Jahren mit ein und demselben Menschen immer die gleiche Unterhaltung führt und jedes Mal, wenn man ihn sieht, dieselben wenigen konstanten Fragen hört, ist man innerlich irgendwann nicht mehr imstande, die Fragen aufzunehmen oder die entsprechende Antwort zu geben. Die ganze Zeit hindurch immer und immer wieder den gleichen Dialog zu führen, könnte vielleicht sogar eine eigene physiologische Auswirkung haben, Veränderungen in meinem Denken auslösen, Gleise einschleifen, auf denen unser Dialog dahinströmte und von denen wir nicht mehr abweichen konnten. Irgendwie konnte ich nicht mehr spontan sein.

Wir wissen, wenn ein Lernvorgang stattfindet, das heißt, wenn ein Stück Information durch die Sinne aufgenommen, verschlüsselt und als Erinnerung gespeichert wird, dann findet eine physiologische Veränderung statt. Ein Professor hat mir einmal an einer Poolbar in Kalifornien den chemischen Prozess erklärt. Er beschrieb den als »Langzeitpotenzierung« bekannten Prozess, bei dem das Gehirn auf einer unterzellularen Ebene plastische Veränderungen durchmacht. Das Ganze dreht sich um elektrische Ladungen, Neuronen, Magnesium, Kalzium und die dendritischen »Dorne« oder Vorsprünge auf den Ästen von Axonen. Er erklärte die Grundregeln an einer Bierpfütze auf dem Tisch, etwas Salz (für das Magnesium), ein paar Messern (Dendriten) und Bierdeckeln (für etwas namens NMDA-Rezeptoren).

»NMDA?«, fragte ich ihn.

»N-Methyl-D-Aspartat.«

»Okay…«

Er rief zu der Kellnerin hinüber: »Hallo! Hallo! Wir brauchen hier noch 'n paar Bierdeckel!… Wunderbar! Okay, nun kommt hier das Kalzium« (dargestellt durch das Ende eines H-Milchtütchens). Bei ihm schien das alles so leicht verständlich, dass ich an Ort und Stelle bereit war, mich für einen Magister in Neurowissenschaft einzuschreiben. Aber als ich die Aufsätze darüber las, wie genau Chemikalien das prä- oder postsynaptische Potenzial blockieren und wie elektrische Ladungen auf verschiedenen Kanälen Neuronen in Schwingungen versetzen, wurde mir klar, dass ich ein Examen vor dem Examen benötigt hätte, nur um die Grundlagen (und das Vokabular) der Physik zu kapieren.

Den Wissenschaftlern war also bekannt, dass Lernvorgänge mit einer gewissen organischen Veränderung einhergehen, hatten aber noch nicht gefunden, was sie als »das Engramm« bezeichneten, einen genaueren Hinweis darauf, wo im Gehirn das Gedächtnis »untergebracht« ist. Psychologen und Physiologen (und die, die beide Disziplinen miteinander verbanden, die Neuropsychologen) hatten jahrelang geforscht, um herauszufinden, wo und wie die Bilder und Vorgänge, die im geistigen Auge oder anderen Arten des Gedächtnisses aufbewahrt sind, gespeichert werden. Sie wissen, dass verschiedene Zellareale oder neuronale Schaltkreise an bestimmten Bereichen des Gedächtnisses beteiligt sind, weil sie sehen können, welche Fehlfunktionen eintreten, wenn diese Hirnregionen geschädigt sind. Die schwer amnestische Person mit Schäden am Hippocampus und geringen Fähigkeiten, neue Informationen aufzunehmen und zu speichern oder episodische Informationen abzurufen, ist dennoch imstande, eine Reihe verschiedener Langzeiterinnerungen aufzurufen, die innerhalb anderer neuronaler Schaltkreise agieren.

Wissenschaftler haben sich bemüht, den Code, was wo passiert, zu knacken, indem sie beeinträchtigte Funktionen mit geschädigten Zellarealen verglichen und beobachteten, ob Läsionen diskret, d.h. eng begrenzt, oder diffus sind, d.h. dass Zellen über einen ausgedehnteren Bereich verkümmert sind.

Einer der Wissenschaftler, der mich viel gelehrt hat, sagte immer: »Nun ja, wenn unser Gehirn so simpel wäre, dass wir es verstehen, dann wären wir zu simpel, um zu dieser Denkleistung fähig zu sein.«

Ich frage mich, was eine genaue Überprüfung meines Gehirns damals zutage gebracht hätte, ob man hätte erkennen können, welche Zellen bei den Gesprächen mit Clive beschäftigt waren. Vielleicht wurden die Dendriten von unseren endlosen Wiederholungen so dick, dass ich den Wald vor lauter Bäumen nicht mehr sah.

Was mein Inneres anging, so war ich eine Ansammlung von Widersprüchen auf zwei Beinen – verliebt in einen Ehemann, von dem ich mich hatte scheiden lassen und mit dem ich nicht leben konnte. Erfüllt von dem Wunsch, allein zu sein, doch voller Angst davor. Erfüllt von dem Wunsch, mich wieder zu verlieben, doch unfähig dazu. Erfüllt von dem Wunsch, nicht durchs Leben zu gehen, ohne Kinder zu bekommen, doch wünschte ich mir Kinder von keinem anderen als Clive. England ertrug ich nicht, aber in den USA durfte ich nicht bleiben.

Wieder in Europa meinte ich, ich sollte ein Weilchen warten. Ich wusste, es wäre das Beste, New York im August zu meiden, aber in England wollte ich nicht bleiben. Wo aber sollte ich hin?

Ohne einen bestimmten Grund fuhr ich nach Griechenland. Es war nicht England, aber näher als New York. Es war weder Osten noch Westen. Ich hatte dort eine Freundin, die in ihrer Nähe von einem Haus wusste, das zu mieten war. Ich konnte es für drei Monate haben und so den entscheidenden Schritt über den Atlantik aufschieben.

Ich mietete ein Haus in Limni auf der Insel Euböa. Sie war einst eine Landzunge des Festlands gewesen, bis ein Erdbeben sie davon abtrennte; damit verbindet sie heute ein Damm bei Chalkida, wo zwei Meere aufeinander treffen: Die Gezeiten fließen zur gleichen Zeit in zwei Richtungen. Die Strömung verändert sich bis zu vierzehnmal am Tag. Aristoteles wäre bei dem Versuch, diese Strömungen zu ergründen, beinahe ertrunken. Die Einheimischen meinten, er habe einen Selbstmordversuch unternommen, aber ich glaube, er konnte durch einfaches Zuschauen die Gezeitenfolgen nicht ergründen, und deshalb sprang er hinein, um am eigenen Leib den Zug und Gegenzug von Ebbe und Flut zu fühlen.

Das Meer sah ich das erste Mal vom Bus aus, der den Berg hinunter nach Limni hineinfuhr. Das Wasser schimmerte gläsern blau. Ich mietete ein einstöckiges, weiß getünchtes Haus mit gelben Fensterläden und nackten Holzfußböden, das abseits von den anderen Häusern lag. Halb hinter einer Platane versteckt, blickte es aufs Meer. An seiner Rückseite führten Steinstufen von der Küchentür hinunter in ein Höfchen, das von hohen Mauern umgeben war. Steile, mit Kopfsteinen gepflasterte Gassen, kaum mehr als Wasserrinnen, führten den Hügel hinauf zu der Straße, die aus der Ortschaft hinausführte.

In meinem Hof wuchs ein Weinstock. Als ich im Juni bleich und in die Sonne blinzelnd herkam, bedeckte ihn ein dünnes Blätterdach, das Trauben abschirmte, die nicht größer als Erbsen waren.

Meine grüne Metallpforte überwucherte ein Jasminstrauch. Die ineinander verhedderte Masse verfing sich an dem Metall, wenn ich hinein- oder hinausging, und ließ trockene Blattteile, Zweige und Ameisen auf mich regnen. Das Scheppern der gegen den Pfosten schlagenden Pforte hallte hinauf bis zum Gipfel des Hügels und veranlasste die Leute herunterzuschauen. Das ganze Tal wusste, wann ich nach Hause kam und wann ich das Haus verließ.

Ich lehnte eine Leiter an die Mauer und schnitt das tote Holz ab, hackte es weg bis aufs Grün. Gestrüpp purzelte um meine Füße nach unten und türmte sich in die Höhe. Bald schlug neues Grün aus, die Blätter leuchtend grün, und eine Masse winziger weißer Blütenblätter und Korkenzieherranken schlangen und wanden sich um alles herum. Jedes Mal, wenn ich die Hofpforte öffnete, rieselte mir ein Blumenregen aus weichen weißen Blüten aufs Gesicht und über die Schultern. Blütenblätter in meinem Haar fühlten sich wie Hochzeit an. Ständig suchte ich in jenen Tagen nach Zeichen. Auch mein Haar wuchs schnell und lockte sich hinauf zur Sonne.

Der Tag in Limni begann mit Geschrei, dem Ruf des Eseltreibers gegen sechs, der sein Tier durch die mit Kopfstein gepflasterten Gassen führte und die Stadt mit kehligen Schreien weckte: »*Piperiés, melitsánes, angoúri, domátes!*« – Paprikaschoten, Auberginen, Gurken, Tomaten. Dann kamen die Nachbarn in die Gänge. Ich erregte Anstoß, weil ich allein war. In diesem großen leeren Haus an einem Ort zu hocken, in dem nur wenige Englisch sprachen, erschien mir jetzt als ziemlicher Fehler. Ich hatte mir gewünscht, von Menschen unabhängig zu sein, aber die Einsamkeit vergrößerte nur meine Schwierigkeit, mich zurechtzufinden. Sicher, ich hatte meine Freundin auf der anderen Seite der Bucht. Sie und ihre Eltern luden mich mehrere Male zum Abendessen in ihr Haus und in ein Gasthaus ein und fuhren mit mir hin und wieder auf der Insel herum, aber im Großen und Ganzen blieb ich nur zu gern zu Hause und arbeitete. Die Limnioten gewöhnten sich an mich. Ich ging manchmal einkaufen und schwamm jeden Nachmittag. Aber am Abend flanierten die Einwohner in Familien, Cliquen oder Paaren über die Strandpromenade. Ich war als Einzige allein.

Morgens las ich im Keller, der staubig und voll gestopft, aber kühl war. Feuerholz, aufgequollenes Treibholz und beschädigte Möbel waren bis an die Decke gestapelt, rostige Truhen und kaputter Ramsch – elektrische Ventilatoren, ein Weinfass, Tische, leere Krüge, ein zerbrochener Gipsabdruck auf Maschendraht.

Durch das niedrige, vergitterte Bogenfenster sah ich die Füße von Vorübergehenden und hörte, wie sie sich unter der Platane unterhielten. Kleine Kinder gingen oft an dem Fenster in die Hocke und spähten herein.

Meine Bücherkisten sollten mit dem Bus aus Athen kommen. Jeden Morgen um elf ging ich aus dem Haus, um nachzusehen. Der Fahrer hupte, wenn er oben an der Felswand um die Ecke bog – das Zeichen für die Leute, aus ihren Häusern zu kommen. Wir warteten an der Seeseite. Nach der Hupe gab es Geschrei, wenn der Bus zwischen einer Mauer und einem vor dem Bäcker geparkten Auto stecken blieb – eine fugenartige Steigerung von Lauten, wenn die Ladenbesitzer einer nach dem anderen herauskamen und zur Straßenecke gingen. Schließlich mischten sich Polizisten ein, aus einem oberen Fenster ihres Reviers an der Einmündung der Straße schauend, und bellten Anweisungen aus mit Frühstück gefüllten Mündern, *tiropità* (Käse-Teigtaschen) in der Hand, bis der Bus sich durchgezwängt hatte.

Nach einer Woche ohne Kartons signalisierte mir der Fahrer schon *»NEIN!«*, bevor er die Bremsen angezogen hatte. Ich rief wiederholt die Speditionskais in Athen und London an. Die Nummer meines Frachtbriefs kannte ich auswendig.

Schließlich gab ich das Warten auf, und da kamen die Kartons an. Der Taxifahrer vom Ort rettete sie vom Straßenrand, wo sie einige Stunden gestanden hatten, ohne dass etwas gestohlen oder beschädigt worden war. Sie waren warm von der Sonne, als er sie zu mir brachte. Ich nahm alle neurowissenschaftlichen Bücher heraus, klappte sie auf und machte sie wieder zu. Das war es nicht, was ich brauchte.

In meinem Hof mit den hohen Mauern allein zu Abend zu essen, war eine traurige Angelegenheit. Überall um mich herum hörte ich Teller klappern und Familien schwatzen, Gitarrenspiel, Lachen und Geschrei. Das Geräusch von Geschirr an offenen Fenstern hatte mich für Jahre traurig gemacht. Meistens machte ich mir eine Konserve auf. Gefüllte Weinblätter, *dolmades*, mit Feta und Tomaten war meine Hauptnahrung. Joghurt aus der

Milch heimischer Schafe mit Honig munterte mich gewöhnlich etwas auf. Warum um alles auf der Welt war ich hier?

Ich fand innerlich keine Ruhe. Ich beschloss, Hilferufe auszusenden. Ich kaufte im Laden an der Ecke eine Hand voll ausgeblichener Ansichtskarten und schickte sie an Freunde.

»Sonne, Meer und Wein frisch vom Fass«, versprach ich. »Lange griechische Abendessen in meinem von Reben überwucherten Höfchen und ein Schießstand voller Sterne über dem Meer. Sonnenschutzmittel mitbringen. Losen Earl Grey mitbringen. Im meinem Geschirrschrank gibt es Geckos. Bitte komm.«

Ich schickte an alle die gleiche Karte, wobei ich von einer zur nächsten an den Sätzen feilte und immer besser damit zurande kam, wo welche Worte, welche Anreden passten. Ich schickte sie an Namen von AB bis XYZ in England und den USA aus meinem Filofax. Die Männer, an die ich sie schrieb, schienen wenig gemeinsam zu haben. Eine Freundin hatte mich allerdings darauf hingewiesen, dass alle Männer, die ich attraktiv fand, Clive ähnlich sahen.

»Du suchst nach Clive«, sagte sie.

Ich weiß nicht.

Ich bin mir nicht sicher, ob ich erwartete, dass jemand käme, aber eines Tages wurde ein Telegramm, ein dünner Umschlag, unter der Seitentür durchgeschoben, die ich nie benutzte. Er enthielt ein weißes Blatt mit blauem Rand, das ausgeblichen war, als wäre das letzte Telegramm davor vor langer Zeit angenommen worden. Es trug in blasser Druckschrift die folgenden Worte: »ANKOMME LIMNI STOP – BITTE ANRUF STOP – JON STOP.«

Ich sah Jon wieder vor mir, wie er hinter der Heckscheibe eines New Yorker Taxis zurückblieb. Das dünne Blatt Papier hatte ich noch in der Hand, als ich zum Gasthaus hinüberging, um das Telefon zu benutzen. Der langsame amerikanische Klingelton ließ mich an eine imaginäre Wohnung denken und an Jon, der bei dem Geräusch zusammenfuhr. Hoch oben an der Wand sah ich mich in einem Spiegel über einer Reihe Metaxa-Flaschen.

Jon hörte sich blechern an, wie jemand außer Atem.

»Hab deine Karte erhalten«, sagte er.

»Hab dein Telegramm erhalten«, sagte ich.

»Ich habe etwas Zeit totzuschlagen«, sagte er.

»Klingt gefährlich«, sagte ich.

Es entstand eine Pause, und dann hörte ich ein Geräusch wie das Ziehen an einer Zigarette, dem ein Seufzer folgte.

»Du möchtest mich sehen?« Er ließ es sich so anhören, als sei er gehemmt.

»Wenn du deine Zeit gern hier totschlagen würdest, kann ich dir behilflich sein.«

»Okay, bin sofort da. Ich lass dich noch die Flugdaten wissen.« Ich begann, ihm von Limni zu erzählen, von den Fischern, die nachmittags am Strand Netze flickten, vom Anblick einer Begräbnisprozession mit einem Mann in seinem besten Anzug auf einem Bett aus weißen Chrysanthemen, vom Gemüsehacken auf Balkonen, von den Einwohnern des Ortes, die ihre Bleche mit gefüllten Paprikaschoten hinauf zum Bäcker tragen, um seinen Ofen zu benutzen, von frischem Joghurt mit Honig …

»Du solltest einen Artikel für die *Limni Gazette* schreiben«, riet er mir.

Ich lachte.

»Was wirst du jetzt machen?«, fragte er.

»Ich gehe eine Runde schwimmen.«

»Schwimm eine für mich mit«, sagte er. »Eine lange, kühle Runde.«

Ich schwamm keine langen, kühlen Runden. Ich planschte im Seichten. Ich ging nie dorthin, wo ich nicht mehr stehen konnte.

Ich stand auf und verfing mich in der Oktopusangel, die neben dem Telefon hing. Braune Tentakeln glitten gegen meine Waden und auf den Boden.

Die Frau des Besitzers half mir, das Ding wieder richtig hinzuhängen. Sie war freundlich und lachte. »Nichts kaputtgegangen«, sagte sie. Die rosa mit Saugnäpfen bestückten Wülste sahen unheimlich aus. Auf dem Rückweg zum Haus stieg mir an der Ecke plötzlich der Gestank der Kanalisation in die Nase.

Warum hatte ich diesen Mann eingeladen?

Am Meer legte ich meinen Sarong ab und beschwerte ihn mit einem großen Kieselstein. Blaue und orangefarbene Seide bauschte sich. Dieses Bad markierte den Punkt. Ich bin hier. Jons Kommen verschaffte mir eine Koordinate. Man braucht zwei Koordinaten, um einen Punkt festzulegen. Das war mein Problem im Leben. Ohne Clive hatte ich keinen Punkt. Jons Kommen schien auf mehr hinauszulaufen, auf eine Annäherung, einen Ausgangspunkt vielleicht. Ich würde meinen guten Willen zeigen. Ich würde eine lange, kühle Runde schwimmen, weil er mich darum gebeten hatte.

Die Steine waren heiß und spitz. Ich schlenderte ins Wasser, beugte mich über die bleiche, schimmernde Fläche und durchbrach sie. Ich schwamm los, im rechten Winkel zum Ufer. Ich überließ mich vollkommen dem Wasser, ohne jede Eile, nach jedem langen, langsamen Schwimmstoß wieder aufzutauchen. Ich beobachtete, wie kleine Schwärme brauner Fische aus den Felsen und wieder zurück flitzten; meine Arme bildeten Muster am Meeresboden, mit Kräuselungen gesprenkelt.

Taue schlängelten sich zu Fischerbooten hinaus. Ich schwamm in gerader Linie vom Strand weg, und mein Körper setzte ein Ausrufungszeichen auf die Wellen. Ich wollte mich ins Tiefe stürzen, eine Geste des Vertrauens, dass es mich tragen werde. Schwimmen im salzigen Meer fühlte sich wie eine Läuterung an.

In meinem Kopf war Musik, Smetanas *Moldau.* Im Alter von elf Jahren waren wir bei einer Schulaufführung Nixen in Aertex-Hemden gewesen, die die Musik tänzerisch begleiteten. Sie erklang jetzt weit und nass und voller Hoffnung. Ich war auf der Höhe des ersten Bootes. Die Geräusche am Strand wurden durch Wind und Wasser gedämpft. Ich hörte das beständige Klatschen von Wasser gegen Holz, das Flattern von Fähnchen, das Scheppern von Flaschenzügen. In weißen Bootsrümpfen spiegelten sich die gleißenden Wellen. Wenn ich bis zur Höhe dieses Bootes schwimmen kann, dachte ich, kann ich auch bis zum nächsten schwimmen. Eine regelmäßige Dünung hob mich hoch und ließ mich fallen, Schaum spritzte auf. Ich passte meine Bewegungen dem Rhythmus der Wellen an, der Melodie der Geigen.

Vielleicht ließ sich das ganze Leben jetzt mit diesem einen Schwimmstoß beschreiben. Nur in diesem Stoß gegenwärtig zu sein, machte das Vorankommen möglich. Sobald man mit Schwimmen aufhörte und an die Entfernung zum Ufer dachte, würde man untergehen. Ich wurde leerer und leerer und schwamm und schwamm, während die *Moldau* mit voller Lautstärke tönte. Ich erreichte den Moment, wo die tiefen Instrumente des Orchesters schweigen und vor dem nächsten triumphalen Ausbruch nur ein Flirren der Violinen sich über Steine schlängelt. Ein kleines weißes Haus stand zu meiner Linken auf einem Vorgebirge, hinter dem die Bucht sich öffnete. Ich wurde allmählich müde, wollte aber auf gleiche Höhe mit ihm kommen. Ich wollte sicher sein, dass ich weit genug geschwommen war, um frei zu sein, dass ich mich von allem getrennt hatte, was mich band.

Die ausgelassene Kadenz nahm Tempo auf, und ich war zufrieden, dass ich auf einer Höhe mit der Stelle war, an der ich sein wollte. Ich erhob mich aus der Dünung und sah das Haus, triumphierend. Jetzt konnte ich umkehren.

Ich ließ die Beine sinken, um mich herumzudrehen. Das Wasser war hier eiskalt und schwarz. Sicher war es tief. Ich wandte mich zum Ufer um, und in dem Augenblick sah ich klar. Die Musik setzte aus, und ich kämpfte mit dem Wasser. Das Ufer war ein blasser Sandstreifen in der Ferne, den eine dünne schwarze Linie säumte. Es wirkte wie Land, von einem Schiff aus gesehen. Nur lag kein Schiff hier, nur die weite Fläche des Meeres erstreckte sich vor mir. Ich schlug wild um mich, sank unter, keuchte und schluckte Wasser, während ich mich mühte, die Beherrschung nicht zu verlieren. Das Meer war eisig, undurchsichtig. Ich dachte über die Last des Wassers unter mir nach und ob ich vom Himmel aus sichtbar wäre. Ich wusste, dass ich in Gefahr war, ohne diesen Gedanken in klare Worte zu fassen. Ich stand womöglich an der Schwelle des Todes, zum Nichts oder zur Ewigkeit. In einem Moment stählerner Klarheit riss ich mich wieder zusammen. Schau einfach nicht zum Strand. Lass dich treiben. Schwimme, hol Luft. Habe ich eine Schwimmbewegung geschafft, schaffe ich auch die nächste. Und dann schwamm ich wieder, mit klopfendem Herzen zwar, aber ich schwamm weiter. Arme, Arme, den Blick auf das kleine Stück Wasser vor meinem Gesicht gerichtet.

Ich weiß nicht, wie lange es gedauert hat. Ich kam nur langsam voran. Vielleicht gab es eine Strömung, die mich hinauszog. Ich strampelte heftiger. Irgendwann erkannte ich, dass die schwarze Linie am Ufer eine Reihe regloser Menschen war, wie die Giacomettis. Sie blickten alle aufs Meer hinaus. Wenn ich einen Arm senkrecht nach oben streckte wie ein Ertrinkender, überlegte ich, würde dann jemand kommen, würden sie es der Mühe für wert halten? Wenn ich jetzt das Zeichen gab, würden sie mich rechtzeitig erreichen? Aber ich brauchte den Arm zum Schwimmen. Alles, was frei im Meer treibt, wirft es ans Ufer. Auswurf. Ha ha. *Die Moldau.* Gefahrlos wie damals bei der Schulaufführung, als die Lehrerin einem sagte, was man tun musste. Ich war vielleicht so müde, weil ich so verängstigt war.

Als ich näher kam, entspannten sich die Gestalten, zuckten die Schultern, begannen, sich zu bewegen. Ein Ball wurde geworfen, man kehrte zu den Binsenmatten und hinter den Windschutz zurück, die Strandgeräusche begannen von neuem. Ich hatte noch keine Lust, ihnen gegenüberzutreten, und so stand ich auf, als ich wieder Boden unter den Füßen hatte, zog mich auf den Kiesstrand hinauf und setzte mich auf einen Felsen, den Rücken dem Strand zugekehrt. So weit es ging, versuchte ich dabei, das laute Geräusch zu unterdrücken, das ich beim Luftholen machte. Ich hörte Gemurmel. Mein Griechisch war bruchstückhaft, aber die

Bedeutung war klar verständlich. »Blöde Kuh«, sagten sie. »Blöde englische Kuh. Hätte ertrinken können.« Ich lehnte mich zurück auf meine Ellbogen, das Gesicht dem Horizont zugewandt, und mein Oberkörper hob und senkte sich. Ich fühlte mich verwandelt. Ich war durchgekommen wie eine Initiierte. Ich hatte überlebt.

Am Abend vor Jons Ankunft fand ein Fest statt. Ganz Limni war ausgelassen. Es gab ein Feuerwerk auf dem Meer – Männer draußen auf Ruderbooten und Feuerwerk am Ende eines Seils, das sie durch die Luft wirbelten, so dass wir nichts sahen als das Feuer, das im Dunkeln immer im Kreis herumging, und gelegentlich den undeutlichen Schatten eines Mannes mittendrin als Silhouette vor dem Licht eines Fischerbootes. Ich hatte das Gefühl, das Fest finde für mich statt. Meine Scheidung war am 5. August durchgekommen. Weiße Jasminblütenblätter waren mehrere Male am Tag auf mein Haar herabgeregnet. Ich hatte mir ein schlicht geschnittenes weißes Kleid gekauft, ärmellos, Grosgrain bis zum Knie und ein Streifen aus weißem Organza um den Saum. Der Laden hatte es in der Fabrik passend für mich ändern lassen, aber als ich es an jenem Tag abholte, hatte es absolut nicht gepasst: Es hatte sich gebauscht, wo ich es nicht tat, und war zu eng geschnitten, wo ich nicht so schmal war. Ich hatte gedacht, das Kleid würde sich wie ein Symbol anfühlen, dass ich rein und neu und bereit sei, wieder eine Braut zu sein. Ich dachte, wenn Jon den weiten Weg bis Limni auf sich nähme, müsse er mich lieben. Ich erwartete etwas, das der Ehe ähnelte, solange es nicht den Verzicht auf Clive erforderte.

Jon erschien in der Ankunftshalle, wie immer in altem Drillich und lila Pullover, eine Baseballkappe tief in die Augen gezogen. Er griente. Er hatte eine Art zu laufen, die aussah, als wolle er sich unsichtbar machen, was er sich vielleicht in Vietnam beim raschen Davonflitzen vor Heckenschützen oder schon vorher angewöhnt hatte.

Während wir noch einen Tag in Athen anhängten, erzählte er

mir, er habe sich in diesem Jahr von seiner Freundin Marsha getrennt, und dass ihm nach seinen Kriegserlebnissen das ganze bürgerliche Leben künstlich erscheine. Der Krieg saß noch immer in ihm drin. Ich glaube, er konnte über dessen Getöse hinweg nicht sehr gut hören.

Jon traute seinen Augen nicht, als unsere Fähre der Küstenlinie bis Limni folgte und wir über die Reling auf Walddickichte, kleine Campingplätze mit Wäscheleinen und grüne Marmorfelsen blickten. Das Sonnenlicht funkelte auf dem azurblauen Meer und blendete uns. Er sagte nicht viel, packte nur das Geländer auf Kinnhöhe und machte mit prallen Bizepsen Klimmzüge.

Wir kamen gegen fünf in Limni an und spazierten über die Strandpromenade zu »meinem« Haus. Ich öffnete die Pforte, um ihm meinen Weinstock zu zeigen. Blütenblätter rieselten wie gewöhnlich herunter. Jon klopfte sie sich ab. Er wirkte fehl am Platz, machte den Rücken krumm, als erwartete er, der Himmel könne jeden Moment auf ihn stürzen.

»Ich bin nur ein bisschen benommen von all dem«, sagte er. »Es ist einfach zu viel.« Er schlich die Hoftreppe nach oben, während er eine Zigarette aus seinem Päckchen klopfte. Er setzte sich auf die oberste Stufe und saugte an seiner Zigarette, während ich ein Tablett mit Drinks holen ging.

Die Trauben über unseren Köpfen waren inzwischen dick, dunkelrot, große saftige Packen, die unter dem dichten Blätterdach schwer herabhingen.

»Wir können sie nicht pflücken«, sagte ich. »Man hat sie mit Schwefel gespritzt. Ich glaube, sie haben gesagt, man soll sie nicht essen.«

»Okay«, sagte er. Ich glaube, er hätte sowieso nicht vorgehabt, welche zu pflücken. Jon nahm meistens Restaurantessen zu sich.

Er lief herum und rieb sich blinzelnd die Augen. Wir gingen an den Strand. In seinen verblichenen Jeans und den weißen Sneakers, die beim Gehen nicht ganz den Boden zu berühren schienen, wirkte Jon wie ein Kobold. Wenn er auf der Bühne andere Leute spielte, schien er mehr Kraft, eine andere Präsenz zu haben. Sich selbst überlassen, sah er aus, als sei er sich nicht ganz sicher, wer er sein sollte.

Beim Abendessen im Hof erzählte mir Jon mehr davon, wie er sich mühsam durchs Leben kämpfte, seit Marsha ihn verlassen hatte. Szenen aus der Zeit in Vietnam kamen ihm immer und immer wieder in den Sinn, als wäre es erst gestern gewesen. Die Telefonnummer seines Therapeuten hatte er auf einem Zettel an seiner Kühlschranktür kleben. Jetzt war der Therapeut im Urlaub, und Jon meinte, er halte es in seiner leeren Wohnung nicht aus, weil er ihn nicht anrufen konnte. Deshalb war er hierher gekommen. Er hatte also Fürsorge nötig. Er hatte lange zum Packen gebraucht, die gelben Pillen waren mal in der Reisetasche, mal nicht. Sie sollten ihm helfen, den Krieg zu vergessen.

Was er sich für diese Reise vorgenommen hatte, falls es mir nichts ausmachte, war, endlich nur die Wahrheit zu sagen. Wie um es zu beweisen, begann er, mir Dinge zu beichten, dann wartete er auf meine Reaktion.

Er habe, teilte er mir mit, nicht den »Lord-Grey-Tee« mitgebracht, um den ich ihn gebeten hätte, weil er nicht mehr zum Einkaufen gekommen sei. Na ja, er habe nicht gewusst, ob er wirklich kommen würde, bis er ins Flugzeug stieg, folglich war keine Zeit zum Einkaufen gewesen. Ich fragte mich, ob er Earl Grey absichtlich Lord Grey nannte. Oder ob er vielleicht einfach nie in Supermärkten einkaufen ging.

Dann war da das Band mit Liebesliedern, das er mir mitgebracht hatte.

»Wenn du die Wahrheit wissen willst«, sagte er, »ich hab sie für Marsha zusammengestellt.« Dann überlegte er einen Moment. »Nein, stimmt nicht«, sagte er, »ich hab sie für mich zusammengestellt.«

Er erzählte mir von den nächtlichen Fieberschauern, wenn er an der Küchenwand immer und immer wieder Kriegsszenen ablaufen sah und nichts weiter tun konnte, als Päckchenkuchen von Sara Lee in sich hineinzustopfen, um den Schmerz zu betäuben, oder sich an seinen Küchentresen zu klammern und darauf zu warten, dass der Albtraum endete. Er aß, um wach zu bleiben, weil er Angst davor hatte, was er im Schlaf machen könnte. Mit Marsha in einem Bett zu schlafen, hatte sich als unmöglich erwiesen. Er konnte nicht schlafen, wenn jemand neben ihm lag. Die meisten Nächte war er schließlich mit einem dicken Geschichtsbuch auf dem Sofa gelandet. Im Sportstudio stemmte er Gewichte, um sich die Kuchen abzutrainieren und müde zu werden, damit er vielleicht doch ein wenig Schlaf fand. Manchmal wachte er in seiner Wohnung auf und wusste nicht, wo er war. Er sah vertraute Dinge wie den Staubsauger und den Stapel Zeitungen neben dem Herd, so dass er das Datum nachschauen konnte: »Und ich sehe, es gibt inzwischen andere Neuigkeiten… Aber sie sagen mir nichts. 1994 ist nichts als Zahlen. Am liebsten würde ich… abspringen… einfach abspringen, wie wir immer aus den Hubschraubern in den Sumpf gesprungen sind, und da wusste man, wo man war. Jetzt gehe ich aus dem Haus, um mir ein Päckchen Marlboros zu kaufen, und bin immer noch in einem Reisfeld und suche Deckung.«

Beim Reden lief Jon mit gesenktem Kopf und leerem Blick hin und her. Wenn er fertig war, hielt er inne, streckte sich auf meiner Bank aus und blickte in den Sternenhimmel hinauf.

»Mein Gott«, sagte er, »ich hab noch nie so viele Sterne gesehen! Schau mal! Schau mal, eine Sternschnuppe! Toll!« Aufgeregt richtete er sich auf. »Komm, wir gehen aufs Dach. Dort ist der Himmel größer…« Er hätte müde sein sollen, aber er wirkte überdreht und glücklich.

Wir legten uns auf die noch warmen Steine, nahmen den Himmel in uns auf und zeigten auf die Sternbilder, den Kleinen Bär, den Großen Wagen, den Sirius. Der Duft von Bougainvilleen und Jasmin war überwältigend. Ich zündete Kerzen an, und wir tranken Wein, und er entspannte sich, vergaß den Krieg und sagte, er habe noch nirgendwo so etwas Schönes wie dieses Haus gesehen. Er seufzte schwer.

»Gestern bin ich von zu Hause weg, ich weiß nicht wann, und

jetzt, wo bin ich? Ich bin so schnell aus der Tiefe nach oben gekommen, dass ich die Taucherkrankheit kriegen könnte … Ist das hier alles wirklich? Kann ich hier bleiben? Nächste Woche um diese Zeit stehe ich wieder am Höllentor. Ich sollte weggehen und irgendwo leben, wo mich niemand kennt, irgendwo, wo es warm ist, zum Beispiel Guatemala …«

Ich erzählte ihm von dem Fest und den Fischern und von den Bienenstöcken in Prokopi, wo ich mit ihm hinfahren würde, wenn er einen Ausflug machen wolle.

»Du machst, dass mir der Kopf schwirrt«, sagte Jon. Ich kann dieses ganze Paradies nicht fassen. Wo bin ich?« Er lehnte sich zurück und schloss die Augen, legte seine Arme darüber und erzählte noch ein bisschen von Marsha.

»Dafür werde ich bezahlen müssen.«

»Wofür?«

»Dafür, dass ich die radikale Dies-ist-die-Wahrheit-über-mich-Wahrheit gesagt habe. Dafür werde ich bezahlen müssen, ich weiß es.«

Er schluckte ein paar Tabletten, ehe wir zu Bett gingen. Sie machten ihn müde. Beim Wegdröseln sagte er: »Sind wir schon in Guatemala? Kennst du mich?«

In der Nacht rief er laut im Schlaf: »Marsha.« Später hörte ich es in seinem Mund quietschen: Er knirschte mit den Zähnen – vielleicht eine Nebenwirkung der Medikamente oder der Versuch, die zuckenden Erinnerungen daran zu hindern, einen Schrei aus seinem Mund herauszupressen.

Die Tage verbrachte er damit, über den Krieg zu reden, darüber, wie es war, sehen zu müssen, wie sein bester Freund wenige Schritte vor ihm im Dschungel in die Luft flog und in Fetzen wieder herunterkam. Der Weg vom Töten im Busch zu einem Vorort voll ordentlicher Rasenflächen und Miniaturgebüsche war ihm verschlossen. Er konnte nicht dort anfangen, wo er aufgehört hatte. Jetzt sah er das Leben durch die Vernichtungsszenen hindurch, die ihm ständig durch den Kopf gingen; er sah alles durch dampfendes rotes Blut. Die Alltäglichkeit des Lebens, Tratsch und Klatsch waren für ihn böhmische Dörfer. Ich verstand, wie es ihm erging. Für mich war es ganz ähnlich. Jon konnte den Horror von ’Nam nicht verwinden. Ich konnte den Verlust meines Mannes nicht verwinden.

Als wir in der Nacht beieinander lagen, fragte Jon immer wieder, ob ich ihn liebte, ob ich ihn wirklich liebte, wie sehr, ob er mir vertrauen könne, ob er sich darauf verlassen könne, dass ich ihn nicht verließe. Für mich bedeuteten diese Fragen, dass er mich offenbar wirklich liebte. Er sagte, er erzähle mir Dinge, die er noch niemandem erzählt habe. Ich gab mich noch der Illusion hin, dass wir verwandte Seelen seien, dass ich ihn und er mich verstünde. Dann bemerkte ich, dass ich ihm seit seiner Ankunft fast überhaupt nichts über mein Leben erzählt hatte.

Die Tage verbrachten wir mit Reden, Lesen und in Restaurants direkt am Meer. Nachts schien er in eine Art Panik zu verfallen. Einmal wurde er wach und fand mich nicht im Zimmer. Weil mir übel geworden war, war ich in ein anderes Schlafzimmer gegangen.

»Wo warst du?«

»Gleich hier. Mir ist übel.«

»Ich bin aufgewacht, und du warst nicht da!«

»Mir ist schwindelig.«

»Ich dachte, du wärst weg.«

»Weg, wohin denn?«

»Tu das nie wieder.«

Er machte mir Angst.

Wir hatten das Frühstück noch nicht beendet, als das Taxi kam, das uns zu dem ein paar Stunden entfernten Athener Flughafen fahren sollte. Er war per Schiff hergekommen und reiste mit dem Auto wieder ab. Ich hoffte, ich könnte ihm noch vom Wagenfenster aus die Bienenstöcke zeigen, aber er schlief den ganzen Weg. An der Zollabfertigung nahm er mich in die Arme, drückte mich fest an sich und flüsterte: »Danke für alles, Debbie«, obwohl das nicht mein Name ist und mich niemand so nennt. Dann ging er durch die Glastüren und drehte sich nicht um, sondern hob nur seine Hand, wie man es für den Fahrer hinter dem eigenen Wagen tut, wenn er einen in die Schlange hereingelassen hat. Und dann war er weg. Ich musste einen Großteil des Heimwegs Kaugummi kauen, damit ich nicht weinte, aber ich weinte trotzdem die ganze Busfahrt zurück und die gesamte Tour mit der Fähre, während ich aufs Meer hinaussah.

Zu Hause standen unsere Frühstückssachen noch so, wie wir sie verlassen hatten. Ich griff zu seiner Kaffeetasse. Sie roch widerlich nach Zucker. Er würde fast wieder zu Hause sein, Welten entfernt, bevor ich die Sachen abgewaschen hatte. Andere Leben bewegten sich mit vollem Tempo weiter, während meines sich verheddert hatte.

Jons Tonband mit seinen Liedern steckte noch im Recorder. Ohne ihn klangen sie voller Pathos. Ich war aufgewühlt, ein Sturm von Emotionen.

Mitten in ihrem Geschmachte schaltete ich Jons Musik aus und setzte mich auf meine Küchentreppe. Der Sommer war fast vorbei. Was also war hier passiert? Die Trauben über mir waren dick geworden, purpurrot, schwarz, saftig, tropfschwer. Ich ließ sie trocknen und schrumpeln und in abendlichen Brisen herunterfallen. In dieser Nacht fielen sie in dem einen schweren Sturm in diesem langen griechischen Sommer. Der Regen zerschmetterte die Beeren und hämmerte sie zwischen die Steinfliesen. Ich fegte sie zusammen, aber sie färbten die Steine. Sie färbten die Steine noch, als ich längst weg war.

Clive nahm mich in seine Arme und drückte mir schier die Luft ab.

»*Liebling!*« Er hob mich hoch und schwenkte mich herum, dann umarmte er mich wieder. »Es ist etwas passiert«, flüsterte er mir etwas gequält ins Ohr. »Ich bin bei Bewusstsein! Alles ist plötzlich normal, kurz bevor du hereingekommen bist …« Er hielt mich auf Armeslänge von sich weg und sah mich an. »Ich erinnere mich tatsächlich nicht, dass du hereingekommen bist, erst seit du hier stehst … Plötzlich haben sich meine Augen geöffnet. Alles funktioniert normal. Ich kann dich *sehen*! Ich bin bis vor zwei Minuten keine Sekunde bei Bewusstsein gewesen. Ich habe nichts gesehen, nichts gehört, nichts gerochen, nichts berührt. Es ist, als wäre man tot! Wie ist es, tot zu sein? Antwort: Niemand weiß es. Wie lange dauert das jetzt schon?«

»Es ist wunderbar, dich anzuschauen«, sagte ich. »Du bist hinreißend!«

»*Du* bist …«

»Nein, *du* bist …«

»Oh nein … ich mag mich nicht. *La-dies are better than men*«, sang er. »Wo sind deine Flügel? Du bist ein Engel. Ich schwör's dir, du siehst … so …«

»Braun?«

»Ja, das ist es.«

»Sonnengebräunt.«

»Ja! Ich glaube, ich habe dich noch nie so braun gesehen … Bist du in irgendeiner exotischen Gegend gewesen?«

»Griechenland«, sagte ich. »Greece.«

»Greece! Meinst du G-R-Doppel-E? Oder G-R-E-A-S-E? Hast du in den Schminkkasten gegriffen?«

»Doppel-E, Greece, das Land.«

»Ach, wirklich? Bin ich da mal gewesen? Ich glaube, ich bin nie dort gewesen.«

»Noch nicht.«

»Tja, ich bin jetzt wach, alles ist anders.«

»Gut.«

»Ich sehe alles zum ersten Mal. Wie lange dauert das jetzt schon?«

»Eine Weile, eine Weile … Aber ich liebe dich.«

»Ooooh, das sehe ich an deinen Augen und an deinem Lächeln. Es spricht Bände.«

»Ich werde dich aus London anrufen.«

»All right, Schatz, oder heißt es all left?«

»Good-bye, Liebling.«

Wir umarmten uns fest, während die Pflegerin einen Sicherheitscode eingab und damit Schlösser, Riegel und Ketten an der Tür öffnete.

»Bye-bye, Liebling, bye-bye, *bye-bye*...«, flüsterte er.

Als ich hörte, dass mein altes Zimmer in TriBeCa frei sei, weil der Science-Fiction-Autor geheiratet hatte und aufs Land zog, buchte ich einen Flug nach JFK. Ich fühlte mich dort zu Hause. Dicherlesungen im Y, Sushi an den Samstagen, Spaziergänge auf der Esplanade und Pökelrindfleisch auf der Second Avenue. Ich war mir nicht sicher, wie ich jetzt leben oder wie meine Zukunft aussehen sollte. Innerlich hatte ich das Gefühl, ich sollte heiraten und Kinder großziehen; die Menschen sind dazu gemacht, zu lieben und geliebt zu werden. Ich hatte ein Herz voller Liebe und wusste nicht, wo ich damit bleiben sollte.

Jon rief mich eines Tages aus heiterem Himmel an. Er lud mich zu einer Fahrt in die üppig grünen Wälder von Connecticut ein. Rückblickend denke ich, wir wünschten uns vielleicht beide jemanden, der uns einfach vor dem Alleinsein schützte. Indem wir uns für ein paar Tage Gesellschaft leisteten, konnten wir uns vorgaukeln, wir hätten ein Leben wie alle anderen, mit Liebe und Freundschaft und gemeinsamen Einkaufsbummeln. Seit Clive nicht mehr da war, war ich immer mehr zur Einzelgängerin geworden. Ich denke, New York war ein guter Ort zum Leben, weil ich allein sein konnte und es völlig egal war. Man konnte allein ins Theater oder Kino oder in ein Restaurant essen gehen, und niemand dachte sich etwas dabei. Wenn dagegen in England eine allein stehende Frau diese Dinge tut, fällt sie unweigerlich auf.

Und so hatte ich anfangs das Gefühl, es wäre so ähnlich, wie wenn man jemand anderen in der Nähe hat, jemanden, mit dem man der Welt vormachen konnte, wir seien ein Paar; und es sei ein Vergnügen hinauszufahren, geradewegs hinaus nach Neuengland und über Straßen zu brausen, die schnurgerade durch die Wälder geschlagen waren. Einen Mann neben mir zu haben, einen Mann in der Verkleidung desjenigen, der liebte und geliebt wurde, brachte mich zu der Einsicht, es habe irgendeinen Sinn, es gebe einen bestimmten Grund, warum ich dort war.

Der Wald war schön, saftig grün, hoch zu unseren beiden Seiten. Wir redeten über alles, was uns so einfiel, und immer wenn ich ihn ansah, bemerkte ich ein Zucken an seinem Kiefer, wenn er den Blick, hart, wieder auf die Straße vor uns richtete.

»Connecticut«, sagte ich, indem ich seinen gequetschten Akzent imitierte. »Warum ist das zweite C stumm?«

»Connect-I-cut.« Er sprach es übertrieben britisch aus, mit Spucke auf den Cs und Ts. Ich blickte in das dunkle Grün, das an uns vorbeihuschte.

»Ich vermute, es ist Pequot«, sagte er, »die Sprache der Pequot. Dies hier ist ihr Land.« Ein Kaninchen hüpfte aus dem Wald direkt auf die Straße vor uns. Jon bremste leicht, wich aber nicht aus, obwohl sonst niemand unterwegs war. Ich sah nach hinten. Das Kaninchen flitzte dorthin zurück, woher es gekommen war, erschreckt, aber am Leben.

Wo wohl die Pequot jetzt sind?, überlegte ich.

»'n paar Meilen weiter gibt's ein Spielkasino. Es ist in ihrem Besitz. Wir haben ihnen ihr Land weggenommen, und sie haben dafür Glücksspiellizenzen gekriegt, gibt ihnen die Möglichkeit, auf diese Weise Kohle zu machen.«

Das Kasino war ein riesiges dunkelrotes Gebäude mit Spitzen, die in den Himmel ragten, eine Beleidigung fürs Auge nach all dem sanften grünen Laub.

»Komm, lass uns Craps spielen«, sagte Jon. Ich war noch nie in einem Spielkasino gewesen, deshalb war ich neugierig. Als wir hielten, lief ein Junge um den Wagen herum, um mir die Tür zu öffnen. Jon gab ihm die Wagenschlüssel und ein paar Dollarscheine, und der Junge fuhr davon.

»Bist du sicher, dass er ein Angestellter ist?«, fragte ich.

»Komm schon«, sagte Jon. »Gehn wir spielen.«

Es war, als betrete man irgendeine andere Dimension, denn

das Gebäude öffnete sich nach innen noch riesiger, als es von außen erschienen war, so als wären wir durch einen Zauberspiegel hindurchgegangen. Wir schlenderten von einem Saal in den nächsten, »um ein Gefühl für das Spiel zu bekommen«, wie Jon meinte.

Wir blieben an einem Tisch stehen, wo es etwas Platz gab, an dem aber an drei Seiten Leute saßen. Die sich drehende Scheibe wirkte leicht hypnotisch.

»Der hier ist heiß«, sagte er. »Der ist wie Wachs. Lass uns spielen.« Wir gingen an den Kassenschalter, und er kaufte eine Menge Chips.

»Wie viele willst du kaufen?«, fragte er mich.

Ich hatte überhaupt keine kaufen wollen, holte aber meine Kreditkarte hervor und verpulverte mehr, als vernünftig war. Ich setzte meine Chips immer nur auf eine Zahl, 33. Als sich mein Einsatz verdreifacht hatte, wollte ich die Chips einlösen und den Gewinn behalten. Ich wusste, wenn ich an dem Tisch bliebe, würde ich alles verlieren.

»Ach, Schätzchen«, sagte er, »bleib und spiele.«

Ich weiß nicht, warum, inzwischen erscheint es mir reichlich unvernünftig, aber ich wollte ihm eine Freude machen.

Animierdamen in nachgemachten Squaw-Outfits kamen unablässig mit Tabletts mit Gratisgetränken vorbei, Cola oder 7-Up. Jon hatte die ganze Zeit nur verloren, aber er schien viel Spaß zu haben. Ich verteilte meine Chips auf eine ganze Reihe von Zahlen. Und verlor sie alle.

Zu Jon sagte ich, ich sei völlig abgebrannt. Er wollte, dass ich neue »stake chips« kaufte.

»Steak und Chips«, sagte ich, »das hört sich schon besser an!«

Er fragte mich, ob ich noch eine Stunde warten würde, weil er weiterspielen wollte. Er meinte, er sei kurz vor dem ganz großen Gewinn. Also schlug er vor, ich solle in den Schönheitssalon gehen und mich verwöhnen lassen.

»Nimm meine Karte«, sagte er. »Da sind Punkte drauf, da kriegst du hier was umsonst.«

»Du bist schon früher hier gewesen?«

»Irgendwann mal«, sagte er.

In den Erdtönen dieser Saison mit pinkfarbenen Tupfern und weinroten Fingernägeln erkannte ich mich selbst nicht wieder. Ich wirkte völlig fremd. Die Frauen um mich herum trugen jede Menge Make-up, Kleider mit großen Mustern, Taschen mit Kettchen und hochhackige Schuhe. Dieses Gesicht passte nicht zu mir. In der Damentoilette wusch ich es ab und trug Lippenstift in meiner gewohnten Farbe auf.

Jon war nicht da, wo ich ihn zurückgelassen hatte. Ich ging hin und her, aber er schien verschwunden zu sein. Clive hätte das nie getan. Clive hätte gewartet. Clive hätte mich nicht hierher gebracht. Was machte ich nur?

Müde trottete ich durch ein paar Säle. Das Gebäude war ein ziemliches Labyrinth. Die Außenwelt war ausgeblendet, so dass man nichts sehen konnte, nicht das Wetter, nicht, ob Tag oder Nacht war. Statt echter Fenster gab es dunkle Glaswände wie Einwegspiegel. Die Spielsäle waren riesig und strahlend hell, voller leuchtendem Chrom und Messing. Ein Meer von Spielautomaten ließ seine endlose Kakophonie ertönen – Bruchstücke von Erkennungsmelodien, Geklingel, dumpfe Schläge und Gerassel, wenn sie die Münzen auswarfen. Sie schienen als Köder für die Einsamen, Ruhelosen vorgesehen: Sie blinkerten und zwinkerten, als versprächen sie Spaß, Gesellschaft, Aussicht auf Gewinn, wenn man lange genug dablieb, wie Bestechung für Treue. Die Welt mag dich enttäuschen, aber wir sind für dich da. Und Männer und Frauen lehnten an den Automaten und starrten gebannt in deren zuckende Gesichter. Na los, zieh an meinem Griff, du könntest den Jackpot abräumen, dies könnte dein Glückstag sein. Glück ist etwas Wunderbares. Und irgendwo auf der anderen Seite des Saales an einem anderen Automaten das Plumps, Plumps, Plumps und Klingeling, als goldene Spielmarken aus einer Höhe herunterpurzeln wie Pennies vom Himmel. Du könntest es sein, sagt die Stille, die folgt. Du könntest es sein.

Es wäre leicht, sich hier in Raum und Zeit zu verlieren, zu vergessen, wo man hinwollte und mit wem man hereingekommen ist. Vielleicht wollte Jon nicht gefunden werden.

Schließlich sah ich die vertraute Baseballmütze. Er fläzte auf einem Hocker an einer anderen Art Spieltisch. Ich trat hinter ihn und legte ihm meine Hand auf den Rücken. Er drehte sich herum und grinste mich an, seine Augen überall, ohne meinen ganz zu begegnen.

»Wow«, sagte er. »Du siehst Klasse aus.«

»Wirklich?«

»Absolut.«

»Was spielst du da?«

»Craps. Willst du spielen?«

»Wenn du mir ein paar von deinen Chips gibst.«

Er stellte sich hinter mich und erklärte mir die Regeln, während ich würfelte. Er flüsterte mir ins Haar, den Arm um meine Taille gelegt, als offenbare er mir die Geheimnisse des Lebens. Ich warf in einem fort Doppelsechsen und gewann damit zusätzliche Würfe.

»Gut bist du! *Weiter* so!«

Ich zitterte. Die Klimaanlage pfiff mir direkt durch die Bluse, und ich griff nach seiner Jacke, die auf dem Hocker lag.

»Ausgeschlossen!«, sagte er. »Nicht, während du Doppel wirfst, du bist heiß.«

»Mir ist eiskalt.«

»Aber du hast 'ne Glückssträhne«, flüsterte er. »Mach nichts anders!« Ich dachte an Jon, als er neunzehn war, eine Ewigkeit an Nächten im Dschungel, und darauf wartete, dass sein Leben *peng* machte, in die Luft flog, in kleine Stückchen zerfetzt, oder dass er von einer Kugel getroffen wurde und starb, mit dem Gesicht im Sumpf. Warum es diesen hier oder jenen dort erwischte und er verschont blieb. Was hatten sie anders gemacht? Was waren die entscheidenden Faktoren? In verbrannten Dörfern waren ihm *mama sans* begegnet, die vom Ende des Glücks erzählten und dass das Schicksal furchtbare Schläge austeilte. Ich wusste, dass er die ganze Zeit Fragen mit sich herumtrug, warum er fünfundzwanzig Jahre später hier war, und woran es lag, egal was er tat, dass er der Erinnerung an ein einziges Jahr, an einen einzigen Ort nicht entfliehen konnte. Er trug Vietnam in seinem Innern mit sich herum, das sein ganzes übriges Leben überschattete. Und wenn ich versuchte, näher an ihn heranzukommen, landete ich ebenfalls da, bis zum Hals im Sumpf. Würfeln war »R&R«, Ruhe und Rast in ihrer US-Basis zwischen den Einsätzen. Sie kamen zurück, grinsend, dass sie am Leben waren, und feierten mit Bier und Dope und Mädchen und Würfelspiel, bis es Zeit war, wieder in den Dschungel zu ziehen.

»Komm, lass uns 'n paar Bier trinken«, sagte ich und schob meine Plastikgewinne in meine Handtasche.

»Okay«, sagte er.

»Und was essen.«

»Klar«, sagte er.

Das Restaurant war riesengroß. Jon hatte so viele Punkte auf seiner Vorzugskarte, dass wir eine Woche lang jeden Abend Jahrgangschampagner hätten bestellen können. Trotzdem blieben wir bei Bier und Steaksandwiches. Nun begann er ein Selbstgespräch über Marsha, in dem er dahinterzukommen versuchte, was mit ihnen falsch gelaufen war. Es war scheußlich, dass ihr Name wieder ausgebuddelt wurde, wo ich doch eigentlich nur aus dem einen Grund hier war, dass ich sehen wollte, ob überhaupt irgendwas mit uns richtig laufen könnte. Nachdem Marsha ihn verlassen hatte, hatte er mit aller Macht versucht, sie zurückzubekommen, hatte ihr Geschenke geschickt, Briefe, hatte ein Tonband mit »ihren« Songs gemacht und es in ihren neuen Briefkasten gesteckt, der in einem anderen Teil der Stadt auch der von ihrem neuen Mann war. »Zu wenig, zu spät«, hatte sie ihm auf seinen Anrufbeantworter gesprochen, bevor er wieder zu Hause war. »Du weißt nicht, was du hast, bis es weg ist«, sagte ich. Er legte aus Zuckerpäckchen Muster auf einem Teller und starrte unglücklich über die Flüsse hinweg, die ihn von einer Zeit trennten, als mit Marsha alles in bester Ordnung gewesen war. Nur nach allem, was er vorher gesagt hatte, war es nie in bester

Ordnung gewesen, es hatte aber wenigstens Hoffnungsschimmer und friedliche Momente gegeben. Ich beschloss, nicht mehr zu antworten und mal zu sehen, ob er es bemerken würde. Nach gut zwanzig Minuten spürte ich, dass er mich ansah. Er fragte mich, was ich hätte.

»Ich dachte einfach, ich bleibe mal *schtumm.*«

»Was ist los?«

»Mir scheint, Marsha ist deine andere Hälfte, ob es ihr gefällt oder nicht.«

Er blickte herüber zu mir und tat, was er immer tat, wenn ich ihn nervös machte: Er nahm sein Päckchen Marlboros vom Tisch und schüttelte eine Zigarette heraus.

»Ich habe sie unglücklich gemacht. Ich weiß nicht, warum.«

»Wenn du jemanden liebst, wenn ihr euch wirklich liebt, bleibt die Liebe über jede Grenze hinweg bestehen, komme was wolle, und dann kann euch nichts trennen, nichts, nicht einmal körperliche Abwesenheit, gar nichts.« Ich hätte mein eigenes Selbstgespräch beginnen können, und da wären wir dann gewesen, er mit seinem Verlust und ich mit meinem, unserem jeweils eigenen Kummer, der uns nicht zusammenbrachte.

Er begann zu weinen. Die Tränen liefen ihm herunter, und er wischte sie mit einer roten Papierserviette weg. Es war, als hätte jemand den Wasserhahn aufgedreht: Seine Augen liefen über und tränkten seine Wimpern, und Bäche rannen ihm übers Gesicht. Ich ging zum Servierwagen und holte eine Hand voll Servietten. Er weinte und wischte immer weiter, und als die Kellnerin kam, bat er durch die Tränen hindurch um noch einen Kaffee. Ich verlangte die Rechnung. Er nahm seine Plastik-Punktekarte aus der Brieftasche und warf sie auf den Tisch.

Sie stellten Croissants bereit, als wenn Frühstückszeit wäre. Wegen des ewigen hellen Lichts und des Stimmengewirrs waren wir nicht sicher, welche Tages- oder Nachtzeit herrschte. Wir hingen die ganze Zeit in einem einzigen langen Tag fest.

»Wollen wir jetzt fahren?«, fragte ich.

»Noch nicht…«, sagte er.

»Möchtest du, dass ich gehe? Ich weiß nicht genau, warum ich hier bin. Du könntest mich an einem Bahnhof absetzen.«

Er schüttelte eine Zigarette aus dem Päckchen.

»Lass uns wenigstens mal die Köpfe nach draußen strecken und sehen, welchen Tag wir haben oder ob es noch Nacht ist. Ich brauche etwas frische Luft. Bist du okay, Jon?« Ich legte auf dem Tisch meine Hand auf seine. »Es tut mir Leid, dass du so traurig bist. Ich weiß nicht, was ich da machen kann. Ich bin nicht sicher …«

Er sagte nichts. Ich hätte vieles machen können, wenn es ihm geholfen hätte, aus dem Loch, in dem er saß, herauszukommen. Aber ich wusste, ich war völlig unwichtig. Es war klar, dass er mich nicht wollte.

Draußen war Tag, und Jon fuhr mich zu einem Busbahnhof, wo ich eine Verbindung nach New York finden konnte. Er hielt davor an und nahm meine Tasche aus dem Wagen. Plötzlich umarmte er mich. Ich fand, es war nett, mich ohne Grund in die Arme zu schließen – bis er, statt sich nach meiner Tasche zu bücken und mich zu dem Bus zu begleiten, wieder in seinen Wagen stieg und davonfuhr und mich mit meiner Tasche auf der Straße stehen ließ. Hinter der Scheibe sah ich sein Gesicht von der Seite, dann die Form seiner Baseballmütze, und er blickte nicht zurück, als er sich in den Wald flüchtete.

Seine Schultern hingen herab. Er mochte mit allen seinen Gliedern heil aus ’Nam zurückgekommen sein, aber ich spürte seine tiefe Scham darüber, am Leben geblieben zu sein. Die Erinnerung an diese Zeit war nicht verheilt, und er kam nicht darüber hinweg. Schauspieler zu sein, bot ihm regelmäßig die Gelegenheit, sich in der Geschichte von jemand anderem zu verstecken. Zwischen den Vorstellungen, wenn er er selbst war, war es, als winde er sich, um aus seiner Haut herauszuschlüpfen. Ich starrte in die Bäume, wo er verschwunden war, doch der Tag war strahlend schön. Ich machte kehrt, um nach dem Greyhound-Bus Ausschau zu halten.

Thanksgiving feierte ich bei einem Abendessen mit sieben verschiedenen Preiselbeersoßen, Champagner im Lincoln Center, Frühstück in Little Italy und einem Mittagessen in Chinatown.

Ich war hier, um Zeit zum Nachdenken zu haben. Gedichte zu schreiben war mein Weg, über etwas tief nachzudenken. Was ich am wenigsten begriff, war die Liebe. Mich verband eine gewaltige, nervenzerfetzende Liebe mit einem Mann, von dem die Ärzte sagten, er könne nie wieder mein Ehemann werden. Ich musste verstehen lernen, was das hieß.

Nachts war die beste Zeit hierfür. Manchmal kam ich tage- und nächtlang kaum aus meinem Zimmer. Dann kratzte Carl an meiner Tür, um mir zu signalisieren, er habe draußen etwas zur Stärkung hingestellt. Wenn ich die Tür aufmachte, fand ich eine Tasse Kaffee, über die zum Warmhalten eine Untertasse gestülpt war, oder vielleicht ein Käsebrot, das ich rasch in mein Zimmer trug und aß, während ich weitermachte. Die seltsamen kleinen Erzeugnisse, vielleicht auch die Arbeit selbst, gaben mir vorübergehend Schutz.

Sie stellten alle Arten von Wehklagen dar. Ich war bis ans Ende der Welt gegangen, um für mich ein neues Leben zu finden, aber der Schmerz war so mächtig wie eh und je – ich hatte das Gefühl, als schleppte ich ihn hinter mir her wie einen Sack voller Artefakte, Mementos, Narben aus anderen Beziehungen, Dichotomien, Geheimnissen, Dingen, an denen ich nichts ändern, die ich aber auch nicht zurücklassen konnte. Ich sprach mit Clives Stimme und mit den Stimmen und Gesichtern zig Tausender amnestischer Menschen, realen, der Literatur entnommenen und nur vorgestellten, deren Last ich hinter mir herzog. Und die übelriechende Hilflosigkeit all ihrer Familien. Es war ein riesiger Sack voll, den ich nicht der internationalen Verschiffung und Lagerung übergeben konnte. Deshalb versuchte ich, die Dinge in meiner Schriftstellerei auszubreiten, übermittelt durch fiktive oder andere Gestalten. Ich dachte, so könnte ich sie einen nach dem anderen begraben.

Ich schrieb über Leute, die ihre Köpfe verloren hatten. Heiteres Zeug. Ich studierte die Briefe von Sir Walter und Lady Elizabeth Raleigh. Er schrieb aus dem Tower zwei vierzehn Jahre auseinander liegende Briefe an seine Frau, in denen er klagte: »My braynes are broken« – eine Redewendung der Zeit, die für mich aber herzzerreißend klang. Den ersten schrieb er nach dem Tod ihres gemeinsamen Sohnes Watt, den zweiten am Vorabend seiner eigenen Hinrichtung. Lady Elizabeth bewahrte den Kopf ihres Gatten in einem roten Lederbeutel auf, den sie sechzehn Jahre lang bis zu ihrem Tod mit sich herumtrug.

Ich schrieb über eine alte Frau, die sich einen Pullover über den Kopf gezogen hatte. Ihr Mann war in seinem Sessel gestorben, während sie in der Küche war und das Mittagessen zubereitete, und als sie fertig war und feststellte, er sei tot, klapperte der Deckel des Kochtopfs, und sie überlegte, was sie jetzt mit den Kartoffeln tun solle. Und als sie ihn begraben hatten und zum Leichenschmaus nach Hause zurückkamen, setzte sie sich in seine Delle in dem blauen Sessel, und ihre Tochter fragte sie, ob sie den Pullover von ihren Kopf nehmen wolle, aber es war tröstlich für sie, die Wolle fest über ihrem Gesicht zu spüren, und so blieb sie, wo sie war, in seinem Dunkel.

Eine Zeit lang interessierte mich der griechische Heilige Nektarios, dem Wundertaten am Gehirn zugeschrieben wurden. Ich wusste nicht, ob es Wunder noch immer gab oder jemals gegeben hatte, aber mich interessierte, dass sein Name »wie Nektar« bedeutete, und mein Name ist das hebräische Wort für Biene.

Ich war wie eine Detektivin, die auf Hinweise stößt, ohne die geringste Idee zu haben, wonach sie suchte, doch entschlossen, der Sache gründlich nachzugehen. Zusätzlich zur Schriftstellerei nahm ich Schauspielunterricht, belegte Kurse in Malerei, Tanz, Kartenlegen und indianischem Schamanentum. Ich besuchte Schreibgruppen, Poetry Slams, Kunsthappenings und zeitgenössischen Tanz – Meredith Monk in St. Mark's, John Cage im Freien mit zufälligen Helikoptern darüber. Ich ging zu einem Yogakurs, aber sie verlangten in der ersten Stunde, dass ich mich auf den Kopf stelle, und da fielen mir meine U-Bahn-Münzen aus der Jeanstasche. Ich ging zu vielen Lesungen. Als im Gate Theater Beckett gespielt wurde, ging ich mindestens ein Dutzend Mal hin. Die bis zur Taille im Sand steckende Winnie in *Glückliche Tage* war das Bild, das mich faszinierte. Als nach der Pause die Saallichter ganz langsam aus- und die Bühnenlichter ganz langsam angingen, sah man plötzlich Winnie hinter einem Gazevorhang bis zum Hals im Sand, wo sie schon die ganze Zeit gewesen war, während wir uns unterhalten hatten, und ein Laut des Erschreckens ging durchs Theater. Hinterher schrieb ich ans Gate Theater, um mich als Putzfrau zu bewerben, aber ich glaube, sie nahmen mich nicht ernst. Und ich nahm mich viel zu ernst.

Eines Tages stand ich in den Gängen von Ralph's Discount und suchte nach einer Haarpflegespülung – keine von denen wirkte so gut wie die, die ich in England benutzte –, da wurde mir klar, dass ich irgendwann bald der Stunde der Wahrheit ins Gesicht sehen und die Kosten für all das zusammenrechnen müsste. Aber für den Moment hatte ich das Gefühl, ich müsse das Geld von der verkauften Wohnung ausgeben, um denken zu lernen, um dahinterzukommen, wie das Leben, das ich hatte, zu führen sei.

Meine Freunde Jane und Charlie hatten am Times Square gewohnt. Charlie filmte und Jane malte. In dem Film *Doing Time on Times Square*, den Charlie im Laufe eines Jahres aus ihrem Schlafzimmerfenster geschossen hatte, geht eine gebeugte alte Frau mit Kopftuch und langem Mantel auf der gegenüberliegenden Straßenseite vorbei. Hinter sich her zieht sie etwas, das zunächst wie irgendein Tier an einer Leine aussieht, es ist aber ein Brotkasten aus Plastik an einem Seil. Sie geht von rechts nach links durch das Bild. Später erscheint sie wieder in der entgegengesetzten Richtung. Sie hat das Seil auf ihrer Schulter liegen, und der Brotkasten schleift hinter ihr her. Jane malte dieses Bild in Öl. Meine Damen und Herren, ich war diese Frau … also, nein, nicht wirklich … aber sie sah so aus, wie ich mich fühlte, indem ich meinen Gram und Überdruss mit mir herumschleppte und nicht wusste, wohin damit.

In einigen One-Woman-Shows trug ich Parodien auf die Brotkastenlady vor, in denen ich meine Texte deklamierte, um zu sehen, ob ich meinen Gram auf diese Weise loswürde. In einer Show trat ich als Lady Elizabeth in einem Kleid voller Pfauenfedern auf – nur hatte ich erst am Morgen der Show Zeit gefunden, mir das Kostüm zu nähen, während ich gleichzeitig mit Russ, dem Euphoniumspieler, der als Geist Sir Walters auftrat, die Rolle probte und nebenbei mein Haar mit Pflegespülung behandelte. Eine Freundin half mir, Federn auf Kunststoff zu klammern und dann auf mein Kleid zu applizieren, während wir Monteverdi sangen. Sie fragte, ob es einen bestimmten Grund dafür gegeben habe, dass ich am Morgen den Kopf in einen Eimer voller Schleim gesteckt hätte. Ich wusch das Zeug wieder heraus und raste mit meinen Requisiten in der U-Bahn zum Union Square – das Kostbarste von ihnen war ein von Jane auf Astroturf gemaltes Riesenauge, das Tausende von Dollars wert war. Carl schleppte sich mit meinem Pfau auf Rädern ab, den ich bei einem New Yorker Tischler in Auftrag gegeben hatte – das Lady-Elizabeth-Äquivalent zu einem Brotkasten –, und die Kinder des Euphoniumspielers trugen mir mein Kostüm und das Rollenbuch hinterher. Weil ich keine Zeit zum Textlernen gehabt hatte, wollte ich ihn ablesen, die Blätter jeweils wegwerfen, wenn ich damit durch war, und sie dann am Schluss mit einem Besen zusammenfegen. Ihre Mutter, die in der ersten Programmhälfte ihre eigenen Gedichte las, holte in der Garderobe eine Flasche Wild Turkey, einen starken Bourbon, hervor. Ich sagte, ich würde später was davon trinken, aber als ich die Elastiktaille meines Kostüms auseinander zog, um es mir über den Kopf zu streifen, sprangen alle Heftklammern ab, mit denen ich meine Pfauenfedern so sorgfältig befestigt hatte, und die Federn, statt am Rock glatt anzuliegen und am Boden hinterherzuschleifen, standen um mich herum lächerlich in die Höhe. Ich trank ein Schlückchen von dem Wild Turkey, um meine inzwischen eingefrorene Kehle zu ölen.

Alles wäre gut gegangen, wenn das Cembalo nicht im Stadtverkehr stecken geblieben wäre. In letzter Sekunde wurde es zwar noch in den Saal getragen, aber ich hatte keine Ahnung, dass es einen Viertelton tiefer als das Euphonium gestimmt war, bis ich die Eingangsakkorde des Stücks von Monteverdi anschlug. Entsetzt glitten meine Hände von der Klaviatur, und den Rest, einschließlich Teile der Begleitung, musste ich auf La singen. Das Schlimmste aber passierte, als ich in einem besonders betrübten und ernsten Augenblick meinen Pfauenkasten über die Bühne zog. Seine Last beugte mich nieder, das Seil schnitt in meine Schulter ein, und ich war gerade in der Mitte der Bühne, als ... die Gleitrollen blockierten. Ich zog, ich zerrte einige Male daran, dann schleifte ich den Pfau geräuschvoll über den Rest der Bühne, laut schreiend, um mich über den Lärm hinweg verständlich zu machen. Eine andere Dichterin nahm das Ganze auf Video auf, aber später wollte sie es mir nicht zeigen. Sie sagte, man habe sowieso mein Gesicht nicht sehen können, weil immer ein Blatt Papier davor war, und deshalb habe sie das Band weggeworfen.

Etwa um diese Zeit beschloss ich, dass ich mir einen Job beschaffen sollte. Ich fand eine auf Einwanderungsfragen spezialisierte Anwältin, die noch keinen einzigen Fall verloren hatte. Sie wollte ihren Antrag auf eine Green Card mit meiner Arbeit für Hirngeschädigte begründen. Das bedeute nicht, sagte sie, dass ich tatsächlich wieder mit Hirngeschädigten arbeiten müsse, nur dass es ein Gebiet sei, auf dem ich Kenntnisse und Erfahrungen hätte, die bei der amerikanischen Einwanderungsbehörde als wertvoll gelten würden. Ich hätte gern Mrs. Custard, eine Figur mit langem Mantel, Kopftuch und weichen Hausschuhen, meinem Lebenslauf hinzugefügt. Sie hielt einen Schnellfeuermonolog zum Thema Neuroanatomie des Gedächtnisses, der mir den Atem verschlug, aber mir war klar, sie würde auf die Behörden keinen Eindruck machen.

Meine Anwältin sagte, ich müsste diesmal nicht nach England zurück, wenn mein Visum abgelaufen wäre. Sie könne mir eine befristete Aufenthaltserlaubnis, ja sogar eine Arbeitserlaubnis beschaffen. Die Green Card würde folgen, und dann könnte ich mir für immer mein Leben in New York einrichten.

Ich rief Clive an. Unsere Telefongespräche hatten sich rapide verbessert. In letzter Zeit war ich dazu übergegangen, sie auf Band aufzunehmen.

»Wunderbare Erfindung, das Telefon, nicht wahr?«, sagte er oft zu mir. »Kommt vom griechischen *tele* – fern – und *phone*, Stimme. Ist es nicht erstaunlich, dass unsere Stimmen im Bruchteil einer Sekunde nach Neuseeland gelangen können, schneller als mit Lichtgeschwindigkeit?«

Ich musste ihm beipflichten. Die meisten unserer Kontakte in dieser Zeit liefen übers Telefon. Er wunderte sich über die meilenlangen Kabel, die an den Straßen entlangliefen oder unter Meeren ausgerollt waren. Es säßen Vögel auf unseren Worten.

Clive wiederholte sich noch immer insofern, als er feste Themen hatte – Elektrizität, das Telefon, die Londoner U-Bahn, die kreativen Künste, Raumflug, Sterne und Planeten, Politik.

»Besteht das Unterhaus inzwischen fifty-fifty aus Frauen und Männern?… Ist es besser als früher? Oh gut!« Und dann protestierte er in der Regel gegen die Chancenungleichheit für Frauen, ihren Part in der Regierung des Landes zu spielen.

Er konnte diese Themen mehrmals in jedem Telefongespräch aufgreifen und jahrelang daran festhalten, aber es war trotzdem eine Verbesserung gegenüber seinem schmaleren Repertoire der ersten zehn Jahre.

Ich hatte mir angewöhnt, ständig zu rekapitulieren, worüber wir gerade sprachen, um Clive zu helfen, die Übersicht zu behalten. Inzwischen mochte sich Clive, wenn ich das tat, darüber wundern, warum ich mich ständig wiederholte. Abgesehen von einer gewissen Unbestimmtheit, in der er etwas ausdrückte – es ist schwierig, präzise zu sein, wenn man sich nicht deutlich ans Thema erinnert oder daran, wie das Gespräch zustande kam –, und seiner Neigung zu fabulieren, konnte er für jemanden, der ihm das erste Mal zuhörte, sich verblüffend normal anhören, etwas exzentrisch vielleicht, aber keineswegs offensichtlich hirngeschädigt.

Ich dachte, ich sollte vielleicht nach Hause fliegen und gucken, ob er tatsächlich von Angesicht zu Angesicht oder nur am Telefon besser in Form war. Ich musste etwas Geld verdienen und konnte möglicherweise etwas Kurzfristiges in England finden, statt mich mit der vorübergehenden US-Arbeitserlaubnis aufzuhalten. Schließlich würde ich den Rest meines Lebens in Amerika leben; ich konnte meine Freiheit nach Kräften ausnützen. Zu einem Ganztagsjob in den USA, wo man nur vierzehn Tage Urlaub pro Jahr bekommt, käme ich noch früh genug zurück. Ich rief Clive an.

»Ich komme am Dienstag nach Hause.«

»Oh toll! Ich denke nie an jemand anderen... Du bist einfach unübertrefflich!«

»Du bist es!«

»Ach... Ich habe noch keinen einzigen Menschen gesehen, außer einer Krankenschwester, die eben hereinkam und gleich wieder rausgegangen ist. Deine Stimme ist die erste, die ich höre.«

»Ich liebe deine Stimme, Liebling...«

»Du bist einfach unübertrefflich... Wann kommst du?«

»Nächste Woche!«

»Ooh toll! Du bist die perfekteste Ehefrau!«

»Also dann bis bald!«

»Du bist ständig hier! Ich tue nichts anderes, als an dich zu denken...«

»Ach... Schatz!«

»Pass auf deine Flügel auf!«

»Wir sehen uns nächste Woche, Liebling...«

»Hurra! Ich tue nie etwas anderes, als an dich zu denken.«

»Dito, dito.«

»Schönes Wort, ›dito‹. Pass auf deine Flügel auf.«

»Und du auf deine.«

»Flieg her mit der Geschwindigkeit des Lichts.«

Gewöhnlich sprachen wir zwanzig oder dreißig Minuten lang. Den Hörer aufzulegen war schwer. Es ging nichts über seine Stimme.

12

Immer dunkler

Clives Tagebuchbände begannen sich zu stapeln. In manchen Phasen war das Papier pockennarbig, es kräuselte sich und glänzte vor lauter Graphit. Es war, als hielte man ein Fossil in der Hand. Zeile für Zeile, Jahr für Jahr, eine Verdichtung von einzelnem Moment auf einzelnem Moment. Er besaß das Gerüst des Lebens, aber nicht den Inhalt. Das Schreiben war zu einer Kakophonie aus Zahlen und Tageszeiten geworden, aus Zeit, die Zeit auslöschte, in der es keinen Raum mehr gab für Wörter bis auf zwei Schlüsselsätze am Kopf jeder Seite, damit sie der erhoffte Leser sah.

WIRKLICHES LEBEN BEGINNT WIEDER
BITTE KOMM, LIEBLING

Ich finde es wunderbar, dass er selbst in seiner tiefen Verzweiflung nie das Komma vergisst. Am linken wie am rechten Seitenrand und über das Blatt verstreut sieht man Häkchen neben Zeitangaben, die bestätigen, dass sie gelten, hinterher aber einzeln durchgestrichen sind, um deutlich zu machen, dass sie nicht gelten. Die Häkchen werden im Verlauf jedes Tages immer wilder. Was im Januar eine säuberliche Reihe von Häkchen war, ließ im März eher auf eine ungeduldige Bewegung aus dem Handgelenk schließen und erstreckte sich bereits im Juli über eine halbe Seite. Es war, als wäre die Seelenqual, elf Jahre lang in diesen paralysierten Augenblick eingeschlossen zu sein, mit jedem Tag, mit jedem Umblättern größer geworden. Ganz gleich, wie wütend er kritzelte, um dort herauszukommen, immer landete er wieder an derselben Stelle. »19.39 Uhr«, in seitenhohen Ziffern über einem Durcheinander anderer Ziffern, und »16.52 Uhr« sind wie Schreie ins Universum. »Ich bin jetzt wach! JETZT! Jetzt erlebe ich das erste Erwachen! Wirklichkeit! Ich LEBE. Wach zum ersten Mal!!« Und der Subtext – wenn er die Urheberschaft aller früheren Einträge einzuräumen imstande gewesen wäre – könnte gewesen sein: »Wie kommt es, dass ich jetzt dieses erste Erwachen erlebe, wo ich es doch schon eine Milliarde Male erlebt habe?« Man kann aus der immer dunkler werdenden Masse der Tagebucheinträge schließen, dass dies in seinem tiefsten Innern die Frage ist, die aus jeder Zeile jeder Tagebuchseite herausschreit.

Die Worte aus seinem Mund, immer dieselben, waren hart wie versteinerte Knochen. Die dunklen Muster in seinem Kopf waren zu Illustrationen in Psychologielehrbüchern geworden. Aber in allen Aufsätzen über ihn fand ich nie eine Erwähnung des Blaus seiner Augen oder der Freundlichkeit seines Lachens oder der ungeheuren Zartheit seines Herzens mir und Patienten gegenüber, die noch schlimmer dran waren als er. Seine Zähne verfaulten weiter und fielen aus, aber noch immer war sein Lächeln das schönste von allen. An ihn reichte keiner heran.

Die Zeit verrann. Ich fuhr zurück nach London. Den Beginn des Verfahrens um meine Green Card, die Festlegung auf ein Leben in Amerika hatte ich hinausgeschoben. Ich zögerte die Rückkehr in die USA so lange hinaus, bis mein Geld zusammengeschrumpft und ich zu einigen Veränderungen gezwungen war, auch wenn ich eine letzte Entscheidung aufschob. Aufgrund seiner Vergangenheit als ewig ums Überleben kämpfender freiberuflicher Musiker fragte Clive mich ständig: »Sind wir in den roten oder in den schwarzen Zahlen?« »Du bist in den schwarzen«, antwortete ich stets, denn das war er. Meine Taschen dagegen wurden schnell immer leerer.

Zwischen 1997 und 1998 lebte ich eine Zeit lang in Nottingham. Ich hatte eine Stellung bei Headway bekommen, der Gesellschaft für Hirngeschädigte, mit der AMNASS sich einige Jahre zuvor zusammengeschlossen hatte. Es machte wenig aus, ob ich Clive aus Nottingham oder aus Amerika anrief. Ich hörte, wie das Personal ihm mitteilte, dass ich am Telefon sei, und sein freudiges und triumphierendes Lachen, das lauter wurde, während er herbeieilte, um mit mir zu sprechen.

»Wo ist das Telefon?«, hörte ich ihn danach suchen.

»Gleich dort, Mr. Wearing.«

»Ah ja...« Noch immer mussten sie es ihm jedes Mal sagen. »Hallo?«, fragte er, zurückhaltend, prüfend, ob es die richtige Person war.

»Hallo!«, sagte ich.

»*Liebling!*«, begrüßte er mich jubelnd. Es war erstaunlich, dass er meine Stimme sofort an nur einem einzigen Wort erkannte.

»Rate, wo ich bin«, sagte ich zu Clive.

»New York?«, fragte er.

»Nein, Nottingham.«

»Oh! Not Nottingham! Machen sie *knots* (Knoten) in Nottingham?«

»Sie machen Spitze.«

»Ach, *wirklich?*«

Das Bonmot mit »not Nottingham, knots in Nottingham« hörte ich bei jedem Anruf, bis ich ihn nicht mehr fragte, ob er wisse, wo ich sei. Es spielte keine Rolle.

Clive und die anderen Bewohner zogen in ein neues Haus um. Clive hatte natürlich keine Ahnung, dass er überhaupt umgezogen war. Es war ihm völlig neu.

»Ich bin zum ersten Mal bei Bewusstsein... ungefähr seit dreißig Sekunden, als ich die Mitteilung bekam, ich sollte ans Telefon kommen. Die erste Person, mit der ich spreche, bist du... Ich habe noch kein einziges Mal einen Arzt zu Gesicht bekommen! Ich weiß nichts über diesen Fall. Sie wissen vermutlich alles darüber, nicht wahr? Die Ärzte und Krankenschwestern?«

Das bejahte ich.

»Ich bin gerade eben zu mir gekommen – es ist alles geschehen, seit ich in dieses Zimmer gekommen bin … seit ich zum Telefon gegriffen habe – Ich weiß nicht, wie es in meine Hand gekommen ist … Es ist alles seitdem geschehen.«

»Und was war vorher?«

»Nichts. Keine Träume, keine Gedanken, überhaupt nichts. Keine Träume, kein Unterschied zwischen Tag und Nacht – nichts zu sehen, nichts zu riechen, nichts zu schmecken, keine Berührung, keine Gedanken, kein Bewusstsein irgendwelcher Art, absolut nichts deutete darauf hin, dass ich am Leben war – und ich war auch nicht in der Lage, mir vorzustellen, dass ich tot bin!«

»Ich weiß, Liebling …«

»Ich habe noch kein einziges Mal einen Arzt zu Gesicht bekommen, seitdem es losging. Ich hatte keine Gedanken, keine Träume, nichts … es war, als wäre ich tot.«

»Aber jetzt nicht …«

»*Jetzt* … kann ich zum ersten Mal denken – ich hatte keine Gedanken, keine Träume, war nicht in der Lage, mir vorzustellen, dass ich tot bin.«

»Und jetzt?«

»Anders! Es ist passiert, seitdem wir telefonieren. Ich weiß nicht, dass ich den Hörer abgenommen habe. Ich halte ihn an mein rechtes Ohr.«

»Ich liebe dein rechtes Ohr! Auch dein linkes Ohr habe ich ziemlich gern!«

»Es ist komisch, dass *left* und *right* je zwei verschiedene Schreibweisen haben.«

»Je zwei Schreibweisen?«

»Ja: L-E-A-F-T und L-E-F-T …«

»L-E-A-F-T?«

»Wie in *leaft behind*.«

»Muss eine alte englische Schreibweise sein …«

»Es ist die korrekte Schreibweise – *leave, leaft*.«

»Na ja, so sollte man es vielleicht besser schreiben … Also …«

»Wunderbar, die englische Sprache …«

»Ich habe viel Freude an ihr – ich schreibe ein bisschen.«

»Sehr anstrengend, stimmt's, zu schreiben? Es passiert sehr selten, dass man einen fruchtbaren Schriftsteller findet, wirklich sehr selten …«

»Ja?«

»Englisch ist die beste Sprache der Welt.«

»Warum?«

»Weil die Substantive nicht er, sie oder es sind. Es ist eine sehr, sehr gute Idee, dass alle Gegenstände neutral sind, nicht männlich oder weiblich. Die englische Sprache ist tatsächlich die einzige, in der alle Substantive neutral sind und damit basta.«

»Ich nehme an, es gibt keinen Grund, warum ein Tisch weiblich sein sollte …«

»Genau.«

»Weißt du, wo ich bin?«

»Ich nehme an, du bist in Yankland, stimmt's?«

»Nein, Nottingham.«

»Not Nottingham! Machen sie *knots* in Nottingham?«

»Sie machen Spitze.«

»Ach, *wirklich*?«

»Du bist wunderbar!«

»Du bist wunderbar!«

Meine Aufgabe bei Headway war, einen Zusammenschluss aller Organisationen im Vereinigten Königreich (UK) zu bewerkstelligen, die sich mit erworbener Hirnschädigung (ABI, *acquired brain injury*) beschäftigten: das UK ABI Forum, kurz: UKABIF. Zusammen würden wir die Allparteien-Parlamentariergruppe, die sich mit ABI befasste, unterstützen.

Bei dieser Arbeit erfuhr ich sehr viel mehr darüber, was Politiker motiviert und wie Veränderungen zustande kommen. Wir bekamen es mit ethischen Sachverhalten zu tun, etwa bei der Beratung des britischen Medizinerverbands in Fragen lebenserhaltender Systeme. Ich kam dahinter, dass Ärzte Patienten im Langzeitkoma die Ernährung entzogen und sie verhungern ließen. Einige nahmen an, Menschen mit schweren Körperschäden wünschten nicht wiederbelebt zu werden. Mir war nicht wohl bei dem, was die Ärzte sagten.

Wir waren an der Bereichsstudie zum Mental Health Act beteiligt, einem Gesetz, das geistige Krankheiten betraf. Im Jahr 1993 hatte Ted Kennedy dem amerikanischen Kongress einen lange erwarteten Gesetzentwurf zur Frage von Kopftraumata vorgelegt. England war jedoch noch immer damit beschäftigt, den Mental Health Act auch auf erworbene Hirnschädigungen auszudehnen. Das wirkte wie Flickschusterei. Der Staat schien längst noch nicht bereit zu sein, die notwendigen Schritte zum Schutz dieser gefährdeten Gruppe einzuleiten. Leichenbeschauer erzählten von Fällen, in denen amnestische Menschen ihre ungesicherte Umgebung verließen und an Entkräftung starben. Ich erfuhr von mehreren Todesfällen – eine unverschlossene Tür, ein unbewachter Augenblick. Amnestiker sind hilflos. Wenn sie einmal ihre Obhut verlassen haben, wie sollen sie dann um Hilfe bitten oder ihr Leid mitteilen oder wissen, was als Nächstes zu tun ist? Werden sie nicht bemerkt, kann es leicht passieren, dass sie sterben, an Hunger, Durst, Entkräftung oder bei irgendwelchen Unfällen. Solche Dinge passieren.

Clive wusste nicht, wo er war. Wenn man ihn drängte, gab er zu erkennen, dass er meinte, er sei in einem allgemeinen Krankenhaus. Eines Tages sagte er mir am Telefon, ich solle mit Lichtgeschwindigkeit zu ihm eilen, ganz egal, wie spät. Ich fragte, ob er dächte, dass jemand da wäre, der mich hereinließe.

»Ja, bestimmt«, sagte er.

»Was denn«, fragte ich ihn, »sind sie denn die ganze Nacht durch dienstbereit?«

»Ja, sie müssen doch jemanden hier haben, mehr als einen, denke ich, weil Operationen plötzlich mitten in der Nacht nötig werden könnten.«

»Was könnte nötig werden?«

»W-w-w-wichtige Operationen – schließlich könnten sich

plötzlich wichtige Dinge ergeben, die sofort behandelt werden müssen, damit derjenige nicht stirbt. All das läuft weiter, weshalb die Fachkräfte hier vierundzwanzig Stunden am Tag dienstbereit sein müssen, verstehst du, zwei verschiedene Schichten alle zwölf Stunden.«

»Dann werde ich mich an ihnen vorbeischleichen müssen!«

»Ja!« Er lachte.

»Sie werden denken, ich bin eine Krankenschwester!«

Aber dieselbe Unterhaltung konnten wir auch in einem Supermarkt oder einem Restaurant führen. Damals nahm er schlicht an, er sei immer im Krankenhaus, ganz egal, wie es aussah.

Clive lernte zwar wenig, was seine unmittelbare Umgebung anging, aber bestimmte markante Ereignisse in der Welt merkte er sich. Er merkte sich zum Beispiel die Wiedervereinigung Deutschlands und fragte hin und wieder: »Sie haben Deutschland wiedervereinigt, stimmt's?« Deutlicher als in Frageform konnte er Wissen nicht vorweisen, weil er wusste, dass sein Wissen allzu unzuverlässig war.

Er gewöhnte sich an die Tatsache der Dezimalwährung, auch wenn sich seine retrograde Amnesie in manchen Dingen bis vor 1971 erstreckte.

Andere Fakten an der sich verändernden Welt verblüfften ihn.

»Ich bin heute Abend in Paris«, sagte ich eines Tages zu ihm.

»Aha!«

»Rate, wie ich dort hinkomme …«

»Mit einem Helikopter!«

»Nein.«

»Nein? Düsenflugzeug?«

»Nein.«

»Schwimmend!«

»Nein.«

»Auto!«

»Nein.«

»Tja, was dann?«

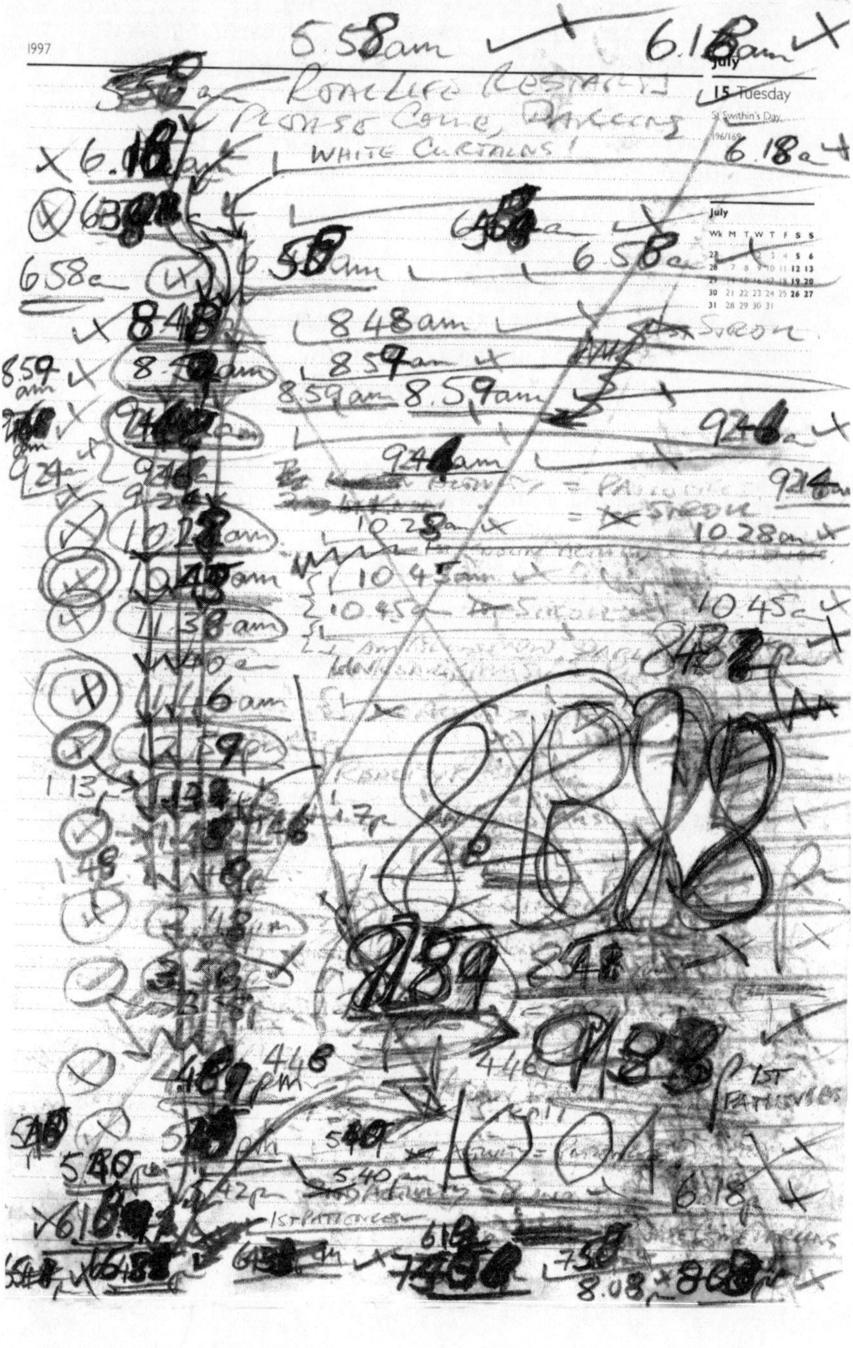

1997
July
15 Tuesday
St Swithin's Day
196/169
5.58am
6.18am
PLEASE COME, DARLING
WHITE CURTAINS!
6.18a
6.58a
8.48am
8.59am
9.24am
10.28am
10.45am
11.38am
1ST PATIENCES
5.40
6.18p
8.08

»Es gibt eine neue Verbindung …«

»Oh, ich verstehe … U-Bahn?«

»Ja.«

»Hä? Gibt es eine U-Bahn unter dem Ärmelkanal?«

»Genau!« Ich lachte.

»Du lieber Himmel, nein, *wirklich*!!!! Ich dachte, es wäre ein *Witz*!« Er brüllte vor Lachen.

»Nein«, beteuerte ich, »es gibt einen Tunnel unter dem Ärmelkanal.«

»Du lieber Himmel!« Er klang wirklich verblüfft. »Das ist eine gewaltige Unternehmung, was?? Ändert plötzlich ganz viele Dinge!«

»Ja, ich fahre mit der Bahn.«

»Großer Gott! Wie wunderbar!«

»Dauert drei Stunden von Waterloo Station …«

»Nach Paris?«

»Nach Paris!«, antwortete ich, selber verblüfft, dass er die ganze Zeit das Ziel in Erinnerung behalten hatte.

»Du lieber Himmel!!!« Er lachte. »Das ist *wundervoll*!!! – Es verändert doch bestimmt vieles in Europa, oder?«

Es war schön, ihn an einer Unterhaltung so beteiligt zu hören, so spontan, so erpicht darauf herauszufinden, was sich ereignet hatte.

Ich verließ Headway, als mein Vertrag auslief, und beschloss, freiberuflich zu arbeiten, zu schreiben und Fachpublikationen zu redigieren. Ich spezialisierte mich auf geistige Behinderungen. Ich hatte immer noch mit dem Gedanken gespielt, nach New York zurückzukehren, doch jetzt kam ich zu dem Entschluss, dass ich im selben Land wie Clive und meine Familie bleiben wollte. Ich sagte der Anwältin ab und schlug mir die Green Card aus dem Kopf. Aber ich musste noch immer irgendeine Lebensform für mich finden, und ich hatte absolut keine Ahnung, wie ich das zuwege bringen sollte.

Ich wohnte bei Freunden in einem weitläufigen Steinhaus mitten auf dem Land in Somerset. Ich stellte mir vor, ich fände einen kleinen Ort in einer Talmulde, weit weg von Menschen und Lärm. Mit einem Laptop und einer Telefonleitung könnte ich überall freiberuflich als Lektorin arbeiten. Lindsay und Phoebe liehen mir ein Auto, so dass ich herumfahren und mir eine Bleibe suchen konnte. Auf einer meiner Erkundungsfahrten rief ich Clive von einem Münzfernsprecher an.

»Ich dachte, ich könnte vielleicht einen kleinen Ort auf dem Lande finden«, erzählte ich ihm, »obwohl es zunächst unbequem werden könnte, weil ich keinen eigenen Wagen habe.«

»Ich finde, das ist keine gute Idee«, sagte er mit einer Entschiedenheit, die mich erstaunte. »Du wärst viel zu einsam. Sag mal«, fuhr er fort, »in der Nähe von welcher Stadt bist du?«

»Bath«, sagte ich.

»Bath Abbey – ein herrlicher Bau!«, sagte Clive. »Es war die letzte große englische Kathedrale vor der Reformation, um 1500 erbaut.«

»Wirklich, Liebling?«

»Ja!«

Ich nahm den Telefonhörer vom Ohr und sah ihn an. Ich fragte mich, ob ich Geisterstimmen hörte. Er klang so entschieden.

»Erinnerst du dich denn überhaupt an das Gebäude?«, fragte ich ihn.

»Natürlich – herrliches Beispiel des englischen Perpendikularstils …«

»Wirklich?« Mich verblüffte, dass Clive so präzise von einem Bau sprechen konnte, als wenn er sich tatsächlich an ihn erinnerte.

»Ja«, sagte Clive, »hast du ihn noch nicht besichtigt?«

»Nein, also, nicht, seitdem ich sechzehn war, und ich bin nicht mal sicher, ob ich damals drinnen war.«

»Oh, du musst reingehen. Es gibt dort die herrlichsten Fächergewölbe.«

»Tatsächlich?« Mittlerweile bekam ich vor Staunen den Mund nicht mehr zu.

»Oh ja, absolut sensationell. Ich liebe dieses Gebäude.«

Ich war überzeugt.

»Und du erinnerst dich, dort gewesen zu sein?«

»Ich kenne es sehr gut, ich bin oft dort gewesen.«

Ich glaubte ihm. Seine ehemalige Schwiegermutter wohnte nicht allzu weit davon entfernt, er konnte also in der Vergangenheit durchaus dort gewesen sein.

Da ich eine halbe Fahrstunde von Bath weg war, beschloss ich hinzufahren und es mir anzusehen. Ich erwartete nicht, dass es im Detail stimmte: Sicher hatte er sich einiges davon zusammenfabuliert, aber ich war neugierig. Er hatte sich so überzeugend angehört.

Ich wusste nicht so viel über Architektur wie Clive, deshalb fragte ich die Fremdenführerin, ob ich englischen Perpendikularstil vor mir hätte. Das bestätigte sie mir. Ihrer Meinung nach könnte es sich sehr wohl um die letzte große englische Kathedrale handeln, die vor der Reformation erbaut wurde. Die Fächergewölbe seien spektakulär.

Clive hatte mir geraten, nicht in die hinterste Provinz zu ziehen, aber ich dachte, die Preise in der Stadt Bath lägen bestimmt außerhalb meiner Möglichkeiten. Als ich aus der Abtei kam, sah ich gleich links davon ein Immobilienbüro. Ich ging hinein und fragte nach einer Mietwohnung in der Stadt. Die Frau, die ich fragte, hatte ein Blatt Papier in der Hand, auf das etwas mit blauem Kugelschreiber geschrieben war.

»Die hier ist gerade hereingekommen«, sagte sie und las mir vor, was auf dem Zettel stand. Die Wohnung lag zwanzig Minuten zu Fuß von dort entfernt, wo wir waren, und die Miete war erschwinglich. Sie brachte mich sofort hin, damit ich mir die Wohnung ansehen konnte, und sie war perfekt, eine Einzimmerwohnung in einer Häuserreihe aus der ersten Jahrhunderthälfte. Ich nahm sie.

Ich rief Clive wieder an und erzählte ihm von meinem Besuch in der Abtei in Bath. So allmählich versuchte ich, normaler mit ihm zu reden, allerdings war es schwierig, die Gewohnheiten von vierzehn Jahren Amnesie abzulegen, in denen ich mich nur als Unterstützerin seines Monologs hatte treiben lassen, indem ich liebevolle Nebenbemerkungen in seinen Redefluss einstreute.

Ich war so aufgeregt darüber, dass Clive sich an die Geschichte der Abtei erinnerte, dass ich ungewohnt redselig wurde, weil ich unbedingt erfahren wollte, woran er sich sonst noch erinnerte. Ich schilderte ihm meinen Besuch.

»Der Mann an der Tür fragte mich, wohnen Sie in Bath, und ich sagte, nein – und er sagte, na, vielleicht drücken wir einfach ein Auge zu … Und das war wirklich nett. Ich gehe also hinein und befinde mich in der Krypta der Bath Abbey … Ich ging durch einen Gewölbegang und sah mehrere Säulenkapitelle, die von dem normannischen Teil des Baus erhalten waren, der …«

»Aaaah …«

»Der über das östliche Ende hinausreichte …«

»Ja …«

»Wirklich so lang, wie die Abtei heute ist!«

»Ja …« Clive schickte mir Küsschen durchs Telefon.

Ich begann, die Kapitelle der Säulen zu beschreiben, und Clive stimmte ein.

»Ja, ja, das ist ziemlich häufig passiert, ja, sozusagen verbunden mit der geometrischen … die Gewölbedecke war so schwer … dass sie sozusagen diese Spezialverbindung mit der Seite schaffen mussten.« Clive redete schnell und leise, in Gedanken versunken. Ich konnte nicht alles verstehen.

»Spezialverbindung mit?«

»Mit den Seitenwänden.«

»Mit den Seitenwänden«, wiederholte ich.

»Ja – die Bogen gehen quer hinüber und übertragen das Gewicht vom … vom Dach auf die Wände. Das hält sie aufrecht.«

13

Die Macht der Liebe

Clives Fortschritte waren bemerkenswert. Statt zurückgezogen und mürrisch in seinem Zimmer herumzusitzen, war er nun gesprächig und kontaktfreudig. Er konnte einem die Ohren voll schwätzen. Es gab mehrere Themen, an denen er beharrlich festhielt, und manches von dem, was er sagte, war ziemlich seltsam, aber er hatte von den Jahren der endlosen selben paar Fragen einen weiten Weg nach vorn gemacht. Inzwischen reihte er alle seine Themen hintereinander auf, und sein Gegenüber brauchte einfach nur zu nicken oder Zustimmung zu murmeln.

»Was macht das Parlament? Ist es noch fifty-fifty? Gleich viel Frauen wie Männer?

Ist Elektrizität nicht eine wunderbare Erfindung? Man denke nur an die vielen Meilen Kabel, die über die ganze Welt verlaufen! Ein Laut braucht nur den Bruchteil einer Sekunde von Neuseeland hierher. Es geht schneller als mit Lichtgeschwindigkeit.

Weißt du, woher das Wort Neuseeland kommt? Es heißt Neu-Zee-Land, weil es von den Holländern gegründet wurde.

War Queen Victoria nicht eine wunderbare Königin? Sie war es, die das Badezimmer erfunden hat. Vor ihr hatte man keine Badezimmer, verstehst du.«

»Ach nein?«

»Nein! Sie müssen furchtbar gestunken haben! Und während ihrer Regentschaft haben die Männer erst angefangen, sich zu rasieren. Bis dahin trugen sie Bärte.«

»Wirklich?«

»Oh ja, wusstest du das nicht? Die Männer begannen sich

unter Victoria zu rasieren, weil sie sie dermaßen bewunderten, dass sie alle genau wie die Queen aussehen wollten.

Queen Victoria war so eine wunderbare Königin, und Großbritannien war damals das Zentrum des Empires. Sie kam nach Birmingham. Birmingham hätte die Hauptstadt Englands sein sollen, weil es genau in der Mitte liegt. Aber Birmingham war keine Stadt, bis Queen Victoria die Eisenbahn dorthin brachte. Es gab Aston, und Birmingham war nur ein winziges Dorf. Aber die Eisenbahn verschaffte ihm Anschluss, und es wuchs während der industriellen Revolution. Und jetzt ist es eine der größten Städte Englands und Aston ein winziges Dorf. Bah! Birmingham. Sie sprechen folgendermaßen – *Beumingham*… Sie mussten mit geschlossenen Mündern sprechen, weil die Luft so schmutzig war, und um den Ruß nicht einzuatmen, sprachen sie seitlich aus den Mündern und versuchten, sie nicht aufzumachen. *Beumingham*… Es ist schrecklich… *Beumingham!* Bah!«

Am Beginn einer Unterhaltung berührte er ein paar seiner Lieblingsthemen. Es war seine Art, mit mir zu reden, indem er mir diese Äußerungen als einzige Verständigungsmöglichkeit anbot, die ihm zur Verfügung stand. An Tagen, an denen er in besonders guter Stimmung war, konnte er alle seine Themen zugleich aufs Tapet bringen. Dann wusste ich, dass er glücklich war. War er unglücklich, kehrte er zu den verzweifelten alten Fragen zurück – »Wie ist es, eine einzige lange Nacht zu durchleben, die… wie lange währt?« Jetzt, da sie inzwischen vierzehn Jahre währte, erzählte ihm niemand mehr gern, wie lange. »Es ist, als wäre man tot!« Das Personal hatte sich angewöhnt, diese Äußerungen seine »Toten« zu nennen, sie zu zählen und in den Akten festzuhalten, als Indikator dafür, wie gut oder schlecht es ihm ging.

»Haben sie schon Leben auf dem Planeten Mars entdeckt?«

»Nein, Liebling, aber sie denken, es könnte vielleicht Wasser gegeben haben…«

»Wirklich? Ist es nicht erstaunlich, dass die Sonne immer weiterglüht? Wo nimmt sie den ganzen Brennstoff her? Sie wird kein bisschen kleiner. Und sie bewegt sich nicht. Wir bewegen uns um die Sonne. Wie kann sie Millionen Jahre immer weiterglühen? Und die Erde behält die gleiche Temperatur. Es ist so fein ausbalanciert.«

»Es heißt mittlerweile, sie erwärmt sich, Schatz. Man nennt es Erderwärmung.«

»Nein! Warum das?«

»Wegen der Umweltverschmutzung. Wir stoßen die ganze Zeit Gase in die Atmosphäre aus. Und durchlöchern die Ozonschicht.«

»OH NEIN!!! Das könnte zu einer Katastrophe führen!«

»Immer mehr Leute kriegen bereits Krebs.«

»Oh, was sind die Menschen dumm! Weißt du, dass der durchschnittliche Intelligenzquotient nur einhundert ist? Das ist schrecklich niedrig, nicht? Einhundert. Es ist kein Wunder, dass die Welt so schlimm dran ist.«

»Klugheit ist nicht alles …«

»Nun ja, nein …«

»Es ist besser, gutherzig als klug zu sein.«

»Ja, da hast du Recht.«

»Und man muss nicht klug sein, um weise zu sein.«

»Nein, das stimmt.«

Clives Themen wiederholten sich sehr häufig, manchmal dreioder viermal in einem einzigen Telefongespräch. Er hielt sich an Themen fest, von denen er das Gefühl hatte, er wisse etwas darüber, bei denen er sicheren Boden unter den Füßen hatte, auch wenn sich hier und da etwas frei Erfundenes einschlich. Für Clive war alles Wissen, und wer auf irgendeine unterschiedliche Betrachtungsweise verwies, riskierte, ihn aus der Fassung zu bringen. Diese kleinen Bereiche voller schlagfertiger Antworten fungierten für ihn als Trittsteine, auf denen er sich durch die Gegenwart bewegen konnte. Sie gaben ihm die Möglichkeit, sich auf andere Menschen einzulassen. Das Personal war unglaublich geduldig mit ihm, und wenn es die endlose Wiederholung dieser Themen nervte, war es so nett und freundlich, es nicht zu zeigen.

Kurz vor meinem Umzug nach Bath hatte ich ein weiteres außergewöhnliches Gespräch mit Clive, das an unser Gespräch über Bath Abbey anknüpfte. Es war die erste Behauptung einer Konfabulation, auf der er beharren sollte.

»Das Faszinierende ist«, sagte Clive zu mir, »als man die Gewölbedecke schloss, starb der letzte Mann…«

»Was?«

»Es gab keine Möglichkeit, ihn herunterzuholen.«

»Der Mann musste sterben?«

»Nach dem Einsetzen der letzten Ziegel in die… in die Wölbung…«

»In Bath?«

»Ja, in jeder Kirche im Lande – es ist eine selbstmörderische Sache, die Mauern zu schließen, weil es keine Möglichkeit gibt, den letzten Mann… zurückzuholen. Es ist ungewöhnlich, ich, ich kann mich nicht erinnern, wie es geht; es ist etwas, das ich absolut entsetzlich fand, als ich zum ersten Mal davon erfuhr…«

»Wer immer auch die letzten Ziegel einsetzte…« Ich wollte, dass er die Sache weiter ausführte.

»Ja, der, der konnte nicht… überleben, es gab für ihn keine Möglichkeit nach unten zu kommen…«

»Oh du meine Güte!«

»… es ist sagenhaft!«

»Aus der Krypta? Oder dem eigentlichen…«

»… dem großen Gebäude…«

»Dem Gebäude?«

»Ja.«

»Hatten sie denn keine Gerüste oder so etwas?« Ich beschloss, ihn auf die Probe zu stellen, indem ich ihn an die Wirklichkeit erinnerte. Ich wusste, dass Michelangelo eine Art Hängegerüst gehabt hatte, als er an der Sixtinischen Kapelle arbeitete. Ich fragte mich, ob diese wie einige andere von Clives leicht bizarren Konfabulationen nicht in irgendeiner Weise auf der Wahrheit beruhen könnte.

»Nein, nein, damals gab es noch keine Gerüste – die waren noch nicht erfunden, deshalb stiegen sie einfach dort hinauf.«

»Tatsächlich?«

»Und sie, sie konnten auf diese Weise sozusagen Gott … anbeten, durch, durch, durch … Selbstmord sozusagen – Es ist einfach sehr seltsam – man hat es nicht sehr oft verbreitet, nicht an die Öffentlichkeit dringen lassen …«

»Oh nein …!«

»Es ist geheim, ja – ich, ich kann mich an die Einzelheiten nicht erinnern, aber ich war erstaunt, als ich es erfuhr.«

»Was für ein Akt der Anbetung!« Ich hörte mich an, als nähme ich ihm die ganze Geschichte ab.

»Ja … und Gottes, ja. Damals hatten sie noch keine Gerüste.«

»Tja-ja …«

»Und es war ein ernstes Problem, und wie man ohne sie Sachen machen, beenden sollte, das wussten sie nicht, sie konnten es nicht lösen – absolut verblüffend!« Clive war völlig dem Staunen darüber hingegeben, was er mir erzählte.

»Du lieber Himmel – also jemand, der ein Fächergewölbe oder irgendwelche Bögen in einer Kathedrale entwarf, der, der, der verurteilte jemanden …«

»Mmmmm«, stimmte er energisch zu.

»… jemanden zum Tode?«, forderte ich ihn heraus.

»Ja, es war in gewisser Weise ein ziemlicher Einsatz – ich kann mich nicht erinnern, wie ich es erfuhr – ich erinnere mich, es auf allen möglichen Wegen verschiedenen Informationen entnommen zu haben, die ich erhielt, man wusste, was damit gemeint war.«

Clive erinnerte sich an den Prozess des Forschens und Entdeckens, auch wenn er sich nicht daran erinnerte, was er eigentlich früher erforscht hatte.

»Was ist mit dem Dach?«, fragte ich.

»Ich weiß nicht – ich weiß nicht, ob sie im Mittelalter Dächer hatten oder nicht, ich kann mich nicht erinnern – ein Dach ist eine sehr moderne Idee.«

»Oh.«

»Mmm.«

»Sie müssen Dächer gehabt haben, denn sie malten Fresken auf die Wände und –«

»– auf die Wände, ja«, unterbrach mich Clive, »aber nicht auf Dachkonstruktionen.«

»Sie mussten doch sicher das Innere vor dem Wetter schützen, also müssen sie Dächer gehabt haben.« Ich war gespannt, ob meine Argumentation seine Theorie zum Einsturz bringen würde.

»Ja – es könnte einfach Heu oder so was gewesen sein, wir wissen es einfach nicht ...«

»Seltsam ...«

»Es gibt keine Bilder, verstehst du, aus denen sich schließen ließe, wie sie gemalt sind – um die Wahrheit zu enthüllen. Aus dem Mittelalter ist uns ganz und gar nichts überliefert.«

»Oh.«

»Es gibt keine ...«

»Ja, aber sie haben Fresken von Gebäuden gemalt.«

»... nein, aber nicht auf Papier, auf Papier kann man überhaupt keine Details erkennen.«

»Oh.« Clive äußerte mit seiner BBC-Stimme alles mit solcher Entschiedenheit, dass ich keine Einwände machen konnte.

»Ja, die einzige Methode, die sie hatten, irgendwas weiterzugeben, war im Grunde, es in die Steine in den Mauern zu hauen.«

»Sie malten es«, sagte ich zaghaft.

»Ja, sie malten es.«

»Und auf Holz in den, äh, Altarbildern?«

»Ja, ja, genau, aber sie lebten nicht sehr lange, die aus Holz, sie verfaulten.«

»Ja ... aber ein paar sind uns erhalten geblieben, nicht wahr, aus dem Mittelalter?«

»Ja, ja«, räumte er ein.

»Vor allem deutsche sind erhalten …« Clive und ich hatten viel Zeit in deutschen Museen zugebracht und uns viele Altarbilder aus dem dreizehnten und vierzehnten Jahrhundert angesehen.

»Mmmm.«

»Sie sind wunderschön!«, sagte ich.

»Ja, genau, ja …«

»Mm. Nicht so viele in diesem Land natürlich, weil sie alle von Cromwells Leuten zerstört wurden.« Ich war mir nicht sicher, ob er sich daran erinnern würde.

»Ja, richtig, ja.«

»Von den Puritanern und so weiter nach …«

»… der Reformation, ja.« Er erinnerte sich tatsächlich.

»Morgen ist Faschingsdienstag – da bekommst du vielleicht Pfannkuchen.«

»Dann ist Fastenzeit.«

»Ja …«

»Wer fasst die Zeit?« Er lachte.

Clive war zugegebenermaßen noch immer der vielleicht schwerste Amnesiefall auf der Welt, aber es gab keinen Zweifel, dass er neue Dinge lernte, und was es für seine Lebensqualität bedeutete, sich müheloser unterhalten zu können, war enorm.

Was mich anging, so war ich nach Bath gezogen, weil mich dort niemand kannte. Ich hielt es für das Beste, in meiner Stadtversion eines einsamen Blockhauses zu leben und zurande zu kommen, so gut ich konnte. Gegen meinen Schmerz hatte ich kein Mittel gefunden. Weder Griechenland noch New York lagen weit genug entfernt. Kein Land der Welt tat das. Wenn ich mich nur notdürftig mit freiberuflicher Arbeit durchschlagen konnte, bliebe es mir erspart, jeden Tag mein Gesicht in einem Büro vorzeigen zu müssen. Es war zu kräftezehrend, unablässig tapfer zu sein. Ich hatte eine offene Wunde. Ich dachte mir, ich würde nur einen Weg finden müssen, sie nicht ständig zu berühren. Ich konnte es schaffen, glücklich zu erscheinen und mich auf Menschen einzulassen, solange ich sie nur für kurze Zeit sah. Mit jemandem einen ganzen Tag oder ein Wochenende zusammen zu sein, war zu viel. Ich musste sicherstellen, dass ich reichlich Möglichkeiten hatte, mich in die Einsamkeit zurückzuziehen und mich von der Anstrengung zu erholen, so zu tun, als sei mit mir alles in Ordnung.

Wochen nach meiner Ankunft in Bath war meine Wohnung noch immer ein Chaos aus nicht zusammengebauten Bücherschränken und vielen Bücherkisten, die halb ausgepackt über den Fußboden verteilt waren.

Eines Abends, am 10. März 1999, saß ich in meinem Schlafzimmer, die Ellbogen auf einen alten Zeichentisch gestützt, und überlegte, was um alles auf der Welt ich als Nächstes tun sollte und wie ich leben würde und vor allem, was ich hier eigentlich suchte. Mein ganzes Herumirren hatte mich nicht weitergebracht. Beziehungen mit anderen Männern hatten mich verletzt. Ich war keinen Schritt weitergekommen. Ich wollte nicht hier sein, wollte nirgendwo sein. Es gab nichts, was ich mir zu tun wünschte, und keinen Menschen, mit dem ich Lust hatte, zusammen zu sein. Wie sollte ich weiterhin nichtssagende Gespräche mit Leuten führen und mechanisch so tun, als wäre ich am Leben? Sie riefen mich regelmäßig an und erzählten mir ihre Neuigkeiten. Bei mir gab es keine. Ich war hier. Das war alles. Das Leben musste doch mehr bieten.

Es gab nicht viele Menschen, zu denen ich offen sein mochte, aber zu meiner Freundin Ruth konnte ich das sein. Ich wählte ihre Nummer. Sie hörte mir zu. Meine Stimme klang tonlos. Bei ihr musste ich mich nicht verstellen. Welchen Zweck hatte das Ganze? Ich blickte mich im Chaos meines Umzugs um. Ich würde mich weiter mit anderer Leute Sorgen herumplagen müssen, aber diese Arbeit war so schwer. All das sagte ich Ruth, und sie schwieg.

Dann sagte sie: »Armes altes Haus.«

»Ruth?«, sagte ich.

»Was denn, Mrs.?«

»Würdest du für mich beten?« Ich hatte nicht erwartet, mich das sagen zu hören. Ruth war Christin, die einzige, die ich kannte. Sie redete von Gott, als würde sie ihn kennen, als wäre er ein persönlicher Freund. Und die Beziehung schien wechselseitig zu sein. Ständig erzählte sie mir von Dingen, die er auf ihre Bitte hin getan hatte. Vielleicht konnte sie ihn bitten, für mich etwas zu tun.

»Okay«, sagte sie. Ich dachte, sie würde später beten, aber sie legte auf der Stelle los mit ihrem Geflüster mit Gott.

Ich saß noch immer zusammengesunken da, die Ellbogen auf dem splitterigen Zeichentisch, und erwartete im Grunde nicht, dass irgendwas dabei herauskam. Aber während noch das Gebet flüsternd aus ihr hervorströmte, fühlte ich, dass etwas passierte. Es war, als fließe eine Kraft durchs Telefon in mich hinein. Ich wagte mich nicht zu rühren. Diese Kraft war greifbar, sie floss in mich hinein und füllte mich restlos an. Ich hatte an das Übernatürliche geglaubt, aber nur vage. Dies hier war körperlich fassbar, etwas Reales und Machtvolles. Ich schloss die Augen. Nach einer Weile verstummte das Gebet. Ich machte die Augen auf. Das Zimmer sah verändert aus. Es wirkte viel heller und schien zu leuchten, golden wie eine Landschaft nach einem Regen in der Abendsonne. Ich war perplex, sprachlos.

»Wow…«, sagte ich. »Was war das?«

»Tja, ich weiß nicht, wie's dir geht«, sagte Ruth, »aber ich habe ganz wunderbar den Heiligen Geist verspürt.«

»Es war wie eine Kraft und wie Nektar!«

Dann begann sie von neuem, leise ein Gebet zu murmeln. Diesmal spürte ich, wie die Kraft, die zuvor aus dem Telefon geströmt war, sich von oben in mich ergoss und mich vollkommen erfüllte, als fließe mir Stärke zu und richte mich auf.

Danach war alles anders. Es war wie neues Erwachen zum Leben. Bis dahin hatte ich mich wie etwas Formloses gefühlt, als nehme ich nicht richtig Raum im Zimmer ein. Jetzt empfand ich mich als feste Materie, als wäre ich neu zusammengesetzt worden. Und ich fühlte mich so rein, als wäre ich im Innern gewaschen, und klar, nicht mehr durcheinander. Ich wusste immer noch nicht, was ich tun sollte, aber ich spürte Frieden.

Nachdem ich Gott, dem Schöpfer aller Dinge, in meinem Schlafzimmer begegnet und mir so klar wie nichts anderes geworden war, dass er der Messias war, fühlte ich mich, als hätte ich ein UFO gesehen – und ich hatte das Gefühl, ich sollte jemand Offiziellem davon berichten. Wem könnte ich es erzählen? Der Polizei? Dem Gemeinderat? Irgendjemand musste es wissen. Ich blickte aus dem Fenster und sah einen Kirchturm. Vielleicht wäre für den Anfang ein Pfarrer die richtige Stelle. Ich hatte erfahren, dass Gott real war. Ich war mir nicht sicher, ob das die Kirche wusste.

Als ich am nächsten Tag hinging, stand die Tür offen, und ein kleiner Empfang, bei dem Brot und Käse gereicht wurden, war in vollem Gange. Ich ging an der Versammlung vorbei das Kirchenschiff hinunter, sank tränenüberströmt auf die Knie und dankte Gott für das, was er für mich getan hatte. Als ich damit fertig war und an den Essern vorbei mich auf den Rückweg machte, holte mich eine Frau ein, begrüßte mich und gab mir eine gelbe Karte zum Ausfüllen. Es stellte sich heraus, dass sie das älteste Kirchenmitglied war, vor über achtzig Jahren dort getauft, und ich, mit etwa fünf Minuten, war das jüngste. Ich sollte in dieser Kirche getauft und eingesegnet werden.

Danach war ich nicht mehr allein. Wenn ich nach Hause kam oder ausging, hatte ich nie mehr dieses kalte Gefühl, verlassen zu sein. Ich stellte fest, dass ich oft lächelte, und wenn wir in der Kirche sangen, war ich so bewegt, dass ich grundlos weinte. Ich vergoss Bäche von Tränen, aber es waren gute Tränen, und jedes Mal war es, als küsste mir jemand die Schmerzen weg, spülte die Traurigkeit aus mir heraus. Die große, klaffende Wunde, die ich all die Jahre gehabt hatte, schloss sich langsam. Mich in Clive zu verlieben, hatte mir ein Gefühl der Erfüllung gebracht. Jetzt fühlte ich eine Nähe und eine Liebe, die ich für unmöglich gehalten hatte.

Ich begann, auch tiefgehende Veränderungen bei Clive festzustellen, als ich für ihn zu beten begann. Das Erste, was geschah, war, dass er eine neue Oberpflegerin bekam. Sie war nicht nur eine tüchtige Klavierspielerin, die vierhändig mit ihm spielen konnte und komponierte, sie war auch Astronomin und konnte sich mit Clive kenntnisreich über eines seiner Lieblingsgesprächsthemen unterhalten. Unter ihrer Führung ging es mit Clive sprunghaft voran.

Als es auf die Jahrtausendwende zuging, schien Clive das Datum zu kennen. Immer wieder ging er hinauf zur Belegschaft und fragte: »Es kommt doch die Jahrtausendwende, oder?«

Sie sahen nach, ob er Hinweise in einer Zeitung gefunden haben könnte, aber es hatte den Anschein, dass er sich wirklich an das Datum erinnerte. Wir feierten das neue Jahrtausend in seinem Heim und sahen fern. Im Jahr darauf ging es Clive so viel besser, dass ich mit ihm zu Weihnachten in ein Hotel ging; eine Freundin im Nachbarzimmer fungierte als Pflegeassistentin. In dem quirligen Hotelrestaurant, aus dessen Lautsprecheranlage laut Bing Crosby tönte, standen wir ein Fünf-Gänge-Menü durch. Den Lärm hätte Clive vor seiner Krankheit nicht ertragen, und nun saß er da und sang sogar mit! Unsere Freundin nahm das Essen auf Video auf. Ich war so erstaunt über Clives intelligente Unterhaltung, dass ich ständig alles wiederholte, was er sagte, um sicherzugehen, dass die Kamera es auch aufnahm. So bekommt man den Eindruck, als sei ich diejenige mit dem Gedächtnisproblem.

Im Jahr 2002 war ich gekräftigter und glücklicher, als ich es je gewesen war. Das Leben war schön. Clive ging es stimmungsmäßig und in dem, was er tun konnte, offensichtlich sehr viel besser. Er hielt es im Gemeinschaftsraum des Heimes aus, wogegen er sich früher normalerweise in sein Zimmer zurückgezogen hatte. Er ertrug Gespräche. Er sah fern und schien dem Gesehenen besser folgen zu können, ja sogar Spaß daran zu haben. Die Mitarbeiter machten sich auch weiterhin Notizen darüber. Vorher kam er in der Regel nur mit Einzelpersonen als Gesellschaft zurecht. Jetzt war er besser imstande, in einer Gruppe zurechtzukommen. Wenn ich anrief, hörte ich, dass er sich gerade mit Vergnügen ein Kricketmatch oder einen James-Bond-Film ansah. Die Mitarbeiter begannen, ihn in den Pub, ja sogar ins Kino mitzunehmen.

Eine von Clives ehemaligen Pflegerinnen, die ihn länger als ein Jahr nicht gesehen hatte, kam zu Besuch. Sie verbrachten einige Zeit miteinander, und sie konnte die Veränderungen, die mit ihm geschehen waren, einfach nicht fassen. Man erzählte mir, sie habe geweint, als sie ihn in so viel besserer Verfassung sah, nachdem es so lange nicht vorangegangen war.

Ich wusste jetzt, was was war. Ich wusste, was wichtig war. So allmählich wusste ich, wie ich mein Leben zu führen hatte. Eines Tages rief ich Clive an und fragte ihn, was er dazu meine, wenn wir unser Ehegelöbnis erneuerten. »Was für eine wunderbare Idee«, sagte er.

Und so machten Clive und ich uns am Ostersonntag 2002 fein. Clives Sohn Anthony kam mit seiner Frau und den beiden Kindern, ebenso Clives Pflegerin Laura. Das erste Mal hatten wir das Ehegelöbnis nicht in der Kirche abgelegt, diesmal würde es also viel größere Wirkung haben.

Clive war in der Lage, durchweg mitzumachen, er erinnerte sich ans Vaterunser und sagte alles, was er sagen wollte. Der schönste Moment war, als wir niederknieten und unsere ineinander gelegten Hände in eine goldene Schärpe gehüllt wurden. Es war mehr als eine körperliche Verbindung. Es fühlte sich an, als berührten wir ein Stückchen Ewigkeit.

Hinterher wurden uns im Teezimmer große Stücke Rührkuchen serviert, und Clive, der zwar keine Erinnerung an das Geschehene hatte, war hocherfreut, lachte, witzelte und aß alles, was man ihm vorsetzte. Als wir in Clives Heim ankamen, hatten sie in seinem Zimmer für mich ein Bett zurechtgemacht, unser Bett wie in einem Märchen mit roten Rosenblättern bestreut, Luftballons aufgehängt und eine Flasche Champagner und zwei Gläser hingestellt. Die Dekoration machte mich traurig. Es ist immer noch traurig, dass er so ist, wie er ist, und dass wir, von unserer aufrichtigen Liebe abgesehen, nichts haben, was einer regulären Ehe ähnlich sieht. Selbst die Nacht zusammen im selben Zimmer zu verbringen, ist nicht sehr erhebend, weil er ständig, mehrere Male pro Stunde aufwacht und sich fragt, wer wohl die Gestalt im Nachbarbett ist.

Ich reiste am nächsten Tag ab, und wir setzten unser getrenntes Zusammenleben fort, sprachen alle paar Tage am Telefon miteinander, und ich besuchte ihn hin und wieder.

»Ich liebe dein Gesicht!«, sagt er am Telefon zu mir. »Es ist atemberaubend schön!«

»Kannst du mein Gesicht sehen?«, frage ich.

»Oh ja!«, antwortet er. »Es ist immer da!«

Das ist neu. Nie konnte er sagen, wie ich aussehe, es sei denn, ich stand direkt vor ihm. Er wusste auch meinen Namen nicht - nicht, dass mir das wichtig war. Er kannte mich, mit oder ohne Namen. Aber irgendwann forderte ihn jemand auf, seinen vollen Namen zu nennen, und er sagte: »Clive David Deborah Wearing. Ulkiger Name. Ich weiß nicht, warum meine Eltern mich so genannt haben.«

Einmal erzählte ich ihm von meinen Affären mit anderen Männern, und er war voller Liebe, voller Verständnis.

»Du musst mit mir eine furchtbare Zeit durchgemacht haben!«, sagte er. »Du bist sicher absolut verzweifelt gewesen!«

»Verzeihst du mir, Schatz?«

»Na*tür*lich verzeihe ich dir, mein Liebling! Ich liebe dich!! Es tut mir nur Leid, dass du das erleben musstest. Ich wünsche, ich hätte dir eine größere Hilfe sein können.«

»Du bist der beste Ehemann der Welt!«

»Ich mag mich nicht. Du bist mir lieber!«

Und er ist der beste Mann der Welt und immer noch der hübscheste, den ich je gesehen habe, auch wenn ihm die meisten Zähne ausgefallen sind. Wir könnten uns nicht inniger lieben, als wir das im Augenblick tun.

Und ich muss mir um ihn keine Sorgen mehr machen, weil ich Gott bitten kann, ihn zu beschützen, und darauf vertraue, dass er es tut.

Und ich muss mir um mein Leben keine Sorgen mehr machen, weil dito.

Gott ist immer bei mir, er wird mich niemals fallen lassen.

»Die Elektrizität ist die beste Erfindung, die es jemals gegeben hat. Und die Londoner U-Bahn. Hat man sie inzwischen kopiert? Ist die Raumfahrt nicht herrlich! Man muss den Motor im Weltraum nicht laufen lassen. Man fliegt hinauf und braucht den Motor nicht mehr – man fliegt weiter, weil, wenn man das Tempo einmal hat, es keine Luft gibt, die die Bewegung stoppt. Luft ist das Wichtigste auf der Erde. Sauerstoff ist das wichtigste Element, zum Atmen und für das Wasser, H_2O. Faszinierend, die englische Sprache. Sehr vernünftig, Substantive nicht mehr mit einem Genus zu verbinden. War Victoria nicht eine wunderbare Königin – so viele Erfindungen unter ihrer Regentschaft: die Eisenbahn, Ferien am Meer, Badezimmer, Elektrizität. Ist das Telefon nicht eine herrliche Erfindung? Ich kann deine Stimme in meinem rechten Ohr hören! Und die Stimme kann im Bruchteil einer Sekunde um die Erde flitzen, schneller als mit Lichtgeschwindigkeit …«

Clive schreibt noch immer sein Tagebuch. Die Einträge haben sich kaum verändert, aber seine Handschrift ist jetzt ruhiger. Und seine Grundstimmung ist viel glücklicher. Er weiß, er ist an seinem Ort, und ich bin draußen in der Welt.

»Wann kommst du?« ist sein ständiger Refrain. Aber wenn ich auch nur ein bisschen zögere, versichert er mir, dass es ihm gut geht und er versteht, dass ich das zu tun habe, was ich tun muss.

»Komm in der Morgendämmerung her«, sagt er jedenfalls. »Eile herbei mit der Geschwindigkeit des Lichts.«

Und eines Morgens komme ich wirklich in der Morgendämmerung an, zur besten aller Tageszeiten. Ich fahre durch die fast leeren Straßen und hoffe anzukommen, wenn er aufwacht. Aber als sie mir die Eingangstür öffnen, steht er schon da, bereits wach, und ich bin die erste Person, die er zu Gesicht bekommt, und er drückt mich an sich und singt ein hohes G und tanzt mit mir in den Gemeinschaftsraum.

»Meine Augen haben sich gerade geöffnet«, sagt er. »Zum ersten Mal sehe ich alles normal.«

»Und ich bin hier!«, sage ich.

Wieder schließt er mich in die Arme, bekommt aber keinen Rülpsanfall, sondern hält mich nur auf Armeslänge von sich und lächelt.

Später, als er mir Kaffee macht, weiß er, wo die Tassen sind und wo der Kühlschrank, in dem die Milch aufbewahrt ist. Ich mache mit ihm eine Rundfahrt, und als wir auf dem Rückweg in die Nähe des Hauses kommen, erkennt er es offenbar wieder, denn er öffnet seinen Sicherheitsgurt und bietet an, auszusteigen und das Tor zu öffnen. Als ich am Abend wegfahren will, springt der Wagen nicht an, und ich muss wieder hinein und den Pannendienst anrufen. Wir machen uns in der Küche etwas zu trinken. Sieben Minuten nach der letzten Erwähnung meines Wagens sagt Clive: »Na ja, das bedeutet wenigstens, dass du etwas länger bleiben kannst!« Vielleicht hatte er sich während dieser Minuten das Geschehnis immer wieder vorgesagt. Als der Mechaniker die Panne behoben hat und der Motor läuft, gehe ich wieder hinein, um meine Sachen zu holen. Clive steht bereit, um auf Wiedersehen und nicht hallo zu sagen.

»Vergiss nicht, dass ich dich liebe«, sage ich.

»Ich kann dich keinen einzigen Augenblick vergessen«, sagt er. »Wir sind nicht zwei, sondern eines. Du bist die *raison d'être* meines Herzschlags, Liebling. Ich liebe dich in alle E-wigkeit.«

Ich fahre durch die Nacht, und als ich einige Stunden später zu Hause ankomme, rufe ich ihn an. Ich möchte ihm sagen, dass ich gut gelandet bin, aber er hat bereits vergessen, dass ich bei ihm war.

»Wann kommst du?«, fragt er. »Komm bitte mit der Geschwindigkeit des Lichts!«

»Ich bin gerade eben von dir nach Hause gekommen«, sage ich.

»Oh wirklich? Na, dann komm in der Morgendämmerung …«

21.46 Uhr	WACH ZUM ERSTEN MAL ERSTER GEDANKE BIST DU, LIEBLING
22.16 Uhr	WIRKLICH WACH BITTE FLIEGE HER ZUM ERSTEN MAL LIEBLING
22.20 Uhr	ICH *LEBE*!

Danksagung

Mein Dank gilt Marianne Velmans, meiner so hilfreichen und geduldigen Verlegerin, der Hebamme bei Wehen und Geburt dieses Buches, ebenso Deborah Adams, der Lektorin *extraordinaire*, und dem gesamten Team bei Doubleday. Herzlich dankbar bin ich Camilla Hornby am Curtis Brown für ihr Verständnis und ihren Zuspruch. Zu tiefem Dank verpflichtet bin ich Dr. Barbara Wilson und allen Klinikärzten und ihren Familien, die all die Jahre hindurch Kollegen, Freunde und Helfer waren, und ein besonders herzlicher Dank geht an all die, die Clive mit solcher Hingabe umsorgt haben. Viele von ihnen habe ich in diesem Buch nicht mit Namen genannt, und ich habe auch Namen, Details und Orte anderer verändert, um ihre Privatsphäre zu schützen. Clive nennt seine Pfleger »Engel«. Sie sind außergewöhnliche Menschen, die uns beiden viele Jahre lang ungeheuer freundlich begegnet sind. Nie können wir ihnen dankbar genug sein.

Dank an Lindsay und Phoebe Clarke dafür, dass sie mich im Drechseln von Sätzen unterwiesen und mich zum Schreiben angespornt haben. Und mein tief empfundener Dank gilt meinen Freunden und meiner Familie für die Liebe und Unterstützung, mit der sie mir durchzuhalten halfen, sowie meinen Lehrern – vor allem Amanda und Nora Buckett, Lynda Maclean, Moira Hutchinson, Humph Baker und seiner Familie, Rosie Smith, Sarah und Massimo Andreoli und Familie, Jen Waterton, Russ und Andrea Read und Familie, Jane und Charlie Ahern, John und Mary Angliss, Tony und Margaret Brown und Pam und Michael Norman und Familie.

Zutiefst dankbar bin ich meinen liebevollen Eltern, die mir unablässig Kraft gespendet haben. Und natürlich Clive, der mich stets in allem unterstützt hat, sowie seinen Kindern Anthony, Alison und Edmund. Vor allem bin ich dankbar für die Gnade Gottes, die uns beide diese Erfahrung hat durchstehen lassen und es möglich machte, dass dieses Buch geschrieben wurde.